普通高等教育人工智能与机器人工程专业系列教材

机器人控制技术

主　编　李宏胜
副主编　张文辉　刘　娣
参　编　乔贵方　赵　岚

本书配有以下教学资源：
☆ 电子课件
☆ 习题答案
☆ 课程教学大纲

机械工业出版社

为适应机器人产业发展以及新工科对自动化类、机械类机器人技术相关专业人才培养的要求，本书以建模、标定、规划、控制、视觉等为主要内容，较为系统地阐述了机器人控制技术的相关基础知识。

本书共九章。第 1 章介绍机器人发展史和机器人基本知识；第 2 章介绍机器人坐标变换、分析机器人运动学；第 3 章介绍机器人工件坐标系和工具坐标系的标定方法；第 4 章讨论机器人关节空间轨迹规划和笛卡儿空间轨迹规划；第 5 章分析机器人雅可比矩阵和机器人动力学建模方法；第 6 章介绍关节驱动和单关节独立线性控制；第 7 章讨论机器人的非线性控制方法；第 8 章分析机器人力位混合控制和阻抗控制；第 9 章介绍机器人视觉基本原理和图像处理技术。本书自第 2 章起每章最后都针对重点知识点设计了相应的习题。

本书可作为机器人工程、智能制造、自动化、机械设计制造及其自动化、机械电子工程等专业本科生或相关学科研究生的教材或参考书，也可供从事机器人研发、应用的科技工作者参考。

本书配有电子课件和习题答案、课程教学大纲，选用本教材的教师可通过以下方式之一索取：登录 www.cmpedu.com 注册下载，加微信 jinaqing_candy 索取，或发邮件至jinacmp@163.com 索取（注明姓名、学校等信息）。

图书在版编目（CIP）数据

机器人控制技术/李宏胜主编. —北京：机械工业出版社，2020.6（2025.6 重印）
普通高等教育人工智能与机器人工程专业系列教材
ISBN 978-7-111-65529-9

Ⅰ.①机… Ⅱ.①李… Ⅲ.①机器人控制-高等学校-教材 Ⅳ.①TP24

中国版本图书馆 CIP 数据核字（2020）第 074488 号

机械工业出版社（北京市百万庄大街 22 号 邮政编码 100037）
策划编辑：吉 玲 责任编辑：吉 玲 李 乐
责任校对：张 薇 封面设计：张 静
责任印制：张 博
北京机工印刷厂有限公司印刷
2025 年 6 月第 1 版第 8 次印刷
184mm×260mm · 11 印张 · 265 千字
标准书号：ISBN 978-7-111-65529-9
定价：35.00 元

电话服务
客服电话：010-88361066
010-88379833
010-68326294

网络服务
机 工 官 网：www.cmpbook.com
机 工 官 博：weibo.com/cmp1952
金 书 网：www.golden-book.com
机工教育服务网：www.cmpedu.com

前言 Preface

随着科学技术的发展和社会的进步，各种机器人已广泛应用在制造业、农业、海洋探测、军事、娱乐、医疗以及家庭等各个方面。机器人的研发、制造及应用水平是衡量一个国家科技创新和高端制造业水平的重要标志。机器人学集控制工程、电气工程、计算机科学、机械工程、系统工程等技术与力学、数学知识等于一体，是跨越传统工程领域、对接前沿新技术、引领科技方向的新兴领域。同时，作为一门综合性学科，机器人学将带动相关专业学科的深度融合与发展。近年来，我国机器人产业呈现爆发式增长，越来越多的高校开设相关专业，增设相关课程。为满足高校相关课程对机器人控制技术方面教材的需求，我们特编写了本书。

本书包含九章，较全面地介绍了与机器人控制相关的专业知识。第 1 章介绍了机器人的内涵、类型以及主要技术参数；第 2 章系统介绍了机器人坐标变换与位姿描述、连杆描述与 D-H 参数、典型操作臂结构及正逆运动学、典型 6R 工业机器人运动学实例等；第 3 章介绍了机器人工件坐标系、工具坐标系的标定方法；第 4 章介绍了机器人关节空间轨迹规划方法和笛卡儿空间轨迹规划方法；第 5 章系统介绍了雅可比矩阵和机器人动力学建模；第 6 章简要介绍了关节驱动的基本原理以及单关节独立的线性 PID 控制；第 7 章介绍了非线性系统稳定性的概念和基于机器人非线性模型的控制方法；第 8 章重点介绍了力控制约束运动以及常见的力/位置混合控制和阻抗控制；第 9 章介绍了机器人视觉涉及的基本概念、原理和图像处理技术等。

本书的第 1~4 章由李宏胜编写，第 5、6 章由刘娣编写，第 7、8 章由张文辉编写，第 9 章由赵岚编写。全书由李宏胜、张文辉修改定稿，刘娣、赵岚、乔贵方协助整理。

机器人学是一门综合性学科，发展迅速，且涉及专业范围很广。由于编者水平有限，书中不足之处和错误在所难免，恳请广大读者批评指正。

李宏胜

目 录 Contents

第 1 章 绪　论

近些年，随着科学技术的不断进步和发展，机器人作为一种先进的生产工具，其应用领域不断扩大，早已不局限于早期应用的汽车制造、电子电气、橡胶塑料、铸造、食品、化工、家用电器、冶金、烟草等行业代替人工从事有毒、高温、高粉尘以及有放射性有害工作环境。工业机器人在现代工业的各个领域均有越来越广泛的应用。

机器人技术是集合电气工程、计算机科学、机械工程、力学、控制工程、系统工程与数学科学于一体的一门技术，是跨越传统工程领域，对接前沿新技术，引领科技方向的一个年轻领域。机器人技术已经发展了几十年，从行为层面来说，对于完成独立的某种行动，机器人及其控制技术的发展已经有了长足的进步，对于工业机器人来说，处理精度、处理速度都远远超过了人类。本书将侧重介绍机器人技术原理，包括机器人运动学、动力学、运动规划，机器人线性与非线性控制、机器人力控制、视觉伺服与机器人标定补偿技术等，力图以一种比较清晰的方式向读者系统展示机器人技术相关基础理论。

1.1　机器人概述

1.1.1　机器人的起源

机器人一词最早源于 1920 年由捷克剧作家卡雷尔·恰佩克（Karel Capek）在戏剧《罗素姆万能机器人》（Rossum's Universal Robots，R. U. R）中提出，在该剧中他杜撰出 robot 这一术语，在斯拉夫语中表示“奴仆”的意思。该剧不仅构造了这样一个能够代替人类劳动的自动机器，而且在这个科幻故事中还出现了自动机器不甘被奴役，最终奋起反抗，并灭绝人类的故事。随着人工智能与机器人技术的深度融合，英国物理学家史蒂芬·霍金（Stephen Hawking）表现出对人类未来的担忧。2016 年他接受采访时称：随着机器人技术的不断发展，机器人将具备自我思考和适应环境的能力，未来人类的生存前途未卜。其实，机器人的伦理性问题从机器人诞生之日起，就备受争议。人们希望机器人的行为完全听从于一个“正电子”大脑，该大脑由人类输入的程序控制，使机器人的行为能够遵从一定的伦理规则。1950 年，美国著名科学幻想小说家阿西莫夫在他的小说《我是机器人》中提出了著名的“机器人三定律”：

定律 1：机器人不得伤害人类，也不能坐视人类受到伤害而无所作为。

定律 2：机器人必须服从人类的命令，但不得违背定律 1。

定律 3：机器人必须保护自己，但不得违背定律 1 和定律 2。

这些定律的行为规则后来成了机器人的设计规范，并成为工程师或技术专家设计制造产品的隐形规则。

1.1.2 机器人的定义与特点

截至目前，国际上还没有一个统一的“机器人”定义，专家们从各自角度采用不同的方法来定义这个术语，而且它的定义由于人们对机器人的想象，并受到科幻小说、电影和电视中对机器人的描绘而变得更为困难。

国际上，关于机器人的定义主要有如下几种：

1）英国《简明牛津字典》对机器人的定义。机器人是“貌似人的自动机，具有智力的和顺从于人的但不具人格的机器”。

2）美国机器人协会（RIA）对机器人的定义。机器人是“一种用于移动各种材料、零件、工具或专用装置的，通过可编程序动作来执行种种任务的，并具有编程能力的多功能机械手（Manipulator）”。

3）日本工业机器人协会（JRA）对机器人的定义。工业机器人是“一种装备有记忆装置和末端执行器（End effector）的，能够转动并通过自动完成各种移动来代替人类劳动的通用机器”。

4）美国国家标准局（NBS）对机器人的定义。机器人是“一种能够进行编程并在自动控制下执行某些操作和移动作业任务的机械装置”。

5）国际标准组织（ISO）对机器人的定义。机器人是“一种自动的、位置可控的、具有编程能力的多功能机械手，这种机械手具有几个轴，能够借助于可编程序操作来处理各种材料、零件、工具和专用装置，以执行种种任务”。

6）《中国大百科全书》对机器人的定义。机器人是“能灵活地完成特定的操作和运动任务，并可再编程序的多功能操作器”。而对机械手的定义为：一种模拟人手操作的自动机械，它可按固定程序抓取、搬运物件或操持工具完成某些特定操作。

上述各种定义有共同之处，即认为机器人：①像人或人的上肢，并能模仿人的动作；②具有智力或感觉与识别能力；③是人造的机器或机械电子装置。

由于工业机器人控制多是使用计算机编程来实现，能够很方便地实现自动控制，继而完成指定动作，因此工业机器人具有很强的自适应能力，特别适用于柔性化生产、个性化定制的生产。机器人通常由三部分组成：执行系统、驱动系统、控制系统，其组成及分类如图 1-1 所示。机器人执行系统通常由一套运动装置（轮系、履带、机械腿）和一套操作装置（机械手、末端执行器、人工手）构成。驱动系统提供实现移动和操作行为的能力，驱动系统使机器人的机械组件具有运动能力，其构件包括伺服电动机、驱动器和传动装置。控制系统根据传感信息和任务，协调和控制整个机器人的运动和动作。系统的感知能力由传感系统实现，传感系统包括能够获取机械系统内部状态数据的传感器（本体传感器，例如位置传感器）和能获取外部环境数据的传感器（外部传感器，例如压力传感器和工业相机）。

工业机器人具有以下几个显著特点：

（1）可编程　适用于柔性自动化生产、个性化定制的现代自动化流水生产线，即能够随工作环境变化再编程，在柔性制造过程中具有重要作用。

（2）拟人化　在机械结构设计上具有拟人化特点，能够完成行走、腰转、大臂、小臂、

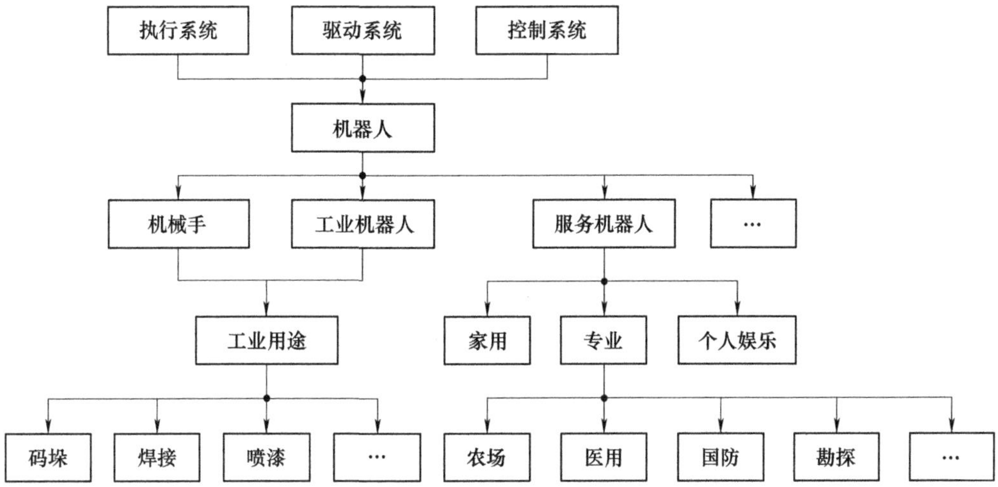

图 1-1　机器人组成及其分类

手腕和手爪等部分功能，在控制上采用计算机软件控制。此外，工业机器人的智能化发展，集成接触传感器、力传感器、视听觉传感器以及语言功能等“生物传感器”，能够使其具有一定的人类感知能力。

（3）通用性　除了专用于特殊应用环境和用途的工业机器人外，常规工业机器人在执行动作方面具有很好的通用性。例如更换末端的执行器（手爪、焊枪等工具）便可执行不同的作业任务。

（4）机电一体化　机器人学是一门多学科交汇的综合学科，总的归纳起来就是机电一体化技术。对于未来发展的第三代智能机器人，不但具有获取外部环境信息的各种传感器，而且还具有记忆、语言理解、图像识别、自我学习能力等人工智能，这些均是微电子技术的应用，特别是与计算机技术的应用密切相关。

1.1.3　机器人技术的发展

机器人实际上是两种早期技术（遥操作设备和数控机床）结合而发展起来的产物。1946 年诞生第一台计算机后，1952 年美国将计算机技术应用到传统机床，诞生了第一台数控机床，从此人类社会进入了数控时代。1954 年美国人乔治·德沃尔设计了第一台可编程的工业机器人，并申请了专利。1962 年，恩格尔伯格与乔治·德沃尔联合创立了美国万能自动化（Unimate）公司，并把遥操作设备中的机械连杆与数控机床的自主性和可编程性结合在一起，开发出世界第一台机器人 Unimate，在美国通用汽车公司（GM）投入使用后获得轰动效应，这标志着第一代机器人的诞生。

然而随着控制理论、计算机、传感器等技术的逐渐成熟，机器人技术得到了突破式发展，并且凭借其独特的优势在制造业中占据了十分重要的地位。从产品功能上来讲，可将工业机器人发展概括成三个阶段：

1）“示教再现”机器人，该类机器人会依照操作者指定的程序，重复进行某种动作，但不能从外界获取信息来调整自身的动作，所以被广泛用于搬运、上下料等动作单一的场合。

2）带有简单传感器的机器人，如触觉、视觉、力反馈等传感器，能对工作空间内的环境信息进行探测并反馈，按照事先编写好的程序完成相应的动作。

3）多传感器智能化工业机器人，即能够捕获外界环境信息，并对此能够准确及时处理，达到自我决策的智能化工业机器人，还在实验研究开发阶段。

下面介绍一下国外、国内的工业机器人发展现状。

1. 国外工业机器人发展现状

在机器人研究方面，由于日本在二战后劳动力资源严重短缺，所以机器人技术得到了日本政府的大力支持。自川崎重工于 1967 年从美国引进机器人技术之后，经过几十年的发展，日本诞生了 YASKAWA、NACHI、FANUC、MITSUBISH、DAIHEN OTC 等一些国际知名机器人企业[8]。西欧是除日美国家之外另一块重要的机器人研发基地，这些国家制造业自动化程度非常高，因而机器人技术的发展更新速度也非常快，造就了众多具有国际影响力的公司，其中最具代表性的有：瑞典 ABB、德国 KUKA、瑞士 STAUBLI、意大利 COMAU[9]。这些公司的机器人产品精度高、速度快、负载大，性能十分优越，其技术水平一直处于国际领先水平，产品如图 1-2 所示。

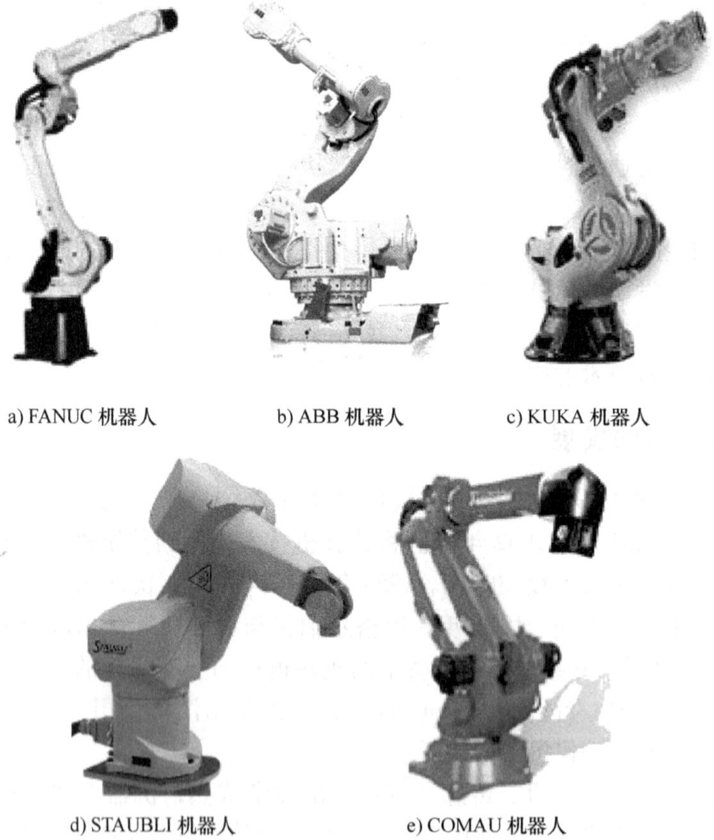

a) FANUC 机器人　b) ABB 机器人　c) KUKA 机器人

d) STAUBLI 机器人　e) COMAU 机器人

图 1-2　国外工业机器人产品

2. 国内工业机器人发展现状

我国从 20 世纪 70 年代初期开始对机器人技术的研究，起步时间相对较晚。在世界范围内科技高速发展的环境下，1972年，我国开启在工业机器人技术领域的研究。“七五”期间，我国对工业机器人基础技术、基础元器件、几类工业机器人整机及应用工程进行了开发研究，实现了我国机器人产业从无到有的跨越。经过“八五”“九五”期间的科技攻关计划和国家高技术研究发展计划（863计划）对智能机器人主题的支持，20世纪90年代后期，我国实现了机器人的商品化，为工业机器人能够向产业化发展奠定了重要基础。

进入21世纪以后，国内越来越多的高校、科研院所开展工业机器人的研发项目，例如有沈阳新松（SIΛSUN）、上海新时达（STEP）、芜湖埃夫特（EFORT）、南京埃斯顿（ESTUN）、广州数控（GSK）等多家国内工业机器人企业，为国内工业机器人技术的发展做出了重大贡献。随着我国科学技术的不断发展和综合国力的不断提升，我国的工业机器人产业逐渐走向国际市场，工业机器人技术也逐渐达到国际先进水平。国内工业机器人产品如图1-3所示。随着我国制造业的快速发展，机器人已成为制造业不可或缺的自动化生产线单元，在我国拥有巨大的应用空间。

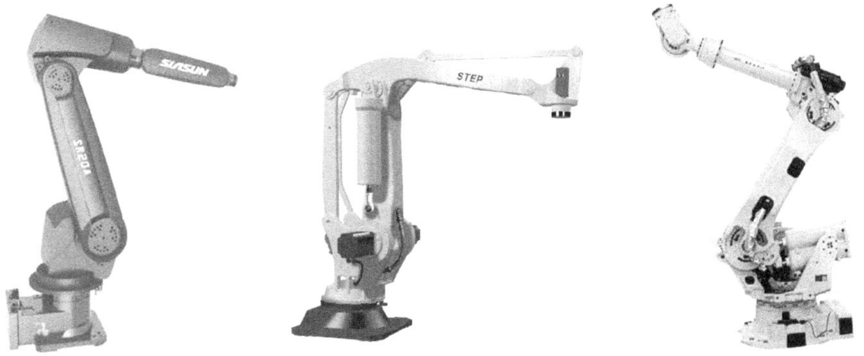

a) 沈阳新松机器人　　b) 上海新时达机器人　　c) 芜湖埃夫特机器人

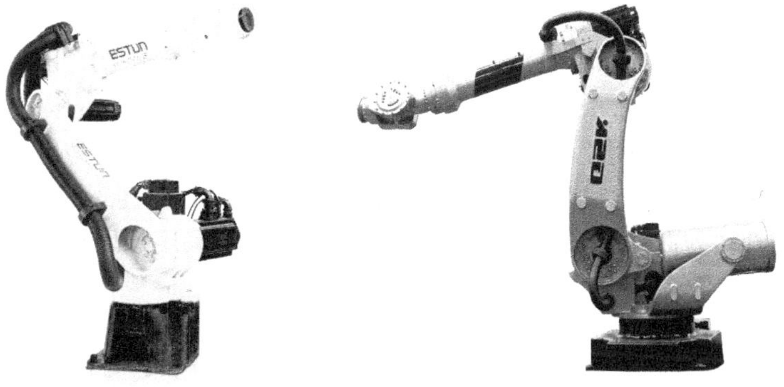

d) 南京埃斯顿机器人　　e) 广州数控机器人

图1-3　国内工业机器人产品

严格来说，目前世界上工业界使用的绝大多数机器人都不具备智能性，智能机器人主要集中于服务、娱乐与特种环境，这主要是由于人工智能虽然具有无限前景，但目前仍处于发展探索阶段，难以满足工业机器人对稳定性与实时性的高要求。随着人工智能的发展，人们对第三代机器人充满期待，并将它定义为智能机器人，即只需告诉它做什么，而不用告诉它怎么做。它有运动、感知、思维、人机通信功能。智能机器人具有较高的智能性，能够处理更复杂的工况任务，具有更高的效率和适应性。

实践表明，工业机器人对于提高生产自动化水平、劳动生产率、产品质量、企业经济效益以及劳动条件的改善等诸多方面，起着举足轻重的作用。随着计算机技术智能化水平的不断提升、工业机器人技术的快速发展和应用领域的不断扩大，各个领域对应用机器人的要求也在不断提高，工业机器人也将朝着智能化、多样化、模块化、个性化方向发展，以适应市场变化的需要。工业机器人可能的发展趋势如下：

1）结构模块化和可重构化；

2）控制技术的开放化；

3）控制和移动功能的智能化；

4）PC 化和网络化；

5）伺服驱动技术的数字化和分散化；

6）多传感融合技术的应用化；

7）高速、高精度和多功能化；

8）作业柔性化，以及系统网络化和智能化。

1.2 机器人分类

机器人可以按坐标结构、应用场合、控制方式、驱动系统等各种方法分类。

1. 按机器人的坐标结构分类

按照坐标几何关系进行分类是最传统的分类方式，这里最常用的坐标结构机器人为笛卡儿坐标机器人、圆柱坐标机器人、球面坐标机器人、全旋转关节式机器人和选择性柔性装配机器人。

（1）笛卡儿坐标机器人（3P） 笛卡儿坐标机器人的机械臂在由 x、y、z 组成的右手直角坐标内做直线运动，分别表示机械臂的行程、高度和手臂伸出长度，该坐标系则称为笛卡儿坐标，如图 1-4 所示，其工作空间是一个长方体。该类型的机器人结构简单，较好的刚性结构提供了末端执行器的精确位置。但需要预留大量的操作空间，因为直线运动通常是采用旋转电动机配上螺母和滚珠丝杠来实现的，堆积在螺杆中的灰尘会影响机器人的平滑运动，维护难度大。另外，为保持滚珠丝杠的高刚度，其组件必须采用刚性高的材料。

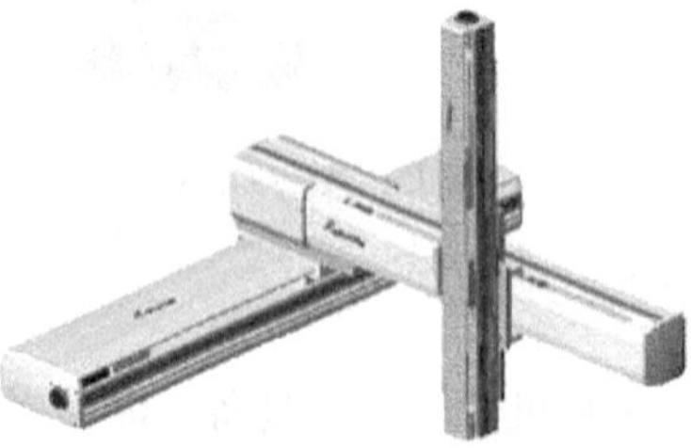

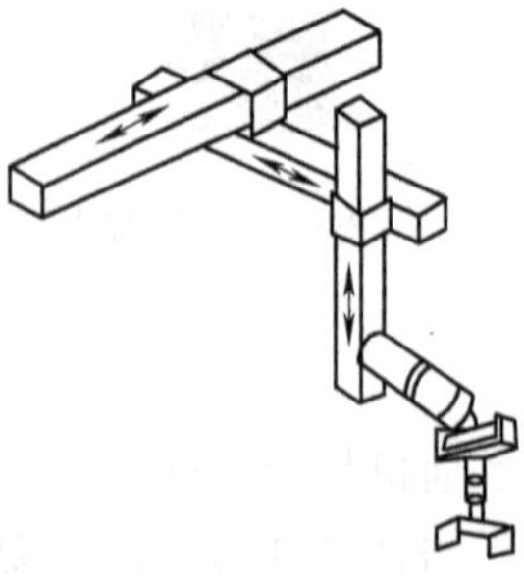

图 1-4 笛卡儿坐标机器人

(2) 圆柱坐标机器人 (PRP) 圆柱坐标机器人主要由安装在底座上的旋转关节和臂杆上两个平移关节组成。通常由一个垂直立柱安装在旋转底座上，水平机械手安装在立柱上，能够沿垂直立柱上下运动，这样末端执行器的运动包络就形成了一个圆柱面，因此，这种机器人称为圆柱坐标机器人，如图 1-5 所示。坐标参数主要是底座旋转角度、立柱高度和臂长半径。

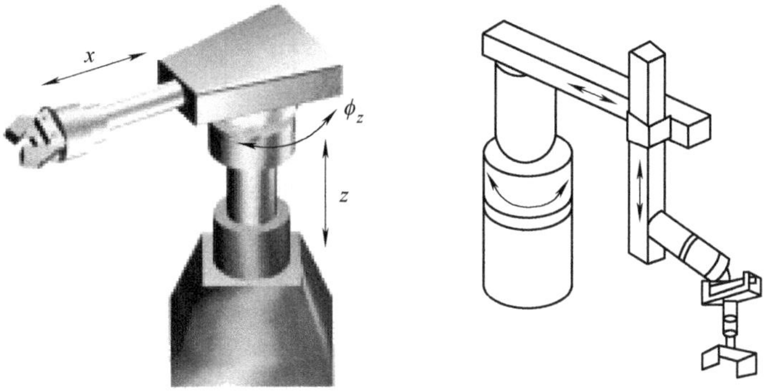

图 1-5 圆柱坐标机器人

(3) 球面坐标机器人(P2R) 球面坐标机器人由两个旋转关节和一个平移关节组成。机械手能够实现伸缩平移，同时在垂直平面上能够垂直回转，在水平平面上能够绕底座旋转。该机械臂的操作空间在球坐标系的参数为底座旋转角度、俯仰角度和臂杆半径，其形成的包络空间为球面的一部分，如图 1-6 所示。因此，这种机器人称为球面坐标机器人。

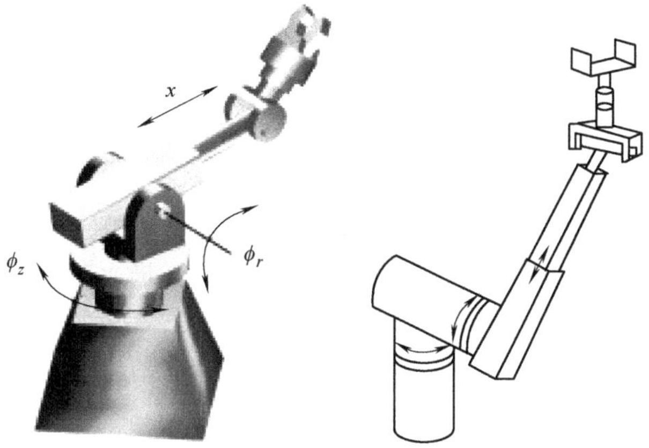

图 1-6 球面坐标机器人

(4) 全旋转关节式机器人 (3R) 全旋转关节式机器人的运动关节全部采用旋转关节，这种机器人主要由底座、上臂和前臂构成。上臂和前臂可在通过底座的垂直平面内运动，在前臂和上臂间的关节称为肘关节；上臂和底座间的关节为肩弯曲；底座自身可以回转，其形成的包络空间为球面的大部分，如图 1-7 所示。这种机器人称为全旋转关节式机器人。

(5) 选择性柔性装配机器人 (SCARA) 选择性柔性装配机器人有 3 个旋转关节和 1 个平移关节。其中的两个旋转关节使机器人在水平面上灵活运动，具有较好的柔性。同时，其平移关节具有很强的刚性，完成垂直运动，适合在装配行业应用。如图 1-8 所示。

2. 按机器人的控制方式分类

(1) 伺服控制机器人 伺服机器人顾名思义采用伺服闭环控制，因此相比非伺服机器人有更强的工作能力，精度更高，但由于结构复杂，需采用反馈元件等原因，价格较贵。图 1-9所示为伺服机器人关节闭环控制的结构示意图。伺服系统的反馈信号可以为机器人末

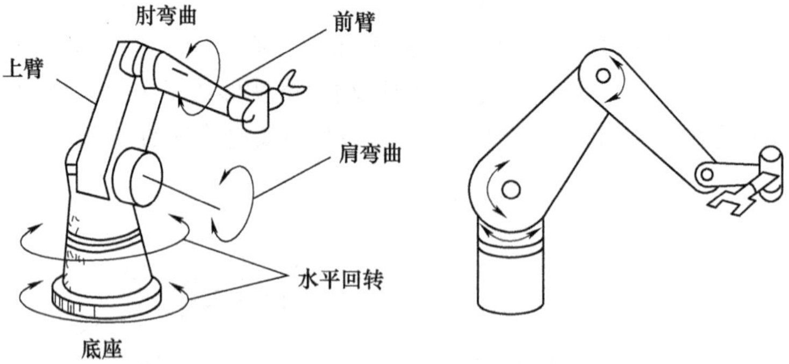

图 1-7　全旋转关节式机器人

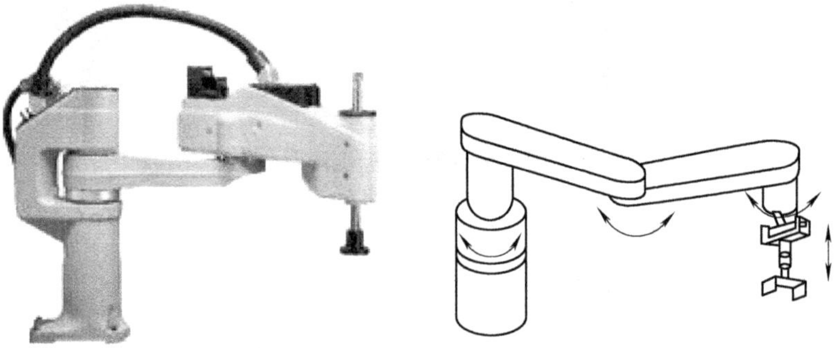

图 1-8　选择性柔性装配机器人

端或关节执行器的位置、速度、加速度或力等，通过比较器比较后获得误差信号，经过控制器计算后用以输入给机器人的驱动装置，进而控制末端执行装置按期望指令运动。当前大多数工业机器人都采用伺服控制。

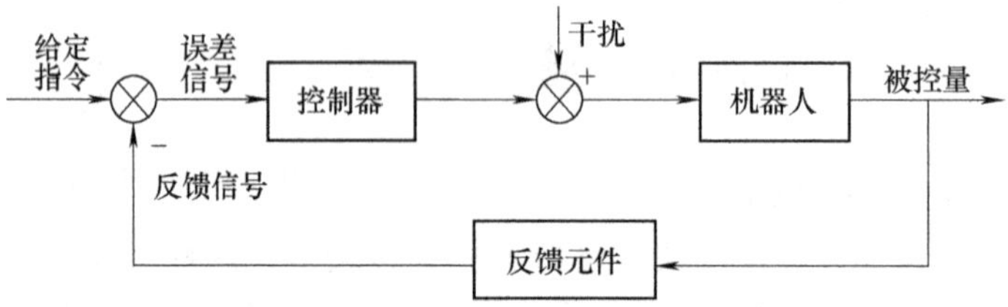

图 1-9　关节闭环控制的结构示意图

（2）非伺服机器人　非伺服机器人采用开环控制，应用场合有限。其主要应用于定点上下料等任务工况比较简单的开关型控制。非伺服机器人控制结构简单，价格低廉。由于无闭环反馈，也无须复杂控制算法，因此控制系统比较稳定。其工作原理框图如图 1-10 所示。非伺服控制常应用于轻载机器人的点对点位置控制，难以适用对速度、加速度和转矩控制的工况场合。例如，常见的气动机器人通常采用非伺服控制。

3. 按机器人的应用场合分类

（1）工业机器人　主要用于工农业生产中进行码垛、上下料、抛光、加工、焊接、装配、喷漆、检验、加工等。

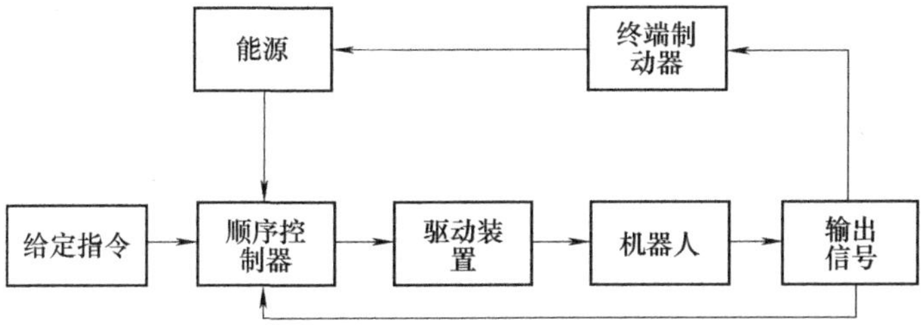

图 1-10　非伺服机器人工作原理框图

（2）服务机器人　主要服务于人类，包括娱乐机器人、家庭机器人、医疗机器人等，属于一种半自主或全自主工作的机器人。

（3）空间机器人　主要用于进行太空探索，空间飞行器的建设与维护等。

（4）水下机器人　主要用于进行水下或者海洋探索。

（5）军事机器人　主要用于进攻性或防御性的军事目的。

（6）特种机器人　其他用于特别工况或特殊任务下的非标机器人。

4. 按机器人的智能程度分类

（1）一般机器人　不具有智能性，只具有一般编程能力和操作功能。目前大部分工业机器人即属于此类，包括第一代工业机器人。

（2）智能机器人　具有一定智能性，且按智能程度的不同，又分为：

1）传感型机器人。采用传感设备，包括视觉、听觉、触觉、力觉等进行传感信息的处理，实现一定程度的智能操作。目前已经开始应用的第二代机器人即属于此类。

2）自立型机器人。无须人的干预，能够在各种环境下自主决策并自动完成各项拟定任务，具备高度智能性。正在探索的第三代机器人即属于此类。

5. 其他分类方式

（1）按移动方式分类　分为固定式机器人和移动式机器人。

（2）按能源动力分类　分为电力机器人和流体动力机器人。

（3）按轨迹控制分类　分为点到点轨迹控制机器人和连续轨迹控制机器人。

（4）按编程方法分类　分为在线编程机器人和离线编程机器人。

1.3　机器人的主要技术参数

机器人的结构、用途和用户要求的不同，机器人的技术参数也不同，因此在设计使用机器人时，必须准确了解机器人的主要技术参数。机器人的技术参数反映了机器人可胜任的工作、具有的最高操作性能等情况，通过机器人的技术参数可以选择机器人的机械结构、坐标形式和传动装置等。机器人的技术参数主要包括自由度、分辨率、精度、重复定位精度、工作范围、承载能力及最大速度等。

1. 自由度

自由度（Degrees of freedom）是指描述物体运动所需要的独立坐标数，工业机器人的自由度是指机器人操作臂所具有独立坐标轴运动的数目，不包括手爪开合自由度以及手指关节自由度，一般以轴的直线移动、摆动或旋转动作的数目来表示。机器人的自由度反映了机器人动作灵活的尺度，机器人的自由度数一般等于关节数目。

确定空间目标点位置需要指定一个空间三维坐标系，例如直角坐标轴的 x、y 和 z 三个坐标量，只要 3 个坐标即可确定一个任意空间点的位置。同样，要确定一个刚体，而非一个点的空间位置，首先需要在刚体上选择一个点，并通过 3 个数据来确定该点位置，还需要确定物体关于该点的姿态，因此需要 6 个数据才能完全描述物体的位置与姿态，这需要机器人操作臂有 6 个自由度才能在工作空间内按任意位置与姿态操作物体。对于直角坐标机器人来说，由于仅仅具有 3 个自由度，因此机器人只能实现对目标物体的位置操作，实现平行于参考坐标轴的运动，无法实现指定姿态。同样，如果一个机器人具有绕 x、y、z 轴的旋转自由度和仅沿 x、y 轴的平移自由度，则此时操作臂可以以任意姿态操作目标物，但只能沿着 x、y 轴而无法沿 z 轴来指定目标物位置，因此，增加自由度可以增强机器人的灵活性。

在三维空间中来指定一个物体的位置和姿态（简称位姿）通常需要 6 个自由度，即 3 个自由度确定位置和 3 个自由度确定姿态。工业机器人一般多为 4～6 个自由度，例如，KUKA KR180 码垛机器人具有 5 个自由度，承载 180kg。KR 5 SCARA 装配机器人具有 4 个自由度，可以在印制电路板上接插电子器件。KUKA KR5 R1400 焊接机器人具有 6 个自由度，承载 5kg。

冗余自由度机器人是指为完成某一特定作业而具有多余自由度的机器人。例如，对于目标物空间坐标位姿的确定，需要机器人具有 6 个自由度，若采用具有 7 个及以上的自由度的机器人来操作，该机器人即为冗余度机器人。利用冗余度可以增加机器人的灵活性躲避障碍物，并改善动力性能。人的手臂（大臂、小臂、手腕）共有 7 个自由度，具有冗余度，因此可以灵活地实现避障。

2. 工作空间

工作空间又叫作工作范围，机器人的工作空间是指操作臂末端所能达到的所有点的集合。机器人工作空间与机器人的构型、连杆及腕关节的参数有关，可以通过数学方程来描述，同时需要规定操作臂连杆与关节的约束条件等。由于末端执行器的形状和尺寸是多种多样的，为了真实反映机器人的特征参数，工作范围是指不安装末端执行器时的工作区域。

机器人所具有的自由度及其组合不同，其工作范围的形状和大小也不同，自由度的变化量（即直线运动的距离和回转角度的大小）则决定着运动图形的大小。手部不能到达的区域为作业死区（Dead zone），机器人在执行某作业时也可能会因作业死区而任务失败。

3. 工作速度

工作速度指机器人在工作载荷条件下及匀速运动过程中，机械接口中心或工具中心点在单位时间内所移动的距离或转动的角度，一般机器人最大工作速度为 1～10m/s。运动循环包括加速启动、等速运行和减速制动三个过程，为了提高生产效率，要求缩短整个运动循环时间。但高工作速度对机器人关节结构要求更高，升降速控制、运动的平稳和精度控制难度更大。

4. 承载能力

承载能力又叫作工作载荷，指操作臂机械接口处在工作范围内的任何位姿上所能承受的最大负载，一般用质量、力矩、惯性矩表示。

机器人有效负载的大小除受到驱动器功率的限制外，还受到杆件材料极限应力的限制，因而它又和环境条件（如地心引力）、运动参数（如运动速度、加速度以及它们的方向）有关。一般机器人的搬运重物能力可达数千克至数百千克。为了安全起见，承载能力这一技术指标是指高速运行时的承载能力，且通常承载能力不仅指负载，而且还包括了机器人末端操作器的质量，即手部的质量、抓取工件的质量等。

5. 分辨率

分辨率是指机器人每根轴能够实现的最小移动距离或最小转动角度。机器人的分辨率由系统设计检测参数决定，并受到位置反馈检测单元性能的影响。分辨率分为编程分辨率与控制分辨率，统称为系统分辨率。

编程分辨率是指程序中可以设定的最小距离单位，又称为基准分辨率。控制分辨率是位置反馈回路能够检测到的最小位移量。例如：若每转1000个脉冲的增量式编码盘与电动机同轴安装，则电动机每旋转0.36°编码器就发出一个脉冲，0.36°以下的角度变化无法检测，则该系统的控制分辨率为0.36°。

定位精度、重复精度和分辨率有一定关系，但并不相同，它们根据机器人使用要求设计确定，取决于机器人的机械精度与电气精度。

6. 定位精度

定位精度是指机器人手部实际到达位置与目标位置之间的差异。

机器人的精度主要依存于机械误差与分辨率系统误差。机械误差主要产生于传动误差、关节间隙与连杆机构的挠性。其中，传动误差是由轮齿误差、螺距误差等引起的；关节间隙是由关节处的轴承间隙、谐波齿隙等引起的；连杆机构的挠性随操作臂位形、负载的变化而变化。

有研究表明，虽然影响机器人末端执行器绝对定位精度的误差源很多，但几何参数误差（连杆长度偏差、连杆偏置、扭角偏差和关节角偏差）占80%。

7. 重复定位精度

重复定位精度是指机器人在相同的运动位置命令下，连续若干次重复定位其手部于同一目标位置的能力，可以用标准偏差这个统计量来表示，它是衡量一系列误差值的密集度（即重复度）。即如果动作重复多次，机器人到达同样位置的精确程度。假设驱动机器人到达同一点100次，由于许多因素会影响机器人的位置精度，机器人不可能每次都能准确地到达同一点，但应在以该点为圆心的一个圆形范围内。该圆的半径是由一系列重复动作形成的，这个半径即为重复精度。

重复定位精度比绝对定位精度更为重要，如果一个机器人定位不够精确，通常会显示一个固定的误差，这个误差是可以预测的，因此可以通过编程予以校正。然而，如果误差是随机的，那就无法预测它，因此也就无法消除。重复精度规定了这种随机误差的范围。

重复定位精度通常通过一定次数地重复运行机器人来测定，不同速度、不同方位下，测试次数越多，得出的重复精度范围越大，重复定位精度的评价就越准确，也越接近于实际情况。生产商给出重复精度时必须同时给出测试次数、测试过程中所加负载及手臂的姿态。

定位精度、重复定位精度都用来定义机器人手部的定位能力。图1-11所示为当定位精度和重复定位精度均较高时的示意图。通常工业机器人厂商只给出重复精度。表1-1为不同应用场合工业机器人要求的重复定位精度。

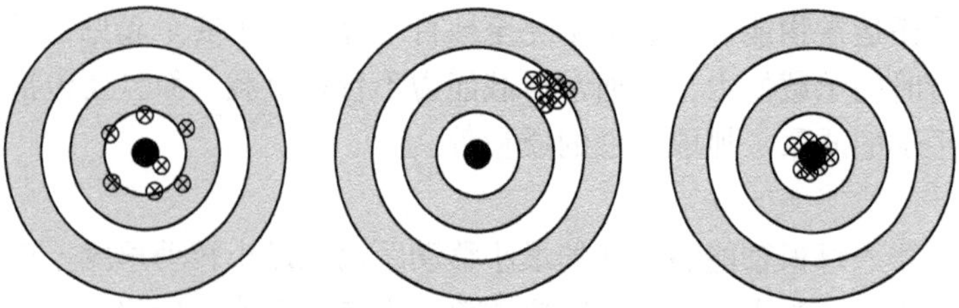

图 1-11 较高的定位精度、重复定位精度示意图

表 1-1 不同工业机器人要求的重复定位精度 （单位：mm）

任务	机床上下料	冲床上下料	点焊	模锻	喷涂	装配	测量	弧焊
重复定位精度	±(0.05~1)	±1	±1	±(0.1~2)	±3	±(0.01~0.5)	±(0.01~0.5)	±(0.2~0.5)

8. 其他参数

此外，对于一个完整的机器人还有下列参数描述其技术规格。

（1）驱动方式 驱动方式是指操作臂关节执行器的动力源形式，主要有液压驱动、气压驱动和电力驱动等方式。

（2）控制方式 控制方式指机器人用于控制轴的方式，目前主要分为伺服控制和非伺服控制。

（3）安装方式 安装方式是指机器人本体安装的工作场合的形式，通常有地面安装、架装、吊装等形式。

（4）本体质量 本体质量是指机器人在不加任何负载时本体的重量，用于估算运输、安装等。

（5）环境参数 环境参数是指机器人在运输、存储，特别是工作时需要提供的环境条件，例如：温度、湿度、腐蚀性气体、振动、防护等级和防爆等级等。

第 2 章

机器人运动学分析

2.1 位姿描述与坐标变换

刚体参考点的位置和姿态统称为刚体的位姿。位姿一旦确定，其在空间的几何状态（位置、方向）也就确定了，通常情况下，确定了空间中刚体的 3 个位置自由度和 3 个姿态自由度，其位姿也就确定了。

2.1.1 位置和姿态的表示

1. 位置描述

在直角坐标系 {A} 中，空间任意一点 P 的位置（见图 2-1）可用 3×1 列矢量（位置矢量）表示：

$$^{A}\boldsymbol{p} = (p_x, p_y, p_z)^{\mathrm{T}} \tag{2-1}$$

2. 姿态描述

空间中的点用位置矢量即可表示，但若描述空间中机械臂手爪末端某点时，还要知道机械臂姿态，才能确定手爪位置。

对于空间一物体 B 来说，其姿态可用坐标系 {B} 的三个单位主矢量 $^{B}\boldsymbol{x}$、$^{B}\boldsymbol{y}$、$^{B}\boldsymbol{z}$ 相对于参考坐标系 {A} 坐标轴方向余弦所组成的 3×3 矩阵来描述，如图 2-2 所示，此矩阵表示为

$$^{A}_{B}\boldsymbol{R} = ({}^{A}_{B}\boldsymbol{x}, {}^{A}_{B}\boldsymbol{y}, {}^{A}_{B}\boldsymbol{z}) = \begin{pmatrix} r_{11} & r_{12} & r_{13} \\ r_{21} & r_{22} & r_{23} \\ r_{31} & r_{32} & r_{33} \end{pmatrix} \tag{2-2}$$

式（2-2）称为旋转矩阵。由于旋转矩阵 $^{A}_{B}\boldsymbol{R}$ 表示的是正交坐标系的单位矢量，因此矩阵 $^{A}_{B}\boldsymbol{R}$ 的列矢量是相互正交的，同时其模长为 1，即

$$^{A}_{B}\boldsymbol{x}^{\mathrm{T}} \cdot {}^{A}_{B}\boldsymbol{y} = 0, \quad {}^{A}_{B}\boldsymbol{y}^{\mathrm{T}} \cdot {}^{A}_{B}\boldsymbol{z} = 0, \quad {}^{A}_{B}\boldsymbol{z}^{\mathrm{T}} \cdot {}^{A}_{B}\boldsymbol{x} = 0 \tag{2-3}$$

$$^{A}_{B}\boldsymbol{x}^{\mathrm{T}} \cdot {}^{A}_{B}\boldsymbol{x} = 1, \quad {}^{A}_{B}\boldsymbol{y}^{\mathrm{T}} \cdot {}^{A}_{B}\boldsymbol{y} = 1, \quad {}^{A}_{B}\boldsymbol{z}^{\mathrm{T}} \cdot {}^{A}_{B}\boldsymbol{z} = 1 \tag{2-4}$$

为保证坐标系符合右手定则，还需满足叉积条件：$^{A}_{B}\boldsymbol{x} \times {}^{A}_{B}\boldsymbol{y} = {}^{A}_{B}\boldsymbol{z}$。

式（2-3）、式（2-4）形成 6 个约束条件，因此，确定旋转矩阵只需三个变量。

旋转矩阵 $^{A}_{B}\boldsymbol{R}$ 是一个正交矩阵，即

$$^{A}_{B}\boldsymbol{R}^{\mathrm{T}} \cdot {}^{A}_{B}\boldsymbol{R} = \boldsymbol{I}_3 \tag{2-6}$$

式中，$\boldsymbol{I}_3$ 表示 3×3 单位矩阵。

将式（2-6）等号两边同时右乘 $^{A}_{B}\boldsymbol{R}$ 的逆矩阵 $^{A}_{B}\boldsymbol{R}^{-1}$，则可得

$$^{A}_{B}\boldsymbol{R}^{\mathrm{T}} = {}^{A}_{B}\boldsymbol{R}^{-1} \tag{2-7}$$

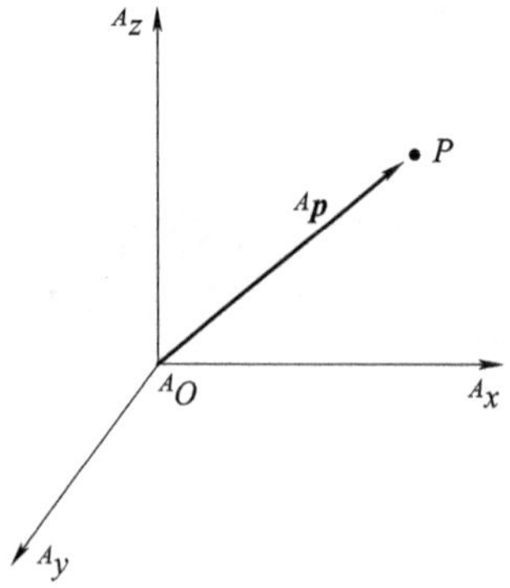

图 2-1　空间直角坐标系中点的位置

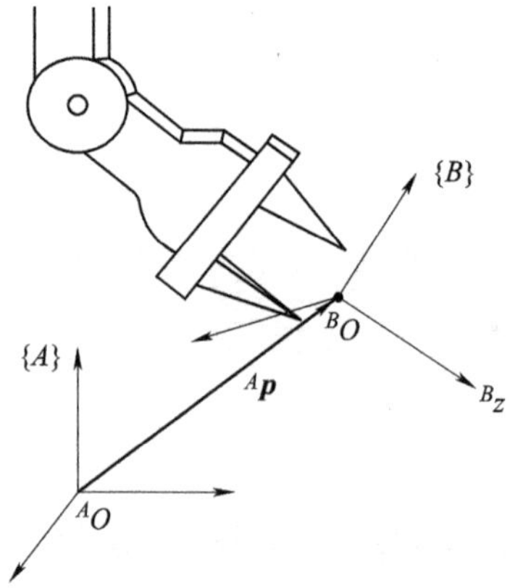

图 2-2　物体 B 的姿态

即旋转矩阵的转置与其逆矩阵是相等的。

如图 2-3 所示，坐标系｛B｝可以绕坐标系｛A｝进行三次旋转得到。当坐标系｛B｝分别绕坐标系｛A｝的 x 轴、y 轴、z 轴旋转 γ、β、α 角时，其旋转矩阵为

$$\boldsymbol{R}_x(\gamma)=\begin{pmatrix}1 & 0 & 0\\ 0 & \cos\gamma & -\sin\gamma\\ 0 & \sin\gamma & \cos\gamma\end{pmatrix} \tag{2-8}$$

$$\boldsymbol{R}_y(\beta)=\begin{pmatrix}\cos\beta & 0 & \sin\beta\\ 0 & 1 & 0\\ -\sin\beta & 0 & \cos\beta\end{pmatrix} \tag{2-9}$$

$$\boldsymbol{R}_z(\alpha)=\begin{pmatrix}\cos\alpha & -\sin\alpha & 0\\ \sin\alpha & \cos\alpha & 0\\ 0 & 0 & 1\end{pmatrix} \tag{2-10}$$

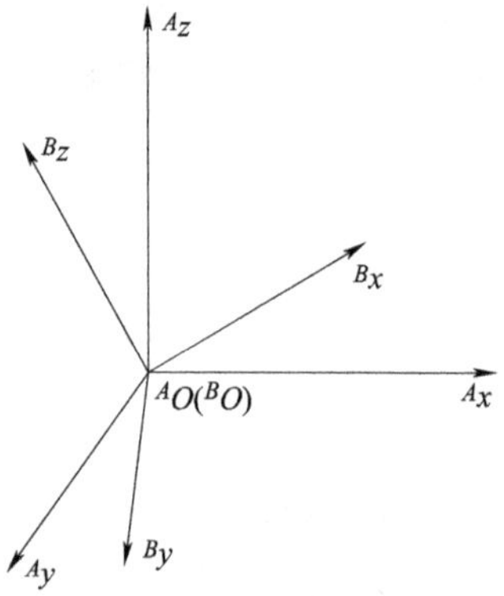

图 2-3　相对于坐标系｛A｝的坐标系｛B｝

以图 2-4 绕 z 轴旋转为例，旋转矩阵可推导如下：

$$^{A}x_P={}^{B}x_P\cos\alpha-{}^{B}y_P\sin\alpha \tag{2-11}$$

$$^{A}y_P={}^{B}x_P\sin\alpha+{}^{B}y_P\cos\alpha \tag{2-12}$$

$$^{A}z_P={}^{B}z_P \tag{2-13}$$

$$\begin{pmatrix}^{A}x_P\\ ^{A}y_P\\ ^{A}z_P\end{pmatrix}=\begin{pmatrix}\cos\alpha & -\sin\alpha & 0\\ \sin\alpha & \cos\alpha & 0\\ 0 & 0 & 1\end{pmatrix}\begin{pmatrix}^{B}x_P\\ ^{B}y_P\\ ^{B}z_P\end{pmatrix} \tag{2-14}$$

绕其他两轴旋转时，只要把坐标次序调换即可得结果。

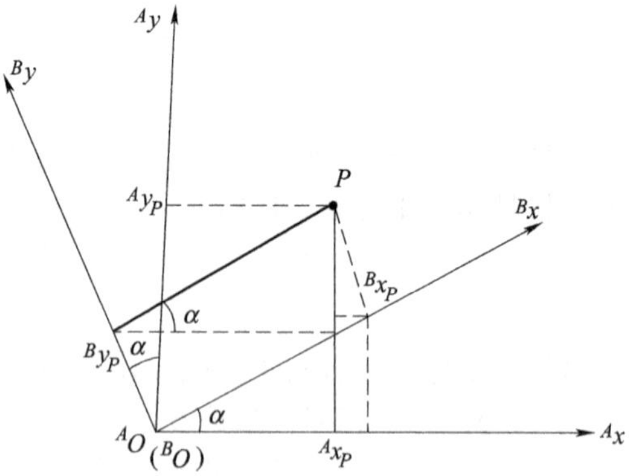

图 2-4　绕 z 轴旋转的变换

旋转矩阵的几何意义：

1）${}^{A}_{B}\boldsymbol{R}$ 可以表示固定于刚体上的坐标系｛B｝对参考坐标系｛A｝的姿态矩阵。

2）${}^{A}_{B}\boldsymbol{R}$ 可作为坐标变换矩阵，它使得坐标系｛B｝中点的坐标 ${}^{B}\boldsymbol{p}$ 变换成坐标系｛A｝中

点的坐标 $^{A}\boldsymbol{p}$ 。

3) $^{A}_{B}\boldsymbol{R}$ 可作为算子，将坐标系 $\{B\}$ 中的矢量或物体变换到同一坐标系中。

3. 位姿描述

刚体位姿（位置和姿态）用刚体的方位矩阵和方位参考坐标系的原点位置矢量表示，即

$$\{B\} = \{^{A}_{B}\boldsymbol{R} \quad ^{A}\boldsymbol{p}_{B_O}\} \tag{2-15}$$

2.1.2 坐标变换

1. 平移坐标变换

坐标系 $\{A\}$ 和 $\{B\}$ 具有相同的方位，但原点不重合，如图2-5所示，则点 P 在两个坐标系中的位置矢量满足

$$^{A}\boldsymbol{p} = {}^{B}\boldsymbol{p} + {}^{A}\boldsymbol{p}_{B_O} \tag{2-16}$$

2. 旋转变换

坐标系 $\{A\}$ 和 $\{B\}$ 有相同的原点但方位不同，如图2-6所示，则点 P 在两个坐标系中的位置矢量有如下关系：

$$^{A}\boldsymbol{p} = {}^{A}_{B}\boldsymbol{R} \cdot {}^{B}\boldsymbol{p} \tag{2-17}$$

$$^{B}_{A}\boldsymbol{R} = {}^{A}_{B}\boldsymbol{R}^{-1} = {}^{A}_{B}\boldsymbol{R}^{\mathrm{T}} \tag{2-18}$$

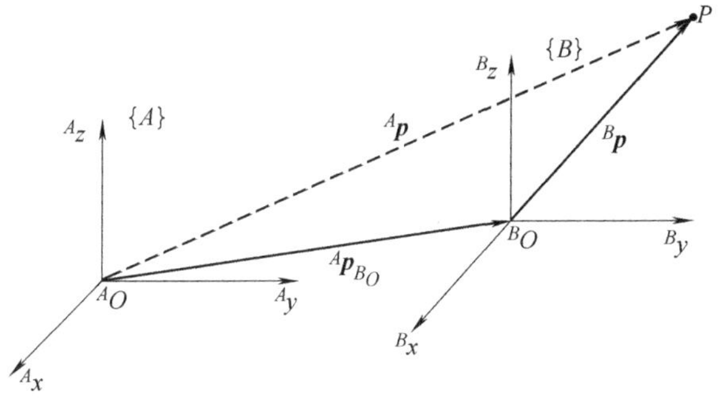

图2-5 平移变换

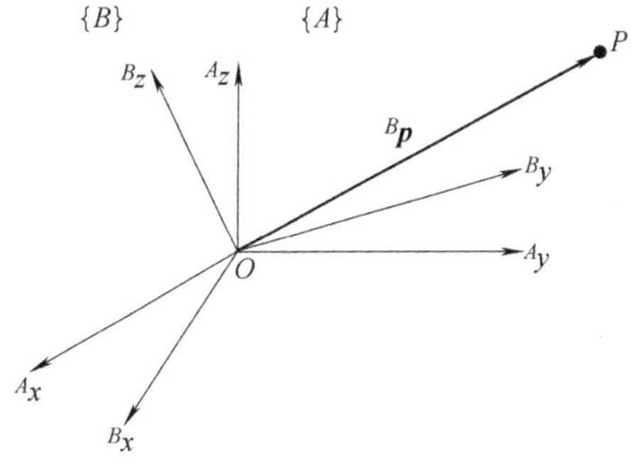

图2-6 旋转变换

3. 复合变换

如果坐标系 $\{A\}$ 和 $\{B\}$ 原点既不重合，其方位也不同，如图2-7所示，这时有

$$^{A}\boldsymbol{p} = {}^{A}_{B}\boldsymbol{R} \cdot {}^{B}\boldsymbol{p} + {}^{A}\boldsymbol{p}_{B_O} \tag{2-19}$$

［例2-1］ 已知坐标系 $\{B\}$ 的初始位姿与坐标系 $\{A\}$ 的重合，首先坐标系 $\{B\}$ 相对于坐标系 $\{A\}$ 的 z 轴转60°，再沿坐标系 $\{A\}$ 的 x 轴移动7个单位，并沿坐标系 $\{A\}$ 的 y 轴移动10个单位。求位置矢量 $^{A}\boldsymbol{p}_{B_O}$ 和旋转矩阵 $^{A}_{B}\boldsymbol{R}$，设点 P 在坐标系 $\{B\}$ 中的位置为 $^{B}\boldsymbol{p} = (5, 0, 3)^{\mathrm{T}}$，求它在坐标系 $\{A\}$ 中的位置。

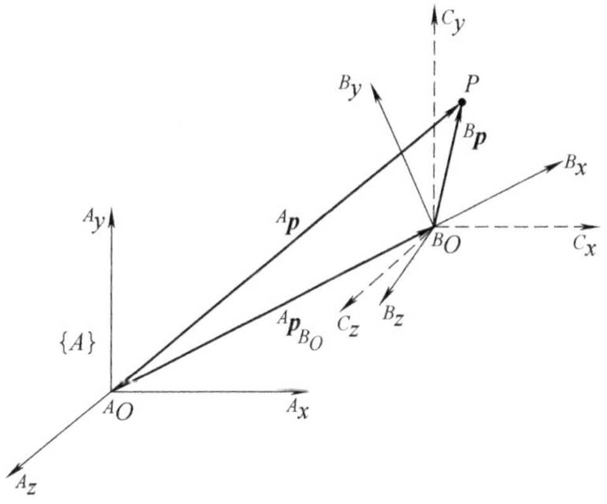

图2-7 复合变换

解：
$$ {}_B^A\boldsymbol{R}=\boldsymbol{R}_z(60°)=\begin{pmatrix}0.5 & -0.866 & 0\\ 0.866 & 0.5 & 0\\ 0 & 0 & 1\end{pmatrix},\ {}^A\boldsymbol{p}_{B_O}=\begin{pmatrix}7\\10\\0\end{pmatrix} $$

$$ {}^A\boldsymbol{p}={}_B^A\boldsymbol{R}{}^B\boldsymbol{p}+{}^A\boldsymbol{p}_{B_O}=\begin{pmatrix}2.5\\4.33\\3\end{pmatrix}+\begin{pmatrix}7\\10\\0\end{pmatrix}=\begin{pmatrix}9.5\\14.33\\3\end{pmatrix} $$

2.1.3 齐次坐标变换

1. 一般齐次变换

齐次变换可以很好地将矩阵的复合运算变成矩阵连乘形式，进而简化运算。式（2-19）可写为

$$ \begin{pmatrix}{}^A\boldsymbol{p}\\1\end{pmatrix}=\begin{pmatrix}{}_B^A\boldsymbol{R} & {}^A\boldsymbol{p}_{B_O}\\ \boldsymbol{0} & 1\end{pmatrix}\begin{pmatrix}{}^B\boldsymbol{p}\\1\end{pmatrix} \tag{2-20} $$

点 P 在坐标系 $\{A\}$ 和 $\{B\}$ 中的位置矢量分别增广为

$$ {}^A\tilde{\boldsymbol{p}}=({}^A\boldsymbol{p},1)^{\mathrm{T}}=({}^Ax,{}^Ay,{}^Az,1)^{\mathrm{T}} $$

$$ {}^B\tilde{\boldsymbol{p}}=({}^B\boldsymbol{p},1)^{\mathrm{T}}=({}^Bx,{}^By,{}^Bz,1)^{\mathrm{T}} $$

而齐次变换公式和变换矩阵变为

$$ {}^A\tilde{\boldsymbol{p}}={}_B^A\boldsymbol{T}{}^B\tilde{\boldsymbol{p}},\ {}_B^A\boldsymbol{T}=\begin{pmatrix}{}_B^A\boldsymbol{R} & {}^A\boldsymbol{p}_{B_O}\\ \boldsymbol{0} & 1\end{pmatrix} \tag{2-21} $$

2. 平移齐次坐标变换

坐标系 $\{A\}$ 分别沿坐标系 $\{B\}$ 的 x、y、z 坐标轴平移d_x、d_y、d_z 距离的平移齐次变换矩阵写为

$$ \textbf{Trans}(d_x,d_y,d_z)=\begin{pmatrix}1 & 0 & 0 & d_x\\ 0 & 1 & 0 & d_y\\ 0 & 0 & 1 & d_z\\ 0 & 0 & 0 & 1\end{pmatrix} \tag{2-22} $$

用非零常数乘以变换矩阵的每个元素，不改变其特性。

[例 2-2] 坐标系 $\{F\}$ 沿参考坐标系的 x 轴移动 2 个单位，沿 y 轴移动 7 个单位，沿 z 轴移动 5 个单位。求新的坐标系位置。其中，

$$ \boldsymbol{F}=\begin{pmatrix}0.426 & -0.364 & 0.578 & 7\\ 0 & 0.132 & 0.439 & 3\\ -0.766 & 0.289 & 0 & 5\\ 0 & 0 & 0 & 1\end{pmatrix} $$

解：

$$F_{\text{new}} = \textbf{Trans}(d_x, d_y, d_z)\boldsymbol{F}$$
$$= \begin{pmatrix} 1 & 0 & 0 & 2 \\ 0 & 1 & 0 & 7 \\ 0 & 0 & 1 & 5 \\ 0 & 0 & 0 & 1 \end{pmatrix}\begin{pmatrix} 0.426 & -0.364 & 0.578 & 7 \\ 0 & 0.132 & 0.439 & 3 \\ -0.766 & 0.289 & 0 & 5 \\ 0 & 0 & 0 & 1 \end{pmatrix}$$
$$= \begin{pmatrix} 0.426 & -0.364 & 0.578 & 9 \\ 0 & 0.132 & 0.439 & 10 \\ -0.766 & 0.289 & 0 & 10 \\ 0 & 0 & 0 & 1 \end{pmatrix}$$

3. 旋转齐次坐标变换

$$\boldsymbol{R}_x(\alpha) = \begin{pmatrix} 1 & 0 & 0 \\ 0 & \cos\alpha & -\sin\alpha \\ 0 & \sin\alpha & \cos\alpha \end{pmatrix}, \boldsymbol{R}_y(\beta) = \begin{pmatrix} \cos\beta & 0 & \sin\beta \\ 0 & 1 & 0 \\ -\sin\beta & 0 & \cos\beta \end{pmatrix}, \boldsymbol{R}_z(\gamma) = \begin{pmatrix} \cos\gamma & -\sin\gamma & 0 \\ \sin\gamma & \cos\gamma & 0 \\ 0 & 0 & 1 \end{pmatrix}$$

将上式增广为齐次式：

$$\tilde{\boldsymbol{R}}_x(\alpha) = \begin{pmatrix} 1 & 0 & 0 & 0 \\ 0 & \cos\alpha & -\sin\alpha & 0 \\ 0 & \sin\alpha & \cos\alpha & 0 \\ 0 & 0 & 0 & 1 \end{pmatrix} \tag{2-23}$$

$$\tilde{\boldsymbol{R}}_y(\beta) = \begin{pmatrix} \cos\beta & 0 & \sin\beta & 0 \\ 0 & 1 & 0 & 0 \\ -\sin\beta & 0 & \cos\beta & 0 \\ 0 & 0 & 0 & 1 \end{pmatrix} \tag{2-24}$$

$$\tilde{\boldsymbol{R}}_z(\gamma) = \begin{pmatrix} \cos\gamma & -\sin\gamma & 0 & 0 \\ \sin\gamma & \cos\gamma & 0 & 0 \\ 0 & 0 & 1 & 0 \\ 0 & 0 & 0 & 1 \end{pmatrix} \tag{2-25}$$

[例 2-3] 坐标系绕 z 轴旋转 90°后，再绕 x 轴旋转 60°，求矢量 $\boldsymbol{U}=6\boldsymbol{i}+7\boldsymbol{j}+2\boldsymbol{k}$ 的新矢量坐标。

解： 设 $\tilde{\boldsymbol{U}}=(6,\ 7,\ 2,\ 1)^{\mathrm{T}}$

$$\tilde{\boldsymbol{U}}_{\text{new}} = \tilde{\boldsymbol{R}}_x(60°)\tilde{\boldsymbol{R}}_z(90°)\tilde{\boldsymbol{U}}$$
$$= \begin{pmatrix} 1 & 0 & 0 & 0 \\ 0 & 0.5 & -0.866 & 0 \\ 0 & 0.866 & 0.5 & 0 \\ 0 & 0 & 0 & 1 \end{pmatrix}\begin{pmatrix} 0 & -1 & 0 & 0 \\ 1 & 0 & 0 & 0 \\ 0 & 0 & 1 & 0 \\ 0 & 0 & 0 & 1 \end{pmatrix}\begin{pmatrix} 6 \\ 7 \\ 2 \\ 1 \end{pmatrix}$$
$$= \begin{pmatrix} -7 \\ 1.268 \\ 6.196 \\ 1 \end{pmatrix}$$

即 $U_{new}=-7i+1.268j+6.196k$

[**例 2-4**] 在例 2-3 的基础上再平移（5，-4，7）。

解：

$$\text{Trans}(5,-4,7)=\begin{pmatrix}1&0&0&5\\0&1&0&-4\\0&0&1&7\\0&0&0&1\end{pmatrix}$$

$$\text{Trans}(5,-4,7)\tilde{U}_{new}=\begin{pmatrix}1&0&0&5\\0&1&0&-4\\0&0&1&7\\0&0&0&1\end{pmatrix}\times\begin{pmatrix}-7\\1.268\\6.196\\1\end{pmatrix}$$

$$=\begin{pmatrix}-2\\-2.732\\13.196\\1\end{pmatrix}$$

4. 齐次坐标的复合变换

如图 2-8 所示。设坐标系{B}相对于坐标系{A}的变换为${}^A_BT$；坐标系{C}相对于坐标系{B}的变换为${}^B_CT$；则坐标系{C}相对于坐标系{A}的变换为

$$\begin{aligned}{}^A_CT&={}^A_BT\,{}^B_CT\\&=\begin{pmatrix}{}^A_BR&{}^Ap_{B_O}\\\mathbf{0}&1\end{pmatrix}\begin{pmatrix}{}^B_CR&{}^Bp_{C_O}\\\mathbf{0}&1\end{pmatrix}\\&=\begin{pmatrix}{}^A_BR\,{}^B_CR&{}^A_BR\,{}^Bp_{C_O}+{}^Ap_{B_O}\\\mathbf{0}&1\end{pmatrix}\end{aligned}\tag{2-26}$$

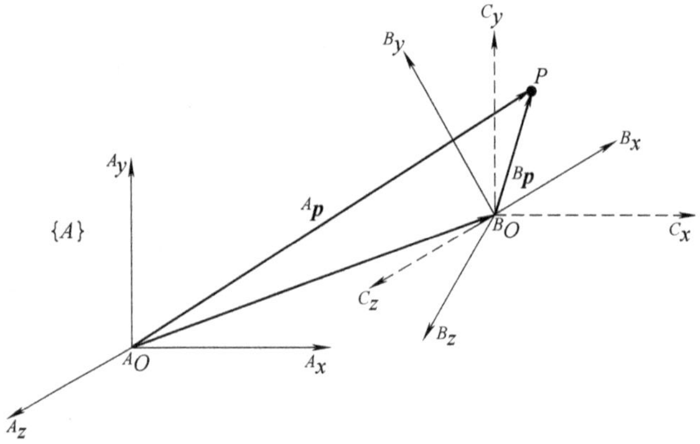

图 2-8 复合变换

且容易证明

$${}^B_AR={}^A_BR^{\mathrm T},\ {}^B_AT={}^A_BT^{-1}$$

2.1.4 通用旋转变换

1. 通用旋转变换公式

前面介绍了绕坐标轴旋转的变换，这里讨论当绕任意方向（不是坐标轴或称主轴）的轴旋转时的变换。

任意坐标系的旋转变换都可以看作是绕某一等效轴（用一矢量表示）旋转适当的角度获得。如图2-9 所示，首先坐标系{B}与坐标系{A}重合，然后将坐标系{B}绕从原点出发的矢量$f=(f_x, f_y, f_z)^{\mathrm T}$旋转 θ 角。

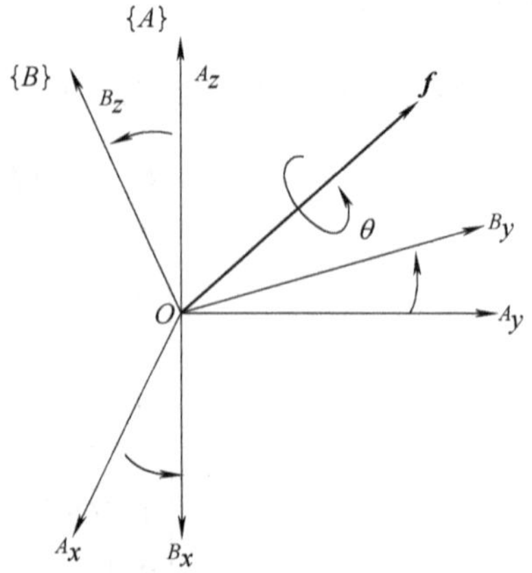

图 2-9 绕任意方向 f 旋转的变换

则旋转矩阵 **Rot**（f，θ）为（证明略）

$$\mathbf{Rot}(f,\theta)=\begin{pmatrix} f_x f_x(1-\cos\theta)+\cos\theta & f_y f_x(1-\cos\theta)-f_z\sin\theta & f_z f_x(1-\cos\theta)+f_y\sin\theta & 0 \\ f_x f_y(1-\cos\theta)+f_z\sin\theta & f_y f_y(1-\cos\theta)+\cos\theta & f_z f_y(1-\cos\theta)-f_x\sin\theta & 0 \\ f_x f_z(1-\cos\theta)-f_y\sin\theta & f_y f_z(1-\cos\theta)+f_x\sin\theta & f_z f_z(1-\cos\theta)+\cos\theta & 0 \\ 0 & 0 & 0 & 1 \end{pmatrix} \tag{2-27}$$㊀

2. 等效转角与转轴

给出任一旋转变换矩阵，同样能够得到等效转轴和旋转角 θ。已知旋转变换 $\boldsymbol{R}$，令 $\boldsymbol{R}=$ **Rot**（f，θ），即有

$$\begin{pmatrix} n_x & o_x & a_x & 0 \\ n_y & o_y & a_y & 0 \\ n_z & o_z & a_z & 0 \\ 0 & 0 & 0 & 1 \end{pmatrix}=$$

$$\begin{pmatrix} f_x f_x(1-\cos\theta)+\cos\theta & f_y f_x(1-\cos\theta)-f_z\sin\theta & f_z f_x(1-\cos\theta)+f_y\sin\theta & 0 \\ f_x f_y(1-\cos\theta)+f_z\sin\theta & f_y f_y(1-\cos\theta)+\cos\theta & f_z f_y(1-\cos\theta)-f_x\sin\theta & 0 \\ f_x f_z(1-\cos\theta)-f_y\sin\theta & f_y f_z(1-\cos\theta)+f_x\sin\theta & f_z f_z(1-\cos\theta)+\cos\theta & 0 \\ 0 & 0 & 0 & 1 \end{pmatrix}$$

将上式对角线元素相加，并简化得

$$n_x+o_y+a_z=(f_x^2+f_y^2+f_z^2)(1-\cos\theta)+3\cos\theta=1+2\cos\theta$$

$$\cos\theta=\frac{1}{2}(n_x+o_y+a_z-1) \tag{2-28}$$

非对角元素成对相减，有

$$o_z-a_y=2f_x\sin\theta$$
$$a_x-n_z=2f_y\sin\theta$$
$$n_y-o_x=2f_z\sin\theta$$

平方后有 $\sin\theta=\pm\frac{1}{2}\sqrt{(o_z-a_y)^2+(a_x-n_z)^2+(n_y-o_x)^2}$ （2-29）

设 $0\leqslant\theta\leqslant180°$，则

$$\tan\theta=\frac{\sqrt{(o_z-a_y)^2+(a_x-n_z)^2+(n_y-o_x)^2}}{n_x+o_y+a_z-1} \tag{2-30}$$

$$\begin{cases} f_x=(o_z-a_y)/(2\sin\theta) \\ f_y=(a_x-n_z)/(2\sin\theta) \\ f_z=(n_y-o_x)/(2\sin\theta) \end{cases} \tag{2-31}$$

［**例 2-5**］ 一坐标系｛B｝与参考系重合，现将其绕通过原点的矢量 $\boldsymbol{f}=(2, -5, 3)^{\mathrm{T}}$ 转 30°，求转动后的坐标系｛B｝。

㊀ 有时为方便起见，$1-\cos\theta$ 简记为 $\mathrm{vers}\theta$，$\cos\theta$ 和 $\sin\theta$ 简记为 $c\theta$、$s\theta$。——编者注

解：以$f_x=2$，$f_y=-5$，$f_z=3$，$\theta=30°$，代入式（2-27），得

$$\mathbf{Rot}(\boldsymbol{f},30°)=\begin{pmatrix}1.402 & -2.84 & -1.696 & 0\\ 0.16 & 4.216 & -3.01 & 0\\ 3.304 & -1.01 & 2.072 & 0\\ 0 & 0 & 0 & 1\end{pmatrix}$$

一般情况下，若$\boldsymbol{f}$不通过原点，而过点$Q(q_x,q_y,q_z)$，则齐次变换矩阵为

$$\mathbf{Rot}(\boldsymbol{f},\theta)=\begin{pmatrix}f_xf_x(1-\cos\theta)+\cos\theta & f_yf_x(1-\cos\theta)-f_z\sin\theta & f_zf_x(1-\cos\theta)+f_y\sin\theta & A\\ f_xf_y(1-\cos\theta)+f_z\sin\theta & f_yf_y(1-\cos\theta)+\cos\theta & f_zf_y(1-\cos\theta)-f_x\sin\theta & B\\ f_xf_z(1-\cos\theta)-f_y\sin\theta & f_yf_z(1-\cos\theta)+f_x\sin\theta & f_zf_z(1-\cos\theta)+\cos\theta & C\\ 0 & 0 & 0 & 1\end{pmatrix} \tag{2-32}$$

其中，

$$\begin{pmatrix}A\\B\\C\end{pmatrix}=\begin{pmatrix}q_x\\q_y\\q_z\end{pmatrix}-\begin{pmatrix}f_xf_x(1-\cos\theta)+\cos\theta & f_yf_x(1-\cos\theta)-f_z\sin\theta & f_zf_x(1-\cos\theta)+f_y\sin\theta\\ f_xf_y(1-\cos\theta)+f_z\sin\theta & f_yf_y(1-\cos\theta)+\cos\theta & f_zf_y(1-\cos\theta)-f_x\sin\theta\\ f_xf_z(1-\cos\theta)-f_y\sin\theta & f_yf_z(1-\cos\theta)+f_x\sin\theta & f_zf_z(1-\cos\theta)+\cos\theta\end{pmatrix}\begin{pmatrix}q_x\\q_y\\q_z\end{pmatrix} \tag{2-33}$$

[例 2-6] 一坐标系$\{B\}$与参考系重合，现将其绕通过点$Q(3,5,10)$的矢量$\boldsymbol{f}=(2,-5,3)^{\mathrm{T}}$转 30°，求转动后的坐标系$\{B\}$。

解：以$f_x=2$，$f_y=-5$，$f_z=3$，$\theta=30°$，$q_x=3$，$q_y=5$，$q_z=10$，代入式（2-32）和式（2-33），得

$$\begin{pmatrix}A\\B\\C\end{pmatrix}=\begin{pmatrix}3\\5\\10\end{pmatrix}-\begin{pmatrix}1.402 & -2.84 & -1.696\\ 0.16 & 4.216 & -3.01\\ 3.304 & -1.01 & 2.072\end{pmatrix}\begin{pmatrix}3\\5\\10\end{pmatrix}=\begin{pmatrix}29.954\\13.54\\-15.582\end{pmatrix}$$

$$\mathbf{Rot}(\boldsymbol{f},30°)=\begin{pmatrix}1.402 & -2.84 & -1.696 & 29.954\\ 0.16 & 4.216 & -3.01 & 13.54\\ 3.304 & -1.01 & 2.072 & -15.582\\ 0 & 0 & 0 & 1\end{pmatrix}$$

2.2 姿态的欧拉角描述

由于 3×3 旋转矩阵具有的正交特性带来的 6 个约束，因而其 9 个元素之间并非独立的，而是相关的。因此，空间刚体姿态的描述只需要 3 个独立参数即可实现对指向的描述。

欧拉角（Eulerian angles）是用来确定定点转动刚体位置的 3 个独立角参量。使刚体从初始姿态到目标姿态，其中绕坐标轴旋转的角度即为欧拉角。下面介绍两种惯用的欧拉角对姿态的描述方法：翻滚-俯仰-偏航（Roll-Pitch-Yaw，RPY）角、z-y-z 欧拉角。

1. RPY 角

RPY 角描述的旋转是绕坐标轴按照翻滚-俯仰-偏航三次旋转完成的。如图 2-10 所示。可通过将坐标系$\{B\}$相对于固定参考坐标系$\{A\}$按照以下步骤获得：

1）将坐标系 {B} 绕坐标系 {A} 的 x 轴旋转角度 γ（翻滚角）；

2）将坐标系 {B} 绕坐标系 {A} 的 y 轴旋转角度 β（俯仰角）；

3）将坐标系 {B} 绕坐标系 {A} 的 z 轴旋转角度 α（偏航角）。

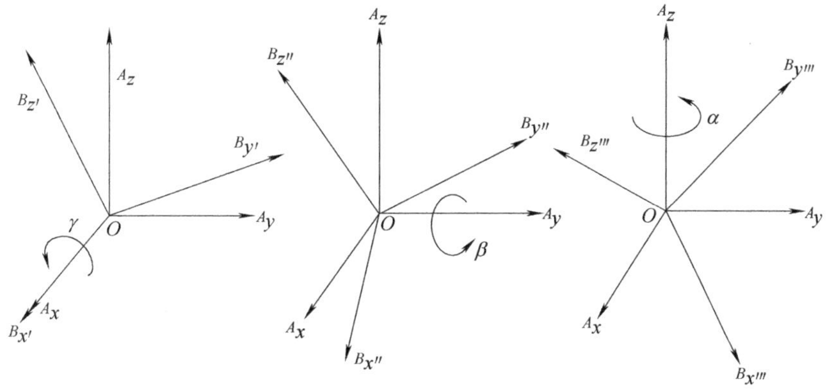

图 2-10　绕固定坐标轴的旋转

由于坐标系 {B} 的最终姿态是相对于固定坐标系依次旋转三次得到的，因此需要通过左乘基本旋转矩阵得到，即

$$
\begin{aligned}
{}^A_B\boldsymbol{R}_{xyz}(\gamma,\beta,\alpha) &= \boldsymbol{R}_z(\alpha)\boldsymbol{R}_y(\beta)\boldsymbol{R}_x(\gamma)\\
&=\begin{pmatrix}\cos\alpha & -\sin\alpha & 0\\ \sin\alpha & \cos\alpha & 0\\ 0 & 0 & 1\end{pmatrix}\begin{pmatrix}\cos\beta & 0 & \sin\beta\\ 0 & 1 & 0\\ -\sin\beta & 0 & \cos\beta\end{pmatrix}\begin{pmatrix}1 & 0 & 0\\ 0 & \cos\gamma & -\sin\gamma\\ 0 & \sin\gamma & \cos\gamma\end{pmatrix}\\
&=\begin{pmatrix}\cos\alpha\cos\beta & \cos\alpha\sin\beta\sin\gamma-\sin\alpha\cos\gamma & \cos\alpha\sin\beta\cos\gamma+\sin\alpha\sin\gamma\\ \sin\alpha\cos\beta & \sin\alpha\sin\beta\sin\gamma+\cos\alpha\cos\gamma & \sin\alpha\sin\beta\cos\gamma-\cos\alpha\sin\gamma\\ -\sin\beta & \cos\beta\sin\gamma & \cos\beta\cos\gamma\end{pmatrix}
\end{aligned}
\tag{2-34}
$$

同样，已知旋转矩阵求解 RPY 角，对于逆运动学问题的求解也是很有用的。假定旋转矩阵如式（2-2）所示，则将式（2-2）与式（2-34）中的${}^A_B\boldsymbol{R}_{xyz}$（$\gamma$，$\beta$，$\alpha$）表达式相比较，通过计算可得到

$$
\begin{cases}\alpha = \text{Atan2}(r_{21}/\cos\beta, r_{11}/\cos\beta)\\ \beta = \text{Atan2}(-r_{31}, \sqrt{r_{11}^2+r_{21}^2})\\ \gamma = \text{Atan2}(r_{32}/\cos\beta, r_{33}/\cos\beta)\end{cases}
\tag{2-35}
$$

式中，Atan2（）为有两个自变量的反正切函数。

2. z-y-z 欧拉角

用 z-y-z 欧拉角（见图 2-11）描述的旋转，可通过坐标系 {B} 相对于当前坐标系按照如下步骤获得：

1）将坐标系 {B} 绕坐标系 {B} 的 z 轴旋转角度 α；

2）绕旋转后坐标系 {B} 的 y'轴旋转角度 β；

3）绕旋转后坐标系 {B} 的 z''轴旋转角度 γ。

坐标系的每次旋转都是相对当前坐标系（新坐标系）旋转得到的，因此可通过右乘基

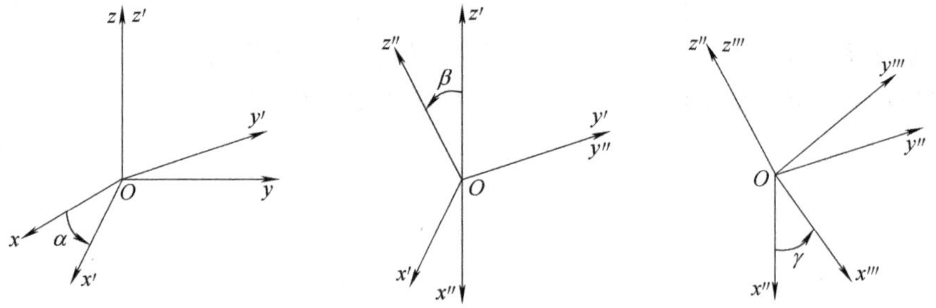

图 2-11　z-y-z 欧拉角的表示

本旋转矩阵得到，即

$$
{}_B^A\boldsymbol{R}_{zy'z''}(\alpha,\ \beta,\ \gamma) = \boldsymbol{R}_z(\alpha)\boldsymbol{R}_{y'}(\beta)\boldsymbol{R}_{z''}(\gamma)
$$

$$
= \begin{pmatrix} \cos\alpha & -\sin\alpha & 0 \\ \sin\alpha & \cos\alpha & 0 \\ 0 & 0 & 1 \end{pmatrix} \begin{pmatrix} \cos\beta & 0 & \sin\beta \\ 0 & 1 & 0 \\ -\sin\beta & 0 & \cos\beta \end{pmatrix} \begin{pmatrix} \cos\gamma & -\sin\gamma & 0 \\ \sin\gamma & \cos\gamma & 0 \\ 0 & 0 & 1 \end{pmatrix}
$$

$$
= \begin{pmatrix} \cos\gamma\cos\beta\cos\alpha - \sin\gamma\sin\alpha & -\cos\alpha\cos\beta\sin\gamma - \sin\alpha\cos\gamma & \cos\alpha\sin\beta \\ \sin\alpha\cos\beta\cos\gamma + \sin\gamma\cos\alpha & -\sin\alpha\cos\beta\sin\gamma + \cos\gamma\cos\alpha & \sin\alpha\sin\beta \\ -\sin\beta\cos\gamma & \sin\beta\sin\gamma & \cos\beta \end{pmatrix} \tag{2-36}
$$

同样，已知旋转矩阵也可求出 z-y-z 欧拉角。

2.3　连杆描述与 D-H 参数

在 1955 年，Denavit 和 Hartenberg 在《应用力学杂志》（ASME Journal of Applied Mechanics）上发表的一篇文章中提出了一种对机器人进行建模的标准方法。该方法建立了以连杆参数来表述机构运动关系的运动模型，简称 D-H 模型。依据该方法建立的模型，可用于任何结构的机器人建模，而不管机器人结构顺序和复杂程度如何。

1. 建立关节坐标系

对机器人建立 D-H 模型的第一步就是要建立各个关节的参考坐标系。如图 2-12 所示，表示三个关节和两个连杆，其中各个关节可以是转动关节或移动关节。三个关节依次命名为关节 i、$i+1$、$i+2$，位于关节 i 和 $i+1$ 之间的连杆命名为连杆 i，而另一连杆则为连杆 $i+1$。

建立各关节坐标系的过程如下：

（1）确定各个关节坐标系的 z 轴　对于旋转关节，z 轴即为关节的旋转轴线；对于移动关节，z 轴为关节沿直线的平移运动方向。将沿第 $i+1$ 个关节的轴线定义为 z_i 坐标轴，其下标记作 i。依次确定机器人各关节的 z 坐标轴。

（2）确定各个关节坐标系的 x 轴及原点　相邻两关节轴线既不平行也不相交时，z_i 和 z_{i+1} 轴间存在一条距离最短的公垂线，将该公垂线从 z_i 指向 z_{i+1} 的方向命名为 x_{i+1}，x_{i+1} 和 z_{i+1} 的交点即为原点 O_{i+1}。

相邻两关节轴线平行时，则 z_i 和 z_{i+1} 间将会存在无数条公垂线。此时，选择其中与前一关节原点相交的一条为 x_{i+1}。

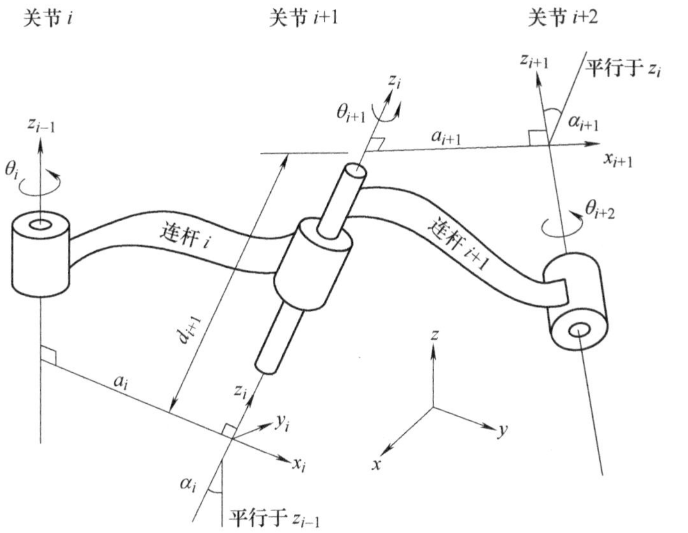

图 2-12　连杆关节 D-H 描述

相邻两关节轴线相交时，则 z_i 和 z_{i+1}间不存在公垂线。此时，将垂直于 z_i 和 z_{i+1}所在平面的方向定为 x_{i+1}轴的方向，交点为原点 O_{i+1}。

（3）确定各关节的 y 轴　已知 z 轴、x 轴及原点 O，可通过右手法则确定出关节 y 轴。

2. 连杆 D-H 参数定义

根据 D-H 模型表示法，完成机器人各个关节坐标系的建立，确定用于描述坐标系 $\{i\}$ 和 $\{i+1\}$ 相对位姿关系的四个参数：a_{i+1}、α_{i+1}、d_{i+1}、θ_{i+1}。连杆参数定义法则如下：

1）连杆长度 a_{i+1}是沿 x_{i+1}轴从 z_i 轴移动到 z_{i+1}轴的距离；

2）连杆扭角 α_{i+1}是从 z_i 轴旋转到 z_{i+1}轴的角度，并规定绕 x_{i+1}轴逆时针为正；

3）连杆偏距 d_{i+1}是沿 z_i 轴从 x_i 轴移动到 x_{i+1}轴的距离；

4）关节转角 θ_{i+1}是从 x_i 轴旋转到 x_{i+1}轴的角度，并规定绕 z_i 轴逆时针为正。

其中，由于 a_{i+1}表示连杆的长度，因此规定 $a_{i+1} \geqslant 0$；而且 α_{i+1}、d_{i+1}和 θ_{i+1}的值均可正可负。对于旋转关节，θ_{i+1}为关节变量；对于移动关节，d_{i+1}为关节变量。

3. 相邻关节坐标系的变换

机器人的每一个连杆都可以由上述 4 个参数（a_i、α_i、d_i 和 θ_i）来表示。因此，机器人的各个关节建立完坐标系后，可以通过两个旋转、两个平移将连杆前一关节的坐标系转换到下一关节。为建立坐标系 $\{i\}$ 到坐标系 $\{i+1\}$ 的变换，首先为每个连杆定义 3 个中间坐标系——$\{R\}$、$\{Q\}$ 和 $\{P\}$，实现 $\{i\}\to\{R\}\to\{Q\}\to\{P\}\to\{i+1\}$ 的转换。具体转换过程（见图 2-13）如下：

1）$\{i\}\to\{R\}$ 变换。绕 z_i 轴转动 θ_{i+1}角，使 x_i 轴与 x_{i+1}轴相互平行。

2）$\{R\}\to\{Q\}$ 变换。沿 z_i 轴移动 d_{i+1}距离，使 x_i 轴与 x_{i+1}轴共线。由于 x_i 轴与 x_{i+1}轴已经平行，且垂直于 z_i，沿 z_i 轴移动 d_{i+1}的距离可使两轴相重叠。

3）$\{Q\}\to\{P\}$ 变换。沿 x_{i+1}轴移动 a_{i+1}，使坐标系 $\{i\}$ 和坐标系 $\{i+1\}$ 的原点完全重合。

4）$\{P\}\to\{i+1\}$ 变换。将 z_i 轴绕 x_{i+1}轴转动 α_{i+1}，使 z_i 轴和 z_{i+1}轴对准。

此时，坐标系 $\{i\}$ 和 $\{i+1\}$ 重合。至此完成将关节坐标系 $\{i\}$ 变换至下一关节坐标系 $\{i+1\}$。

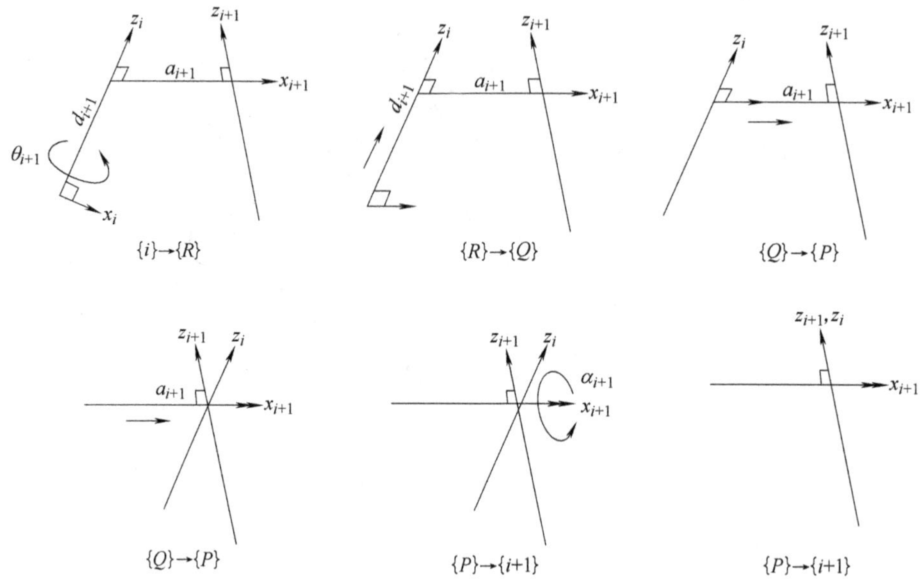

图 2-13　连杆关节组合的 D-H 变换

由于所有的运动变换都是相对于当前坐标系的（即它们都是相对于当前的本地坐标系来进行测量与执行），因此所有的矩阵都是右乘。从而得到结果如下：

$$ {}_{i+1}^{\ \ i}\boldsymbol{T} = \mathbf{Rot}_z(\theta_{i+1})\mathbf{Trans}(0,0,d_{i+1})\mathbf{Trans}(a_{i+1},0,0)\mathbf{Rot}_x(\alpha_{i+1}) \tag{2-37}$$

即

$$ {}_{i+1}^{\ \ i}\boldsymbol{T} = \begin{pmatrix} \cos\theta_{i+1} & -\sin\theta_{i+1} & 0 & 0 \\ \sin\theta_{i+1} & \cos\theta_{i+1} & 0 & 0 \\ 0 & 0 & 1 & 0 \\ 0 & 0 & 0 & 1 \end{pmatrix} \begin{pmatrix} 1 & 0 & 0 & 0 \\ 0 & 1 & 0 & 0 \\ 0 & 0 & 1 & d_{i+1} \\ 0 & 0 & 0 & 1 \end{pmatrix} \begin{pmatrix} 1 & 0 & 0 & a_{i+1} \\ 0 & 1 & 0 & 0 \\ 0 & 0 & 1 & 0 \\ 0 & 0 & 0 & 1 \end{pmatrix} \begin{pmatrix} 1 & 0 & 0 & 0 \\ 0 & \cos\alpha_{i+1} & -\sin\alpha_{i+1} & 0 \\ 0 & \sin\alpha_{i+1} & \cos\alpha_{i+1} & 0 \\ 0 & 0 & 0 & 1 \end{pmatrix}$$

$$ = \begin{pmatrix} \cos\theta_{i+1} & -\sin\theta_{i+1}\cos\alpha_{i+1} & \sin\theta_{i+1}\sin\alpha_{i+1} & a_{i+1}\cos\theta_{i+1} \\ \sin\theta_{i+1} & \cos\theta_{i+1}\cos\alpha_{i+1} & -\cos\theta_{i+1}\sin\alpha_{i+1} & a_{i+1}\sin\theta_{i+1} \\ 0 & \sin\alpha_{i+1} & \cos\alpha_{i+1} & d_{i+1} \\ 0 & 0 & 0 & 1 \end{pmatrix}$$

从机器人的基座开始，按照上述步骤依次进行坐标系的转化，并将每个齐次变换矩阵命名为${}_1^0\boldsymbol{T},{}_2^1\boldsymbol{T},{}_3^2\boldsymbol{T},\cdots,{}_{\ n}^{n-1}\boldsymbol{T}$（$n$ 为机器人关节数量），那么便可得到从末端法兰坐标系 $\{E\}$ 到机器人基座坐标系 $\{B\}$ 的总齐次变换矩阵：

$$ {}_n^0\boldsymbol{T} = {}_1^0\boldsymbol{T}{}_2^1\boldsymbol{T}{}_3^2\boldsymbol{T}\cdots{}_{\ n}^{n-1}\boldsymbol{T} \tag{2-38}$$

2.4 典型机械臂结构及正运动学

根据关节变量求解机械臂末端执行器的位姿称为正运动学问题。下面讨论典型机械臂的运动学问题。

2.4.1 RRR 平面三连杆

RRR 三连杆平面臂，由三个相互平行的旋转关节构成，连杆结构及坐标系如图 2-14 所示。由于转动轴都是平行的，最简单的选择就是 x_i 轴都与相应连杆的方向一致，所有转动轴都处于 x_0-y_0 平面上。因此，所有的参数及关节变量都可以由轴间夹角直接给出，其 D-H 参数如表 2-1 所示。

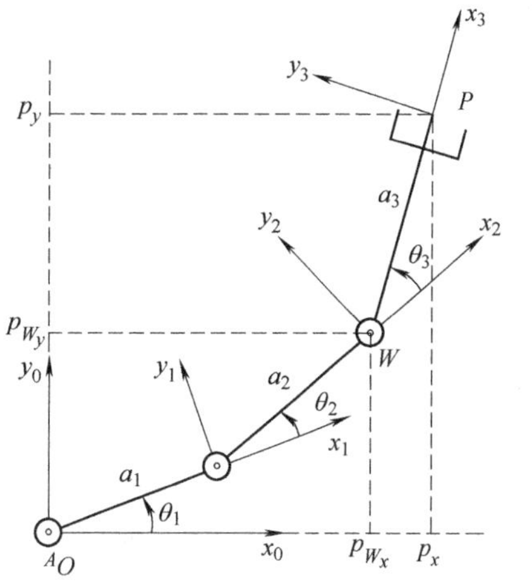

图 2-14 RRR 三连杆平面机械臂结构示意图

表 2-1 RRR 三连杆平面机械臂 D-H 参数

连杆	a_i	α_i	d_i	θ_i
1	a_1	0	0	θ_1
2	a_2	0	0	θ_2
3	a_3	0	0	θ_3

RRR 三连杆平面机械臂的所有关节均为转动关节，对于每一个关节都有相同的齐次变换矩阵，利用式（2-37）可得

$$ {}^{i-1}_{\ \ i}\boldsymbol{T}(\theta_i)=\begin{pmatrix}\cos\theta_i & -\sin\theta_i & 0 & a_i\cos\theta_i\\ \sin\theta_i & \cos\theta_i & 0 & a_i\sin\theta_i\\ 0&0&1&0\\0&0&0&1\end{pmatrix}\quad (i=1,2,3) \tag{2-39}$$

根据式（2-39），可计算得到正运动学方程，即

$$ {}^0_3\boldsymbol{T}(\boldsymbol{q})={}^0_1\boldsymbol{T}(\theta_1){}^1_2\boldsymbol{T}(\theta_2){}^2_3\boldsymbol{T}(\theta_3)$$

$$=\begin{pmatrix}\cos(\theta_1+\theta_2+\theta_3) & -\sin(\theta_1+\theta_2+\theta_3) & 0 & a_1\cos\theta_1+a_2\cos(\theta_1+\theta_2)+a_3\cos(\theta_1+\theta_2+\theta_3)\\ \sin(\theta_1+\theta_2+\theta_3) & \cos(\theta_1+\theta_2+\theta_3) & 0 & a_1\sin\theta_1+a_2\sin(\theta_1+\theta_2)+a_3\sin(\theta_1+\theta_2+\theta_3)\\ 0&0&1&0\\0&0&0&1\end{pmatrix} \tag{2-40}$$

式中，$\boldsymbol{q}=(\theta_1,\ \theta_2,\ \theta_3)^{\mathrm{T}}$

由上述计算过程中所有的转动关节的 z 轴是平行的，机械臂末端在任务空间的位置 $\boldsymbol{p}=(p_x,\ p_y,\ p_z)^{\mathrm{T}}$ 中 $p_z=0$，其余位置参数则由三个关节共同决定。

2.4.2 RRR 拟人臂

RRR 拟人机械臂相当于一个两连杆平面机械臂绕平面上一轴做旋转，其结构示意图如图 2-15 所示。

图 2-15 中连杆坐标系和前面三连杆机械臂的结构一样，而坐标系 {0} 的原点的选择，则位于 z_0 和 z_1 的交点，也可认为 $d_1=0$，同时轴 z_1 和 z_2 是平行的，x_1 和 x_2 的选择与两连杆机械臂是一样的。

RRR 拟人机械臂的 D-H 参数如表 2-2 所示。

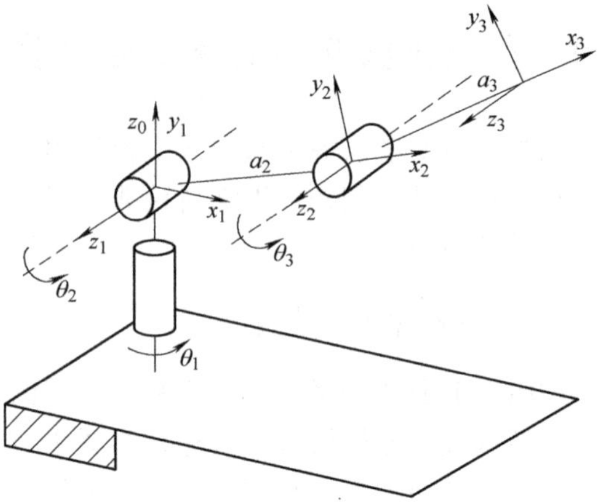

图 2-15　RRR 拟人机械臂结构示意图

表 2-2　RRR 拟人机械臂 D-H 参数

连杆	a_i	α_i	d_i	θ_i
1	0	$\pi/2$	0	θ_1
2	a_2	0	0	θ_2
3	a_3	0	0	θ_3

根据表 2-2 中 D-H 参数，可定义单个关节的齐次变换矩阵

$$ {}_1^0\boldsymbol{T}(\theta_1)=\begin{pmatrix}\cos\theta_1 & 0 & \sin\theta_i & 0\\ \sin\theta_1 & 0 & -\cos\theta_i & 0\\ 0 & 1 & 0 & 0\\ 0 & 0 & 0 & 1\end{pmatrix} \tag{2-41}$$

$$ {}_i^{i-1}\boldsymbol{T}(\theta_i)=\begin{pmatrix}\cos\theta_i & -\sin\theta_i & 0 & a_i\cos\theta_i\\ \sin\theta_i & \cos\theta_i & 0 & a_i\sin\theta_i\\ 0 & 0 & 1 & 0\\ 0 & 0 & 0 & 1\end{pmatrix}\quad (i=2,3) \tag{2-42}$$

则根据式（2-41）和式（2-42），可计算得到正运动学方程，即

$$ {}_3^0\boldsymbol{T}(\boldsymbol{q})={}_1^0\boldsymbol{T}(\theta_1){}_2^1\boldsymbol{T}(\theta_2){}_3^2\boldsymbol{T}(\theta_3)$$

$$=\begin{pmatrix}\cos\theta_1\cos(\theta_2+\theta_3) & -\cos\theta_1\sin(\theta_2+\theta_3) & \sin\theta_1 & \cos\theta_1(a_2\cos\theta_2+a_3\cos(\theta_2+\theta_3))\\ \sin\theta_1\cos(\theta_2+\theta_3) & -\sin\theta_1\sin(\theta_2+\theta_3) & -\cos\theta_1 & \sin\theta_1(a_2\cos\theta_2+a_3\cos(\theta_2+\theta_3))\\ \sin(\theta_2+\theta_3) & \cos(\theta_2+\theta_3) & 0 & a_2\sin\theta_2+a_3\sin(\theta_2+\theta_3)\\ 0 & 0 & 0 & 1\end{pmatrix} \tag{2-43}$$

式中，$\boldsymbol{q}=(\theta_1,\ \theta_2,\ \theta_3)^{\mathrm{T}}$

2.4.3 RRR 球形腕

RRR 球形腕具有特殊结构。为与后续 6R 机械臂统一，这里的坐标系 {3} 为基准坐标

系，关节变量从 4 依次进行编号，如图 2-16所示。该结构的腕常安装在一个 6R 机械臂最后三个关节处，可用于实现 3 自由度姿态变化。这种球形腕所有旋转关节轴线相交于一点，该腕在空间扫过轨迹呈现球形，具有重要意义。

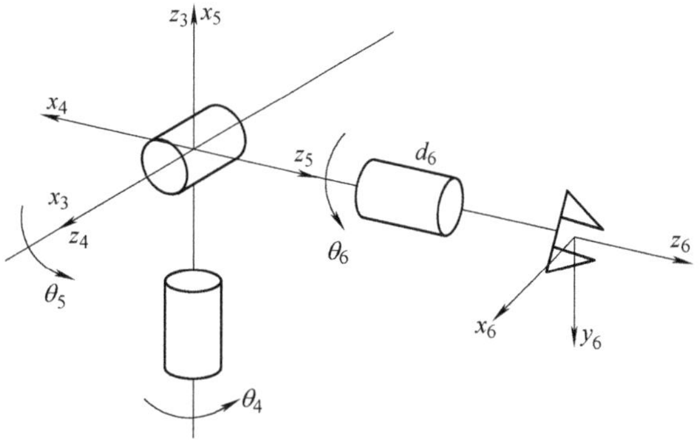

图 2-16　RRR 球形腕结构示意图

如图 2-16 所示，当轴 z_3、z_4、z_5 建立并选择轴 x_3 之后，轴 x_4 和 x_5 的方向存在不确定性，其 D-H 参数如表 2-3 所示。

表 2-3　RRR 球形腕 D-H 参数

连杆	a_i	α_i	d_i	θ_i
4	0	$-\pi/2$	0	θ_4
5	0	$\pi/2$	0	θ_5
6	0	0	d_6	θ_6

根据表 2-3 中 D-H 参数，可定义单个关节的齐次变换矩阵

$$ {}^3_4\boldsymbol{T}(\theta_4)=\begin{pmatrix}\cos\theta_4 & 0 & -\sin\theta_4 & 0\\ \sin\theta_4 & 0 & \cos\theta_4 & 0\\ 0 & -1 & 0 & 0\\ 0 & 0 & 0 & 1\end{pmatrix} \tag{2-44}$$

$$ {}^4_5\boldsymbol{T}(\theta_5)=\begin{pmatrix}\cos\theta_5 & 0 & \sin\theta_5 & 0\\ \sin\theta_5 & 0 & -\cos\theta_5 & 0\\ 0 & 1 & 0 & 0\\ 0 & 0 & 0 & 1\end{pmatrix} \tag{2-45}$$

$$ {}^5_6\boldsymbol{T}(\theta_6)=\begin{pmatrix}\cos\theta_6 & -\sin\theta_6 & 0 & 0\\ \sin\theta_6 & \cos\theta_6 & 0 & 0\\ 0 & 0 & 1 & d_6\\ 0 & 0 & 0 & 1\end{pmatrix} \tag{2-46}$$

则根据式（2-44）~式（2-46），可计算得到正运动学方程，即

$$ {}^3_6\boldsymbol{T}(\boldsymbol{q})={}^3_4\boldsymbol{T}(\theta_4){}^4_5\boldsymbol{T}(\theta_5){}^5_6\boldsymbol{T}(\theta_6)$$

$$=\begin{pmatrix}\cos\theta_4\cos\theta_5\cos\theta_6-\sin\theta_4\sin\theta_6 & -\cos\theta_4\cos\theta_5\sin\theta_6-\sin\theta_4\cos\theta_6 & \cos\theta_4\cos\theta_5 & \cos\theta_4\sin\theta_5 d_6\\ \sin\theta_4\cos\theta_5\cos\theta_6+\cos\theta_4\sin\theta_6 & -\sin\theta_4\cos\theta_5\sin\theta_6+\cos\theta_4\cos\theta_6 & \sin\theta_4\sin\theta_5 & \sin\theta_4\sin\theta_5 d_6\\ -\sin\theta_5\cos\theta_6 & \sin\theta_5\sin\theta_6 & \cos\theta_5 & \cos\theta_5 d_6\\ 0 & 0 & 0 & 1\end{pmatrix} \tag{2-47}$$

注：θ_4、θ_5 有$-\dfrac{\pi}{2}$的初始角，θ_6 有$\dfrac{\pi}{2}$的初始角。

式中，$\boldsymbol{q}=(\theta_4, \theta_5, \theta_6)^{\mathrm{T}}$

2.4.4 RRP 球形臂

1. RRP 球形臂-1

图 2-17 所示为 RRP 球形臂结构，图中给出了连杆坐标系，注意到坐标系 {0} 的原点位于轴 z_0 和 z_1 的交点处，因此可将 $d_1=0$；关节 3 为移动关节，移动方向垂直向上，而坐标系 {2} 的原点位于轴 z_1 和 z_2 的交点。其 D-H 参数如表 2-4 所示。

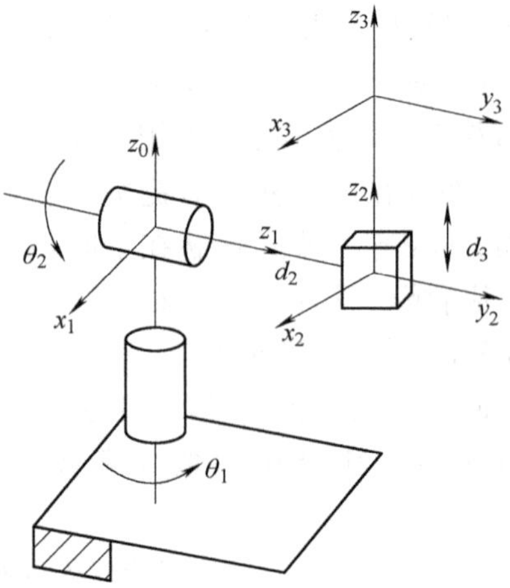

图 2-17 RRP 球形臂-1 结构示意图

表 2-4 RRP 球形臂-1D-H 参数

连杆	a_i	α_i	d_i	θ_i
1	0	$-\pi/2$	0	θ_1
2	0	$\pi/2$	d_2	θ_2
3	0	0	d_3	0

根据表 2-4 中 D-H 参数，可定义单个关节的齐次变换矩阵

$$ {}_1^0\boldsymbol{T}(\theta_1)=\begin{pmatrix} \cos\theta_1 & 0 & -\sin\theta_1 & 0 \\ \sin\theta_1 & 0 & \cos\theta_1 & 0 \\ 0 & -1 & 0 & 0 \\ 0 & 0 & 0 & 1 \end{pmatrix} \tag{2-48} $$

$$ {}_2^1\boldsymbol{T}(\theta_2)=\begin{pmatrix} \cos\theta_2 & 0 & \sin\theta_2 & 0 \\ \sin\theta_2 & 0 & -\cos\theta_2 & 0 \\ 0 & 1 & 0 & d_2 \\ 0 & 0 & 0 & 1 \end{pmatrix} \tag{2-49} $$

$$ {}_3^2\boldsymbol{T}(\theta_3)=\begin{pmatrix} 1 & 0 & 0 & 0 \\ 0 & 1 & 0 & 0 \\ 0 & 0 & 1 & d_3 \\ 0 & 0 & 0 & 1 \end{pmatrix} \tag{2-50} $$

则根据式（2-48）~式（2-50），可计算得到正运动学方程，即

$$ \begin{aligned} {}_3^0\boldsymbol{T}(\theta_1,\theta_2) &= {}_1^0\boldsymbol{T}(\theta_1){}_2^1\boldsymbol{T}(\theta_2){}_3^2\boldsymbol{T}(\theta_3) \\ &= \begin{pmatrix} \cos\theta_1\cos\theta_2 & -\sin\theta_1 & \cos\theta_1\sin\theta_2 & \cos\theta_1\sin\theta_2 d_3 - \sin\theta_1 d_2 \\ \sin\theta_1\cos\theta_2 & \cos\theta_1 & \sin\theta_1\sin\theta_2 & \sin\theta_1\sin\theta_2 d_3 + \cos\theta_1 d_2 \\ -\sin\theta_2 & 0 & \cos\theta_2 & \cos\theta_2 d_3 \\ 0 & 0 & 0 & 1 \end{pmatrix} \end{aligned} \tag{2-51} $$

由上述可知，第三个关节对于旋转矩阵并没有影响。

2. RRP 球形臂-2

如图 2-18 所示的 RRP 球形臂结构，图中给出了连杆坐标系，可注意到坐标系 {0} 的原点位于轴 z_0 和 z_1 的交点处，因此可将 $d_1=0$；关节 3 为移动关节，移动方向为水平方向，而坐标系 {2} 的原点位于轴 z_1 和 z_2 的交点。其 D-H 参数如表 2-5 所示。

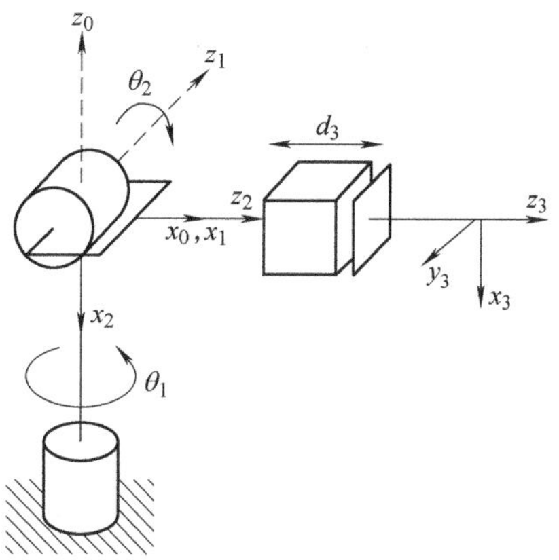

图 2-18　RRP 球形臂-2 结构示意图

表 2-5　RRP 球形臂-2D-H 参数

连杆	a_i	α_i	d_i	θ_i
1	0	$-\pi/2$	0	θ_1
2	0	$\pi/2$	0	θ_2
3	0	0	d_3	0

根据表 2-5 中 D-H 参数，可定义单个关节的齐次变换矩阵

$$ {}_1^0\boldsymbol{T}(\theta_1)=\begin{pmatrix}\cos\theta_1 & 0 & -\sin\theta_1 & 0\\ \sin\theta_1 & 0 & \cos\theta_1 & 0\\ 0 & -1 & 0 & 0\\ 0 & 0 & 0 & 1\end{pmatrix} \tag{2-52}$$

$$ {}_2^1\boldsymbol{T}(\theta_2)=\begin{pmatrix}\cos\theta_2 & 0 & \sin\theta_2 & 0\\ \sin\theta_2 & 0 & -\cos\theta_2 & 0\\ 0 & 1 & 0 & 0\\ 0 & 0 & 0 & 1\end{pmatrix} \tag{2-53}$$

$$ {}_3^2\boldsymbol{T}(\theta_3)=\begin{pmatrix}1 & 0 & 0 & 0\\ 0 & 1 & 0 & 0\\ 0 & 0 & 1 & d_3\\ 0 & 0 & 0 & 1\end{pmatrix} \tag{2-54}$$

则根据式（2-52）~式（2-54），可计算得到正运动学方程，即

$$ {}_3^0\boldsymbol{T}(\theta_1,\theta_2)=\begin{pmatrix}\cos\theta_1\cos\theta_2 & -\sin\theta_1 & \cos\theta_1\sin\theta_2 & d_3\cos\theta_1\sin\theta_2\\ \sin\theta_1\cos\theta_2 & \cos\theta_1 & \sin\theta_1\sin\theta_2 & d_3\sin\theta_1\sin\theta_2\\ -\sin\theta_2 & 0 & \cos\theta_2 & d_3\cos\theta_2\\ 0 & 0 & 0 & 1\end{pmatrix} \tag{2-55}$$

2.5 逆运动学问题

给定的末端执行器位姿求解相应的关节变量称为逆运动学问题。由于机械臂工作时的运动轨迹通常在笛卡儿空间规划，而实际可控制的变量是各个关节的量，因此逆运动学问题更令人感兴趣。

2.5.1 平面三连杆的求解

考虑如图 2-14 所示的机械手，其正运动学方程由式（2-40）给出。现在需要对给定的末端执行器位姿求解相应的关节变量 θ_1、θ_2、θ_3。

正如前面所指出的，在这种情形下，用最小数量的参数来指定位置和方向是很方便的，这些参数是：两个坐标 p_x、p_y 和相对轴 x_0 的角度 ϕ。从而，可以参照形如式（2-40）的正运动方程。

首先给出如下的代数求解方法。给定方向后，关系式

$$\phi = \theta_1 + \theta_2 + \theta_3 \tag{2-56}$$

为需要求解的系统方程之一。从式（2-40）可以得到下列方程：

$$p_{W_x} = p_x - a_3\cos\phi = a_1\cos\theta_1 + a_2\cos(\theta_1 + \theta_2) \tag{2-57}$$

$$p_{W_y} = p_y - a_3\sin\phi = a_1\sin\theta_1 + a_2\sin(\theta_1 + \theta_2) \tag{2-58}$$

方程组描述了点 W，即坐标系 {2} 的原点的位置；这仅取决于前两个角 θ_1 和 θ_2。将式（2-57）和式（2-58）平方并求和得

$$p_{W_x}^2 + p_{W_y}^2 = a_1^2 + a_2^2 + 2a_1a_2\cos\theta_2$$

可得

$$\cos\theta_2 = \frac{p_{W_x}^2 + p_{W_y}^2 - a_1^2 - a_2^2}{2a_1a_2} \tag{2-59}$$

显然，解的存在性要求 $-1 \leqslant \cos\theta_2 \leqslant 1$，否则，给定点将超出臂的可达工作空间之外。从而，令 $\sin\theta_2 = \pm\sqrt{1-\cos^2\theta_2}$

其中，正号对应于肘朝下的姿态，而负号对应于肘朝上的姿态。从而可以这样计算角 θ_2：

$$\theta_2 = \mathrm{Atan2}(\sin\theta_2, \cos\theta_2) \tag{2-60}$$

确定角 θ_2 之后，角 θ_1 可以通过下述方式求得。将 θ_2 代入式（2-57）和式（2-58），得到一个关于两个未知量 $\sin\theta_1$ 和 $\cos\theta_1$ 的两个方程构成的代数系统，其解为

$$\sin\theta_1 = \frac{(a_1 + a_2\cos\theta_2)p_{W_y} - a_2\sin\theta_2 p_{W_x}}{p_{W_x}^2 + p_{W_y}^2} \tag{2-61}$$

$$\cos\theta_1 = \frac{(a_1 + a_2\cos\theta_2)p_{W_x} + a_2\sin\theta_2 p_{W_y}}{p_{W_x}^2 + p_{W_y}^2} \tag{2-62}$$

类似地，有

$$\theta_1 = \mathrm{Atan2}(\sin\theta_1, \cos\theta_1) \tag{2-63}$$

在 $\sin\theta_2 = 0$ 的情形下，显然有 $\theta_2 = 0$，π。下面将表明，在这种姿态下，机械手处于运动学奇点。但是，角 θ_1 可以唯一确定，除非 $a_1 = a_2$，且 $p_{W_x} = p_{W_y} = 0$。

最后，从式（2-56）得到角 θ_3，为

$$\theta_3 = \phi - \theta_1 - \theta_2 \tag{2-64}$$

下面描述几何求解方法。同前面的类似，方向角由式（2-56）给出，坐标系 {2} 的原点坐标由式（2-57）和式（2-58）计算。对由连杆 a_1、a_2 及点 W 和点 O 的连线构成的三角形应用余弦定理，得

$$p_{W_x}^2 + p_{W_y}^2 = a_1^2 + a_2^2 - 2a_1a_2\cos(\pi - \theta_2)$$

图 2-19 给出了两个可行的三角形结构。注意到 $\cos(\pi-\theta_2) = -\cos\theta_2$，有

$$\cos\theta_2 = \frac{p_{W_x}^2 + p_{W_y}^2 - a_1^2 - a_2^2}{2a_1a_2} \tag{2-65}$$

三角形的存在性要求 $\sqrt{p_{W_x}^2+p_{W_y}^2} \leqslant a_1+a_2$ 成立。当给定点位于机械臂的可达工作空间之外时，这一条件不满足。从而，在可行解假定下，有 $\theta_2 = \pm\arccos\cos\theta_2$。当 $\theta_2 \in (-\pi,0)$ 时得到肘向上的姿态，而当 $\theta_2 \in (0,\pi)$ 时得到肘向下的姿态。

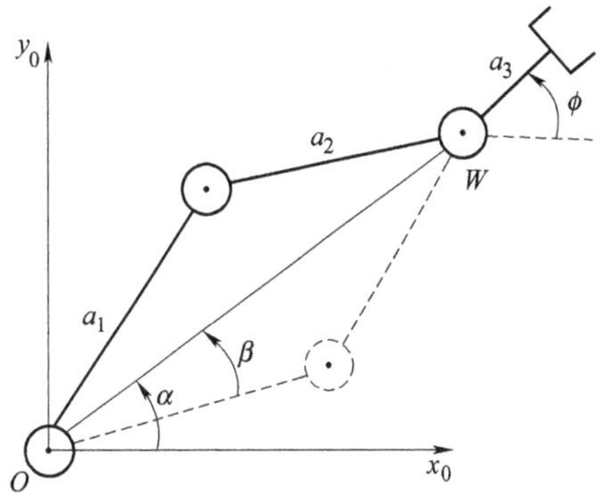

图 2-19　三连杆平面臂可行姿态

为了找到 θ_1，考虑图 2-19 中的角 α 和 β。注意 α 的确定取决于 p_{W_x} 和 p_{W_y} 的符号，从而有必要采用如下公式计算 α：

$$\alpha = \text{Atan2}(p_{W_y}, p_{W_x}) \tag{2-66}$$

为了计算 β，再次应用余弦定理，得到

$$\cos\beta\sqrt{p_{W_x}^2 + p_{W_y}^2} = a_1 + a_2\cos\theta_2 \tag{2-67}$$

采用上面给出的 $\cos\theta_2$ 的表达式有

$$\beta = \arccos\frac{p_{W_x}^2 + p_{W_y}^2 + a_1^2 - a_2^2}{2a_1\sqrt{p_{W_x}^2 + p_{W_y}^2}} \tag{2-68}$$

要求 $\beta \in (0, \pi)$，以保持三角形的存在性。从而有

$$\theta_1 = \alpha \pm \beta \tag{2-69}$$

其中，当 $\theta_2<0$ 时取正号，当 $\theta_2>0$ 时取负号。最后，通过式（2-56）计算 θ_3。

值得注意的是，由于两连杆平面臂与平行四边形臂之间的实质等价性，上述方法可以形式化应用于平行四边形臂的逆运动学求解。

2.5.2　拟人臂的求解

考虑图 2-15 所示拟人臂，其正运动学方程由式（2-43）给出。其逆运动学方程求解可以通过给定机械臂末端执行器的位置 $\boldsymbol{p}_E = (p_x, p_y, p_z)^{\mathrm{T}}$ 计算得到关节变量 θ_1、θ_2、θ_3。从而，有

$$\begin{cases} p_x = \cos\theta_1[a_2\cos\theta_2 + a_3\cos(\theta_2 + \theta_3)] \\ p_y = \sin\theta_1[a_2\cos\theta_2 + a_3\cos(\theta_2 + \theta_3)] \\ p_z = a_2\sin\theta_2 + a_3\sin(\theta_2 + \theta_3) \end{cases} \tag{2-70}$$

由式（2-70）的平方和，可得

$$p_x^2 + p_y^2 + p_z^2 = a_2^2 + a_3^2 + 2a_2a_3\cos\theta_3$$

从上式，可得

$$\cos\theta_3 = \frac{p_x^2 + p_y^2 + p_z^2 - a_2^2 - a_3^2}{2a_2a_3} \tag{2-71}$$

其中，由于解的容许性要求：$-1\leqslant\cos\theta_3\leqslant 1$，或等价于

$$|a_2-a_3|\leqslant\sqrt{p_x^2+p_y^2+p_z^2}\leqslant a_2+a_3$$

否则，拟人臂末端的腕关节的位置就会超出机械臂可达工作空间。因此，有

$$\sin\theta_3 = \pm\sqrt{1 - \cos^2\theta_3} \tag{2-72}$$

由于

$$\theta_3 = \mathrm{Atan2}(\sin\theta_3, \cos\theta_3)$$

上式可根据 $\sin\theta_3$ 的符号，给出两个解：

$$\theta_{3,1} \in [-\pi, \pi] \tag{2-73}$$

$$\theta_{3,2} = -\theta_{3,1} \tag{2-74}$$

确定了 θ_3 之后，就有可能采用如下方式计算 θ_2。将式（2-70）的平方求和，可得

$$p_x^2 + p_y^2 = [a_2\cos\theta_2 + a_3\cos(\theta_2 + \theta_3)]^2 \tag{2-75}$$

由式（2-75）可得

$$a_2\cos\theta_2 + a_3\cos(\theta_2 + \theta_3) = \pm\sqrt{p_x^2 + p_y^2}$$

可求解得到

$$\cos\theta_2 = \frac{\pm\sqrt{p_x^2 + p_y^2}(a_2 + a_3\cos\theta_3) + p_za_3\sin\theta_3}{a_2^2 + a_3^2 + 2a_2a_3\cos\theta_3} \tag{2-76}$$

$$\sin\theta_2 = \frac{\pm a_3\sin\theta_3\sqrt{p_x^2 + p_y^2} + p_z(a_2 + a_3\cos\theta_3)}{a_2^2 + a_3^2 + 2a_2a_3\cos\theta_3} \tag{2-77}$$

由式（2-76）和式（2-77），可得

$$\theta_2 = \mathrm{Atan2}(\sin\theta_2, \cos\theta_2) \tag{2-78}$$

根据式（2-72）中 $\sin\theta_3$ 的符号，式（2-78）可给出 θ_2 的 4 个解。

最后，为了计算 θ_1，利用式（2-75），将式（2-70）改写为

$$p_x = \pm\cos\theta_1\sqrt{p_x^2 + p_y^2} \tag{2-79}$$

$$p_y = \pm\sin\theta_1\sqrt{p_x^2 + p_y^2} \tag{2-80}$$

求解式（2-79）和式（2-80），可得两个解：

$$\theta_{1,1} = \mathrm{Atan2}(p_y, p_x) \tag{2-81}$$

$$\theta_{1,2} = \mathrm{Atan2}(-p_y, -p_x) \tag{2-82}$$

由式（2-82），给出

$$\theta_{1,2} = \begin{cases}\mathrm{Atan2}(p_y, p_x) - \pi, p_y \geqslant 0\\ \mathrm{Atan2}(p_y, p_x) + \pi, p_y < 0\end{cases} \tag{2-83}$$

根据 θ_3 有 2 个解，θ_2 有 4 个解，可以验证 θ_1 有 4 个解。

2.5.3 球形腕的求解

考虑图 2-16 所示的球形腕关节，其正运动学方程由式（2-47）给出。期望寻找相应于

给定的末端执行器方向${}^3_6\boldsymbol{R}$的关节变量θ_4、θ_5、θ_6。正如在前面指出过的，这些角度构成了一个相对坐标系｛3｝的欧拉角 z-y-z 的集合。因为旋转矩阵已经计算得到

$$
{}^3_6\boldsymbol{R}=\begin{pmatrix} n_x^3 & o_x^3 & a_x^3 \\ n_y^3 & o_y^3 & a_y^3 \\ n_z^3 & o_z^3 & a_z^3 \end{pmatrix}
$$

通过其在式（2-47）中关节变量的表达式，对$\theta_5\in(0,\pi)$，有

$$
\begin{cases} \theta_4=\mathrm{Atan2}(a_y^3,a_x^3) \\ \theta_5=\mathrm{Atan2}(\sqrt{(a_x^3)^2+(a_y^3)^2},a_z^3) \\ \theta_6=\mathrm{Atan2}(o_z^3,-n_z^3) \end{cases} \tag{2-84}
$$

对$\theta_5\in(-\pi,0)$，有

$$
\begin{cases} \theta_4=\mathrm{Atan2}(a_y^3,a_x^3) \\ \theta_5=\mathrm{Atan2}(-\sqrt{(a_x^3)^2+(a_y^3)^2},a_z^3) \\ \theta_6=\mathrm{Atan2}(-o_z^3,n_z^3) \end{cases} \tag{2-85}
$$

2.5.4 球形臂的求解

以图 2-17 所示球形臂为例，其正运动学方程由式（2-51）给出，其运动学逆解求解，即通过给定机械臂末端执行器的位置$\boldsymbol{p}_E=(p_x,p_y,p_z)^{\mathrm{T}}$计算得到关节变量$\theta_1$、$\theta_2$、$d_3$。

为了分离出所依赖的变量$\boldsymbol{p}_E$，比较方便的是相对于坐标系｛1｝来表示的位置$\boldsymbol{p}_E$，因而可得到矩阵方程

$$
{}^0_1\boldsymbol{T}^{-1}\quad {}^0_3\boldsymbol{T}={}^1_2\boldsymbol{T}{}^2_3\boldsymbol{T} \tag{2-86}
$$

由式（2-86）等号两边矩阵的元素（1，4）、元素（2，4）、元素（3，4）对应相等，可得

$$
{}^1\boldsymbol{p}_E=\begin{pmatrix} p_x\cos\theta_1+p_y\sin\theta_1 \\ -p_z \\ -p_x\sin\theta_1+p_y\cos\theta_1 \end{pmatrix}=\begin{pmatrix} d_3\sin\theta_2 \\ -d_3\cos\theta_2 \\ d_2 \end{pmatrix} \tag{2-87}
$$

式（2-87）仅依赖于θ_2和d_3。求解此方程，其中，令$t=\tan\dfrac{\theta_1}{2}$，可得

$$
\cos\theta_1=\frac{1-t^2}{1+t^2},\sin\theta_1=\frac{2t}{1+t^2}
$$

将上式代入式（2-87）左边的第 3 个分量，则有

$$
(d_2+p_y)t^2+2p_xt+d_2-p_y=0
$$

求解，可得

$$
t=\frac{-p_x\pm\sqrt{p_x^2+p_y^2+p_z^2}}{d_2+p_y} \tag{2-88}
$$

这两个解对应于两种不同的姿态。从而有

$$\theta_1 = 2\text{Atan2}(-p_x \pm \sqrt{p_x^2 + p_y^2 + p_z^2}, d_2 + p_y) \tag{2-89}$$

一旦 θ_1 已知，对式（2-89）的前两个分量求平方和，可得

$$d_3 = \sqrt{(p_x\cos\theta_1 + p_y\sin\theta_1)^2 + p_z^2} \tag{2-90}$$

其中只考虑 $d_3 \geqslant 0$ 时的解。

值得注意的是，θ_1 的两个解对应于相同的 d_3 值，最后，如果 $d_3 \neq 0$，由式（2-88）的前两个分量，有

$$\frac{p_x\cos\theta_1 + p_y\sin\theta_1}{-p_z} = \frac{d_3\sin\theta_2}{-d_3\cos\theta_2}$$

从而，可得

$$\theta_2 = \text{Atan2}(p_x\cos\theta_1 + p_y\sin\theta_1, p_z) \tag{2-91}$$

值得注意的是，如果 $d_3 = 0$，则 θ_2 不能唯一确定。

2.6 典型 6R 工业机器人运动学实例

以一款 6R 关节型工业机器人为例，该工业机器人的结构如图 2-20 所示，具体参数如表 2-6所示。以下内容将进行详细介绍。

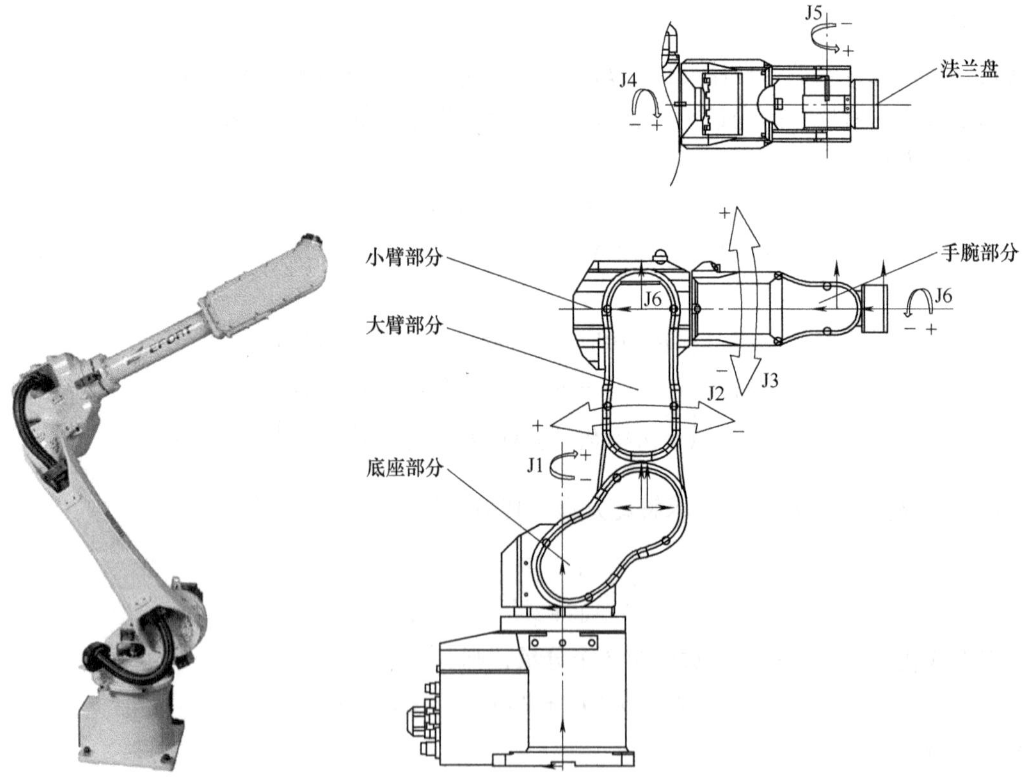

a) 机器人本体结构　　b) 机器人结构图

图 2-20　6R 关节型工业机器人

表 2-6　6R 关节型工业机器人的性能参数

机器人类型	6R
结构	关节型
自由度	六自由度
驱动方式	交流伺服驱动
各关节最大运动范围	关节 1：−180°～+180° 关节 2：−145°～+65° 关节 3：−65°～+220° 关节 4：−180°～+180° 关节 5：−135°～+135° 关节 6：−360°～+360°
各关节最大运动速度	关节 1：170°/s 关节 2：165°/s 关节 3：170°/s 关节 4：360°/s 关节 5：360°/s 关节 6：600°/s
最大展开半径	2022mm
负载能力	10kg
重复定位精度	±0. 08mm
手腕扭矩	关节 4：49N · m 关节 5：49N · m 关节 6：23. 5N · m
手腕惯性力矩	关节 4：1. 6kg · m^2 关节 5：1. 6kg · m^2 关节 6：0. 8kg · m^2
环境温度	0～45℃
安装条件	地面安装、悬吊安装

典型的 6R 工业机器人有六个自由度，并且 6 个关节均为转动关节，即关节变量均为转角 θ。其中，机器人前面三个关节（轴 1、轴 2、轴 3）用于控制工业机器人末端的手腕位置，后面三个关节（轴 4、轴 5、轴 6）用于完成对工业机器人末端手腕姿态的控制。

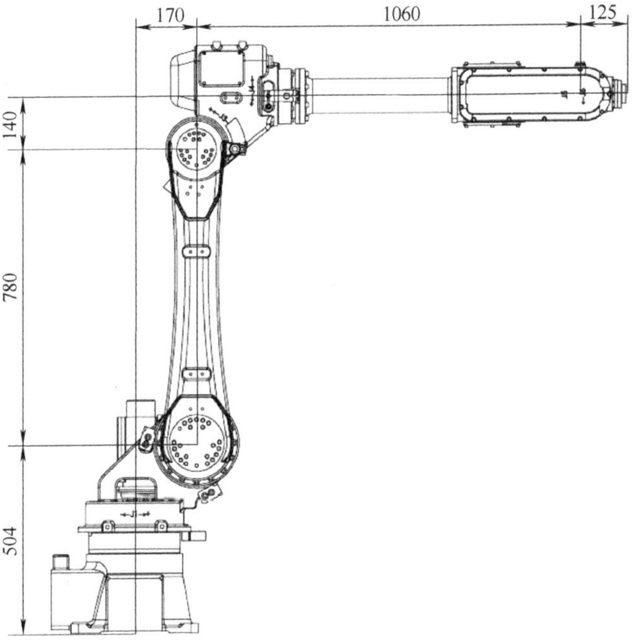

图 2-21　6R 关节型工业机器人的结构参数

机器人各个关节的转角范围如表 2-6 所示，各个连杆的长度如图 2-21 所示。参考国际《工业机器人验收规则》（JB/T 8896—1999）中对机器人最大工作范围的定义，即机器人最大工作范围为机器人运动时各关节所能达到的最大角度。根据几何关系可以确定 6R 关节型工业机器人的运动范围如图 2-22 所示。

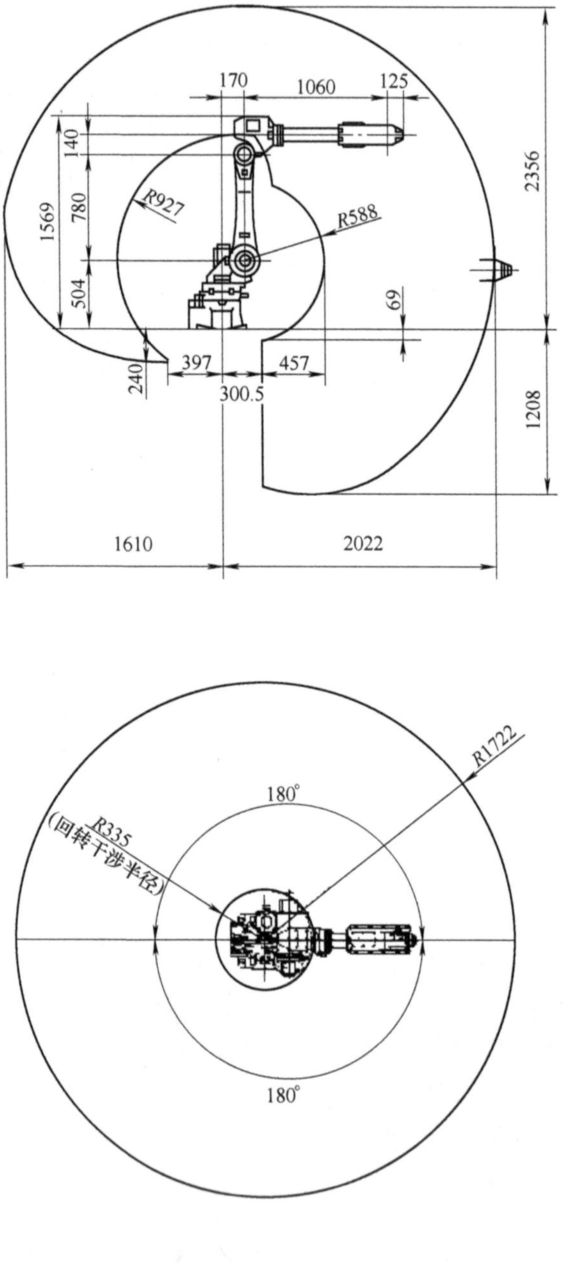

图 2-22　6R 关节型工业机器人运动范围

机器人的回转运动范围受 J1 轴限制，其最大动作范围为±180°，但是在设计时，增加了控制运动范围的部件，通过移动 J1 轴限位块可以实现每隔 30°的范围变动，如图 2-23 所示。

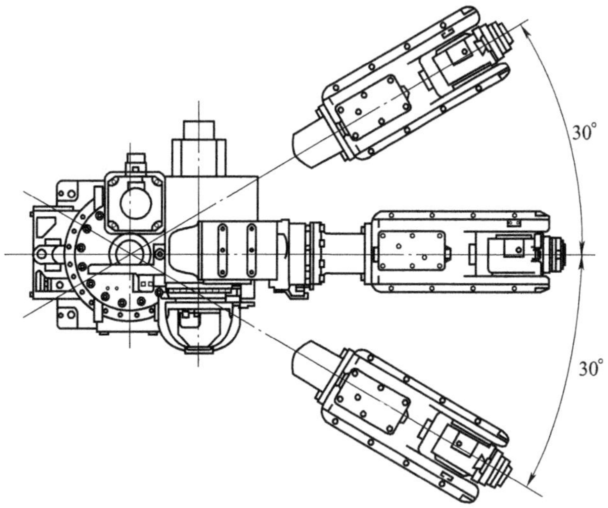

图 2-23　J1 轴的动作范围图

2.6.1　工业机器人 D-H 建模

机器人基坐标系是机器人本身的属性，它和机器人底座安装面间的相对位置是固定的，不会因机器人安装位置的改变而改变。机器人程序中所有的点和坐标系都是以机器人基坐标系为绝对坐标系的。6R 关节型工业机器人的基坐标系出厂时默认如图 2-24 所示。按照机器人 D-H 模型的建立方法，将各关节与关节之间、关节与机械手末端之间的相对关系用坐标变换来体现，根据图 2-21 所示机器人各个关节零位状态对该工业机器人各个关节建立坐标系，如图 2-24 所示。根据 6R 关节型工业机器人的相关参数，可以得到该机器人 D-H 模型参数名义值，如表 2-7 所示。

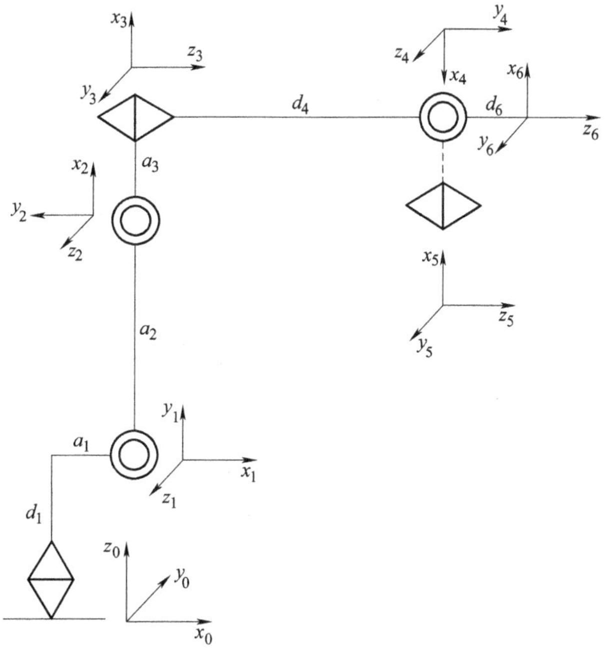

图 2-24　6R 关节型工业机器人坐标系

表 2-7　6R 关节型工业机器人连杆参数

序号 i	连杆扭角 α_i	连杆长度 a_i/(mm)	连杆偏距 d_i/(mm)	关节转角 θ_i
1	$\frac{\pi}{2}$	a_1	d_1	0
2	0	a_2	0	$\frac{\pi}{2}$

（续）

序号 i	连杆扭角 α_i	连杆长度 a_i/(mm)	连杆偏距 d_i/(mm)	关节转角 θ_i
3	$\frac{\pi}{2}$	a_3	0	0
4	$\frac{\pi}{2}$	0	d_4	π
5	$\frac{\pi}{2}$	0	0	π
6	0	0	d_6	0

6R 关节型工业机器人的零位状态如图 2-21 所示，该位置的关节转角θ_i值为机器人各个关节变量的初始值，即

$$\left(0,\frac{\pi}{2},0,\pi,\pi,0\right)$$

在运动过程中，机器人的实际转角是在各个关节变量初始值上的增加，所以代入矩阵运算中的转角值是机器人在各个位置相对于零位转过的角度加上零位时的初始值。由此可知，6R 关节型工业机器人从关节 1 到关节 6 的转角分别为

$$(\theta_1,\theta_2+\pi/2,\theta_3,\theta_4+\pi,\theta_5+\pi,\theta_6)$$

2.6.2 工业机器人正运动学分析

对 6R 关节型工业机器人的结构进行分析，可以得到它的所有 D-H 参数常量，若给定各关节变量，就可以计算机器人末端的位姿，称为正向运动学求解。也就是说，当确定机器人所有关节和机械臂参数后，可根据前面对 6R 关节型工业机器人建立的模型求出各个相邻关节之间的位姿变换矩阵，将这些矩阵连乘就能得到机械臂末端相对于基坐标系 $\{B\}$ 的变换矩阵，则连乘得到的变换矩阵为正运动学方程。用求解得到的正运动学方程就能计算任一瞬时机器人末端的位姿矩阵，即解决了机器人从关节空间到笛卡儿空间变换的问题，同时正运动学对于机器人的轨迹规划和轨迹控制具有重要意义。

机器人的运动学正解是通过齐次变换矩阵${}^{i-1}_{i}\boldsymbol{T}$ 直接得到，对于 6R 关节型工业机器人而言，即

$$ {}^0_6\boldsymbol{T}={}^0_1\boldsymbol{T}\,{}^1_2\boldsymbol{T}\,{}^2_3\boldsymbol{T}\,{}^3_4\boldsymbol{T}\,{}^4_5\boldsymbol{T}\,{}^5_6\boldsymbol{T} \tag{2-92}$$

根据表 2-7 中 6R 关节型工业机器人 D-H 参数，可求机械臂各相邻关节之间的齐次变换矩阵

$$ {}^0_1\boldsymbol{T}=\begin{pmatrix}\cos\theta_1 & 0 & \sin\theta_1 & a_1\cos\theta_1\\ \sin\theta_1 & 0 & -\cos\theta_1 & a_1\sin\theta_1\\ 0 & 1 & 0 & d_1\\ 0 & 0 & 0 & 1\end{pmatrix}$$

$$ {}^1_2\boldsymbol{T}=\begin{pmatrix}-\sin\theta_2 & -\cos\theta_2 & 0 & -a_2\sin\theta_2\\ \cos\theta_2 & -\sin\theta_2 & 0 & a_2\cos\theta_2\\ 0 & 0 & 1 & 0\\ 0 & 0 & 0 & 1\end{pmatrix}$$

$$
{}^{2}_{3}\boldsymbol{T}=\begin{pmatrix}\cos\theta_3 & 0 & \sin\theta_3 & a_3\cos\theta_3\\ \sin\theta_3 & 0 & -\cos\theta_3 & a_3\sin\theta_3\\ 0 & 1 & 0 & 0\\ 0 & 0 & 0 & 1\end{pmatrix}
$$

$$
{}^{3}_{4}\boldsymbol{T}=\begin{pmatrix}-\cos\theta_4 & 0 & -\sin\theta_4 & 0\\ -\sin\theta_4 & 0 & \cos\theta_4 & 0\\ 0 & 1 & 0 & d_4\\ 0 & 0 & 0 & 1\end{pmatrix}
$$

$$
{}^{4}_{5}\boldsymbol{T}=\begin{pmatrix}-\cos\theta_5 & 0 & -\sin\theta_5 & 0\\ -\sin\theta_5 & 0 & \cos\theta_5 & 0\\ 0 & 1 & 0 & 0\\ 0 & 0 & 0 & 1\end{pmatrix}
$$

$$
{}^{5}_{6}\boldsymbol{T}=\begin{pmatrix}\cos\theta_6 & -\sin\theta_6 & 0 & 0\\ \sin\theta_6 & \cos\theta_6 & 0 & 0\\ 0 & 0 & 1 & d_6\\ 0 & 0 & 0 & 1\end{pmatrix}
$$

将以上六式代入式（2-92），可得运动学正解，即

$$
{}^{0}_{6}\boldsymbol{T}=\begin{pmatrix}r_{11} & r_{12} & r_{13} & p_x\\ r_{21} & r_{22} & r_{23} & p_y\\ r_{31} & r_{32} & r_{33} & p_z\\ 0 & 0 & 0 & 1\end{pmatrix} \tag{2-93}
$$

式中，

$$
\begin{aligned}
r_{11} =& -\cos\theta_6[\cos\theta_1\sin\theta_5\cos(\theta_2+\theta_3)-\cos\theta_5(\sin\theta_1\sin\theta_4-\cos\theta_1\cos\theta_4\sin(\theta_2+\theta_3))]\\
&+\sin\theta_6(\cos\theta_1\sin\theta_4\sin(\theta_2+\theta_3)+\cos\theta_4\sin\theta_1)\\
r_{21} =& -\cos\theta_6[\sin\theta_1\sin\theta_5\cos(\theta_2+\theta_3)+\cos\theta_5(\cos\theta_1\sin\theta_4+\sin\theta_1\cos\theta_4\sin(\theta_2+\theta_3))]\\
&+\sin\theta_6(\sin\theta_1\sin\theta_4\sin(\theta_2+\theta_3)-\cos\theta_4\cos\theta_1)\\
r_{31} =& \cos\theta_6[\cos\theta_4\cos\theta_5\cos(\theta_2+\theta_3)-\sin\theta_5\sin(\theta_2+\theta_3)]-\sin\theta_4\sin\theta_6\cos(\theta_2+\theta_3)\\
r_{12} =& \sin\theta_6[\cos\theta_1\sin\theta_5\cos(\theta_2+\theta_3)-\cos\theta_5(\sin\theta_1\sin\theta_4-\cos\theta_1\cos\theta_4\sin(\theta_2+\theta_3))]\\
&+\cos\theta_6[\cos\theta_1\sin\theta_4\sin(\theta_2+\theta_3)+\cos\theta_4\sin\theta_1]\\
r_{22} =& \sin\theta_6[\sin\theta_1\sin\theta_5\cos(\theta_2+\theta_3)+\cos\theta_5(\cos\theta_1\sin\theta_4+\sin\theta_1\cos\theta_4\sin(\theta_2+\theta_3))]\\
&+\cos\theta_6[\sin\theta_1\sin\theta_4\sin(\theta_2+\theta_3)-\cos\theta_4\cos\theta_1]\\
r_{32} =& \sin\theta_6[\cos\theta_4\cos\theta_5\cos(\theta_2+\theta_3)+\sin\theta_5\sin(\theta_2+\theta_3)]-\sin\theta_4\cos\theta_6\cos(\theta_2+\theta_3)\\
r_{13} =& \cos\theta_1\cos\theta_5\cos(\theta_2+\theta_3)+\sin\theta_5[\sin\theta_1\sin\theta_4-\cos\theta_1\cos\theta_4\sin(\theta_2+\theta_3)]\\
r_{23} =& \sin\theta_1\cos\theta_5\cos(\theta_2+\theta_3)-\sin\theta_5[\cos\theta_1\sin\theta_4+\sin\theta_1\cos\theta_4\sin(\theta_2+\theta_3)]\\
r_{33} =& \cos\theta_4\sin\theta_5\cos(\theta_2+\theta_3)+\cos\theta_5\sin(\theta_2+\theta_3)\\
p_x =& d_4\cos\theta_1\cos(\theta_2+\theta_3)+d_6\{\cos\theta_1\cos\theta_5\cos(\theta_2+\theta_3)+\sin\theta_5[\sin\theta_1\sin\theta_4-\\
&\cos\theta_1\cos\theta_4\sin(\theta_2+\theta_3)]\}+a_1\cos\theta_1-a_2\cos\theta_1\sin\theta_2-a_3\cos\theta_1\cos(\theta_2+\theta_3)
\end{aligned}
$$

$$p_y = d_4\sin\theta_1\cos(\theta_2+\theta_3) + d_6\{\sin\theta_1\cos\theta_5\cos(\theta_2+\theta_3) - \sin\theta_5[\cos\theta_1\sin\theta_4 + \cos\theta_1\cos\theta_4\sin(\theta_2+\theta_3)]\} + a_1\sin\theta_1 - a_2\sin\theta_1\sin\theta_2 - a_3\sin\theta_1\cos(\theta_2+\theta_3)$$

$$p_z = d_1 + d_6[\cos\theta_5\sin(\theta_2+\theta_3) + \cos\theta_4\sin\theta_5\cos(\theta_2+\theta_3)] + a_2\cos\theta_2 + d_4\sin(\theta_2+\theta_3) + a_3\cos(\theta_2+\theta_3)$$

2.6.3 工业机器人逆运动学分析

机器人逆运动学是对笛卡儿空间到关节空间转换的过程，即给定机械臂末端笛卡儿空间的期望位姿，求得使机械臂末端到达该位姿的各个关节轴应该达到的转角。逆运动学方程可以表示为

$$\boldsymbol{\theta} = (\theta_1, \theta_2, \cdots, \theta_{n-1}, \theta_n) = f({}_n^0\boldsymbol{T}) \tag{2-94}$$

而求逆解的过程就是求解非线性超越方程组的过程，即存在机器人位置和姿态间的高耦合关系，且极难分离的问题。目前解决此类问题的方法主要有：Paul 等人提出的代数法，Lee 和 Ziegler 提出的几何法及其 Pieper 方法等。

逆运动学对于机器人的作业轨迹规划和轨迹跟踪控制具有重要意义，逆运动学算法的性能直接影响控制器的性能。以 6R 关节型工业机器人为研究模型，采用封闭解法（包括代数法和几何法）实现六自由度串联机器人的逆运动学求解[11]，而实际求逆解可得到多组解，但系统最终仅会选择一组最优解，使机器人在考虑到运动范围的情况下，能在运动过程中以最小的能量消耗或者最短的行程到达。接下来以前面分析的机器人运动学模型为例，在已知齐次变换矩阵${}_n^0\boldsymbol{T}$中各参数 $r_{ij}(i=1,2,3;j=1,2,3)$ 以及 p_x、p_y、p_z 的情况下，以代数法求解其逆运动学问题的一般通解。

1. 求解第一、三关节角 $\boldsymbol{\theta_1}$ 与 $\boldsymbol{\theta_3}$

将式（2-92）两边同时乘以逆变换矩阵${}_1^0\boldsymbol{T}^{-1}$得

$${}_1^0\boldsymbol{T}^{-1}\,{}_6^0\boldsymbol{T} = {}_2^1\boldsymbol{T}\,{}_3^2\boldsymbol{T}\,{}_4^3\boldsymbol{T}\,{}_5^4\boldsymbol{T}\,{}_6^5\boldsymbol{T} \tag{2-95}$$

即，将${}_1^0\boldsymbol{T}$做转置处理，可将式（2-95）写成

$$\begin{pmatrix} \cos\theta_1 & \sin\theta_1 & 0 & -a_1 \\ 0 & 0 & 1 & -d_1 \\ \sin\theta_1 & -\cos\theta_1 & 0 & 0 \\ 0 & 0 & 0 & 1 \end{pmatrix}\begin{pmatrix} r_{11} & r_{12} & r_{13} & p_x \\ r_{21} & r_{22} & r_{23} & p_y \\ r_{31} & r_{32} & r_{33} & p_z \\ 0 & 0 & 0 & 1 \end{pmatrix} = {}_6^1\boldsymbol{T}$$

令式（2-95）两边元素（3，3）、元素（3，4）分别相等，得到

$$\begin{cases} r_{13}\sin\theta_1 - r_{23}\cos\theta_1 = \sin\theta_4\sin\theta_5 \\ r_{14}\sin\theta_1 - r_{24}\cos\theta_1 = d_6\sin\theta_4\sin\theta_5 \end{cases} \tag{2-96}$$

整理，可得

$$(d_6r_{13} - r_{14})\sin\theta_1 - (d_6r_{23} - r_{24})\cos\theta_1 = 0 \tag{2-97}$$

当取$\dfrac{\sin\theta_1}{\cos\theta_1} = \dfrac{d_6r_{23} - r_{24}}{d_6r_{13} - r_{14}}$时，可得

$$\theta_1 = \mathrm{Atan2}(d_6r_{23} - r_{24}, d_6r_{13} - r_{14}) \tag{2-98}$$

当取$\dfrac{\sin\theta_1}{\cos\theta_1} = \dfrac{-(d_6r_{23} - r_{24})}{-(d_6r_{13} - r_{14})}$时，可得

$$\theta_1 = \mathrm{Atan2}(-d_6 r_{23} + r_{24} - d_6 r_{13} + r_{14}) \tag{2-99}$$

综上所述，说明 θ_1 有两个解。

令式（2-95）两边元素（1，3）、元素（2，3）、元素（1，4）、元素（2，4）分别相等，得到

$$\begin{cases} r_{13}\cos\theta_1 + r_{23}\sin\theta_1 = \cos\theta_5\cos(\theta_2+\theta_3) - \cos\theta_4\sin\theta_5\sin(\theta_2+\theta_3) \\ r_{33} = \cos\theta_5\sin(\theta_2+\theta_3) + \cos\theta_4\sin\theta_5\cos(\theta_2+\theta_3) \end{cases} \tag{2-100}$$

$$\begin{cases} r_{14}\cos\theta_1 + r_{24}\sin\theta_1 - a_1 = d_6[\cos\theta_5\cos(\theta_2+\theta_3) - \cos\theta_4\sin\theta_5\sin(\theta_2+\theta_3)] \\ -a_2\sin\theta_2 + d_4\cos(\theta_2+\theta_3) - a_3\sin(\theta_2+\theta_3) \\ r_{34} - d_1 = d_6[\cos\theta_5\sin(\theta_2+\theta_3) + \cos\theta_4\sin\theta_5\cos(\theta_2+\theta_3)] + \\ a_2\cos\theta_2 + d_4\sin(\theta_2+\theta_3) + a_3\cos(\theta_2+\theta_3) \end{cases} \tag{2-101}$$

由式（2-100）、式（2-101）整理可得

$$\begin{cases} -a_2\sin\theta_2 + d_4\cos(\theta_2+\theta_3) - a_3\sin(\theta_2+\theta_3) = r_{14}\cos\theta_1 + \\ r_{24}\sin\theta_1 - a_1 - d_6(r_{13}\cos\theta_1 + r_{23}\sin\theta_1) \\ a_2\cos\theta_2 + d_4\sin(\theta_2+\theta_3) + a_3\cos(\theta_2+\theta_3) = r_{34} - d_1 - d_6 r_{33} \end{cases} \tag{2-102}$$

令$K_1=r_{14}\cos\theta_1+r_{24}\sin\theta_1-a_1-d_6$（$r_{13}\cos\theta_1+r_{23}\sin\theta_1$）、$K_2=r_{34}-d_1-d_6r_{33}$，将式（2-102）中两方程分别二次方并相加得

$$d_4\sin\theta_3 + a_3\cos\theta_3 = K \tag{2-103}$$

式中，
$$K=\frac{K_1^2+K_2^2-(a_2^2+d_4^2+a_3^2)}{2a_2}$$

对式（2-103）进行三角恒等变换，即

$$d_4 = \rho\cos\phi, a_3 = \rho\sin\phi \tag{2-104}$$

则

$$\rho = \sqrt{d_4^2 + a_3^2}$$
$$\phi = \mathrm{Atan2}(a_3, d_4)$$

将式（2-104）代入式（2-103）得

$$\sin\theta_3\cos\phi + \cos\theta_3\sin\phi = \frac{K}{\rho} \tag{2-105}$$

将式（2-105）转换成差角公式，得

$$\sin(\theta_3+\phi) = \frac{K}{\rho}, \cos(\theta_3+\phi) = \pm\sqrt{1-\frac{K^2}{\rho^2}} \tag{2-106}$$

则

$$\theta_3 + \phi = \mathrm{Atan2}\left(\frac{K}{\rho}, \pm\sqrt{1-\frac{K^2}{\rho^2}}\right) \tag{2-107}$$

最后，将式（2-104）代入式（2-107）并化简后，可求解得到

$$\theta_3 = \mathrm{Atan2}\left(\frac{K}{\rho}, \pm\sqrt{1-\frac{K^2}{\rho^2}}\right) - \mathrm{Atan2}(a_3, d_4) \tag{2-108}$$

式中存在正负号，则说明 θ_3 也有两个解。

2. 求解第二关节角 θ_2

将式（2-92）两边同时乘以逆变换矩阵（${}^0_1\boldsymbol{T}{}^1_2\boldsymbol{T}$）$^{-1}$得

$$({}^0_1\boldsymbol{T}{}^1_2\boldsymbol{T})^{-1}\,{}^0_6\boldsymbol{T}={}^2_3\boldsymbol{T}{}^3_4\boldsymbol{T}{}^4_5\boldsymbol{T}{}^5_6\boldsymbol{T} \tag{2-109}$$

可将式（2-109）写成

$$\begin{pmatrix} -\cos\theta_1\sin\theta_2 & -\sin\theta_1\sin\theta_2 & \cos\theta_2 & a_1\sin\theta_2-d_1\cos\theta_2-a_2 \\ -\cos\theta_1\cos\theta_2 & -\sin\theta_1\cos\theta_2 & -\sin\theta_2 & d_1\sin\theta_2+a_1\cos\theta_2 \\ \sin\theta_1 & -\cos\theta_1 & 0 & 0 \\ 0 & 0 & 0 & 1 \end{pmatrix}\begin{pmatrix} r_{11} & r_{12} & r_{13} & p_x \\ r_{21} & r_{22} & r_{23} & p_y \\ r_{31} & r_{32} & r_{33} & p_z \\ 0 & 0 & 0 & 1 \end{pmatrix}={}^2_6\boldsymbol{T}$$

令式（2-109）两边矩阵元素（1，3）、元素（2，3）、元素（1，4）和元素（2，4）分别相等，可得

$$\begin{cases} -r_{13}\cos\theta_1\sin\theta_2-r_{23}\sin\theta_1\sin\theta_2+r_{33}\cos\theta_2=\sin\theta_3\cos\theta_5+\cos\theta_3\cos\theta_4\sin\theta_5 \\ -r_{13}\cos\theta_1\cos\theta_2-r_{23}\sin\theta_1\cos\theta_2-r_{33}\sin\theta_2=-\cos\theta_3\cos\theta_5+\sin\theta_3\cos\theta_4\sin\theta_5 \end{cases} \tag{2-110}$$

$$\begin{cases} a_1\sin\theta_2-d_1\cos\theta_2-a_2-r_{14}\cos\theta_1\sin\theta_2-r_{24}\sin\theta_1\sin\theta_2+r_{34}\cos\theta_2 \\ =a_3\cos\theta_3+d_4\sin\theta_3+d_6(r_{33}\cos\theta_2-r_{13}\cos\theta_1\sin\theta_2-r_{23}\sin\theta_1\sin\theta_2) \\ a_1\cos\theta_2+d_1\sin\theta_2-r_{14}\cos\theta_1\cos\theta_2-r_{24}\sin\theta_1\cos\theta_2-r_{34}\sin\theta_2 \\ =a_3\sin\theta_3-d_4\cos\theta_3-d_6(r_{13}\cos\theta_1\cos\theta_2+r_{23}\sin\theta_1\cos\theta_2+r_{33}\sin\theta_2) \end{cases} \tag{2-111}$$

由式（2-110）、式（2-111）整理可得

$$\begin{cases} K_1\sin\theta_2+K_2\cos\theta_2=K_3 \\ -K_2\sin\theta_2-K_1\cos\theta_2=K_4 \end{cases} \tag{2-112}$$

式中，

$$K_1=d_6(r_{13}\cos\theta_1+r_{23}\sin\theta_1)-r_{14}\cos\theta_1-r_{24}\sin\theta_1+a_1$$

$$K_2=r_{34}-d_1-r_{33}d_6$$

$$K_3=a_3\cos\theta_3+d_4\sin\theta_3+a_2$$

$$K_4=a_3\sin\theta_3-d_4\cos\theta_3$$

化简后可求解得到

$$\theta_2=\mathrm{Atan2}(K_3,K_4)-\mathrm{Atan2}(K_2,K_1) \tag{2-113}$$

3. 求解第四关节角 θ_4

将式（2-92）两边同时乘以逆变换矩阵（${}^0_1\boldsymbol{T}{}^1_2\boldsymbol{T}{}^2_3\boldsymbol{T}$）$^{-1}$，可得

$$({}^0_1\boldsymbol{T}{}^1_2\boldsymbol{T}{}^2_3\boldsymbol{T})^{-1}\,{}^0_6\boldsymbol{T}={}^3_4\boldsymbol{T}{}^4_5\boldsymbol{T}{}^5_6\boldsymbol{T} \tag{2-114}$$

即

$$\begin{pmatrix} -\cos\theta_1\sin(\theta_2+\theta_3) & -\sin\theta_1\sin(\theta_2+\theta_3) & \cos(\theta_2+\theta_3) & -[a_3+a_2\cos\theta_3-a_1\sin(\theta_2+\theta_3)+d_1\cos(\theta_2+\theta_3)] \\ \sin\theta_1 & -\cos\theta_1 & 0 & 0 \\ \cos\theta_1\cos(\theta_2+\theta_3) & \sin\theta_1\cos\theta_2 & \sin(\theta_2+\theta_3) & -[a_1\cos(\theta_2+\theta_3)+a_2\sin(\theta_2+\theta_3)+d_1\sin(\theta_2+\theta_3)] \\ 0 & 0 & 0 & 1 \end{pmatrix}$$

$$\begin{pmatrix} r_{11} & r_{12} & r_{13} & p_x \\ r_{21} & r_{22} & r_{23} & p_y \\ r_{31} & r_{32} & r_{33} & p_z \\ 0 & 0 & 0 & 1 \end{pmatrix} = {}^{3}_{6}\boldsymbol{T}$$

令式（2-114）两边矩阵元素（1，3）、元素（2，3）分别相等，可得

$$\begin{cases} -r_{13}\cos\theta_1\sin(\theta_2+\theta_3)-r_{23}\sin\theta_1\sin(\theta_2+\theta_3)+r_{33}\cos(\theta_2+\theta_3)=\cos\theta_4\sin\theta_5 \\ r_{13}\sin\theta_1-r_{23}\cos\theta_1=\sin\theta_4\sin\theta_5 \end{cases} \tag{2-115}$$

只要 $\sin\theta_5\neq0$，便可求解出θ_4的封闭解为

$$\theta_4=\mathrm{Atan2}[r_{13}\sin\theta_1-r_{23}\cos\theta_1,\ -r_{13}\cos\theta_1\sin(\theta_2+\theta_3) \\ -r_{23}\sin\theta_1\sin(\theta_2+\theta_3)+r_{33}\cos(\theta_2+\theta_3)] \tag{2-116}$$

当 $\sin\theta_5=0$，即$\theta_5=0$时，机械臂处于奇异位形，此时，关节轴 4 和 6 重合（即关节轴 4 和 6 成一条直线），只能解出θ_4和 θ_6 的和或差。可通过式（2-116）中 Atan2（）的两个变量是否接近零来判别奇异位形。当机械臂在奇异位形时，可任意选取θ_4的值，再计算相应的 θ_6 的值。

4. 求解第五、六关节角 θ_5、θ_6

将式（2-92）两边同时乘以逆变换矩阵（${}^{0}_{1}\boldsymbol{T}{}^{1}_{2}\boldsymbol{T}{}^{2}_{3}\boldsymbol{T}{}^{3}_{4}\boldsymbol{T}$）$^{-1}$，得

$$({}^{0}_{1}\boldsymbol{T}{}^{1}_{2}\boldsymbol{T}{}^{2}_{3}\boldsymbol{T}{}^{3}_{4}\boldsymbol{T})^{-1}\,{}^{0}_{6}\boldsymbol{T}={}^{4}_{5}\boldsymbol{T}{}^{5}_{6}\boldsymbol{T} \tag{2-117}$$

即

$$\begin{pmatrix} \sin\theta_1\sin\theta_4-\cos\theta_1\cos\theta_4\sin(\theta_2+\theta_3) & -\cos\theta_1\sin\theta_4-\sin\theta_1\cos\theta_4\sin(\theta_2+\theta_3) & \cos\theta_4\cos(\theta_2+\theta_3) \\ \cos\theta_1\cos(\theta_2+\theta_3) & -\sin\theta_1\cos(\theta_2+\theta_3) & -\sin(\theta_2+\theta_3) \\ \sin\theta_1\cos\theta_4+\cos\theta_1\sin\theta_4\sin(\theta_2+\theta_3) & -\cos\theta_1\cos\theta_4+\sin\theta_1\sin\theta_4\sin(\theta_2+\theta_3) & -\sin\theta_4\sin(\theta_2+\theta_3) \\ 0 & 0 & 0 \end{pmatrix.$$

$$\begin{matrix.} a_1\cos\theta_4\sin(\theta_2+\theta_3)-a_2\cos\theta_3\cos\theta_4-a_3\cos\theta_4-d_1\cos\theta_4\cos(\theta_2+\theta_3) \\ a_1\cos(\theta_2+\theta_3)+a_2\sin\theta_3+d_1\sin(\theta_2+\theta_3)+d_4 \\ -a_1\sin\theta_4\sin(\theta_2+\theta_3)+a_2\cos\theta_3\sin\theta_4+a_3\sin\theta_4+d_1\sin\theta_4\cos(\theta_2+\theta_3) \\ 1 \end{pmatrix}$$

$$\begin{pmatrix} r_{11} & r_{12} & r_{13} & p_x \\ r_{21} & r_{22} & r_{23} & p_y \\ r_{31} & r_{32} & r_{33} & p_z \\ 0 & 0 & 0 & 1 \end{pmatrix} = {}^{4}_{6}\boldsymbol{T}$$

令式（2-117）两边矩阵元素（1，3）、元素（2，3）分别相等，可得

$$\begin{cases} r_{13}[\sin\theta_1\sin\theta_4-\cos\theta_1\cos\theta_4\sin(\theta_2+\theta_3)]-r_{23}[\cos\theta_1\sin\theta_4+\sin\theta_1\cos\theta_4\sin(\theta_2+\theta_3)] \\ \quad +r_{33}\cos\theta_4\cos(\theta_2+\theta_3)=\sin\theta_5 \\ r_{13}\cos\theta_1\cos(\theta_2+\theta_3)-r_{23}\sin\theta_1\cos(\theta_2+\theta_3)-r_{33}\sin(\theta_2+\theta_3)=\cos\theta_5 \end{cases} \tag{2-118}$$

由式（2-118）可求解出θ_5的封闭解为

$$\begin{aligned}\theta_5 = \mathrm{Atan2}\{ & r_{13}[\sin\theta_1\sin\theta_4 - \cos\theta_1\cos\theta_4\sin(\theta_2+\theta_3)] \\ & - r_{23}[\cos\theta_1\sin\theta_4 + \sin\theta_1\cos\theta_4\sin(\theta_2+\theta_3)] \\ & + r_{33}\cos\theta_4\cos(\theta_2+\theta_3), r_{13}\cos\theta_1\cos(\theta_2+\theta_3) + r_{23}r_{23} + r_{33}\sin(\theta_2+\theta_3)\}\end{aligned} \tag{2-119}$$

令式（2-117）两边矩阵元素（3，1）、元素（3，2）分别相等，可得

$$\begin{cases} r_{11}[\sin\theta_1\cos\theta_4 + \cos\theta_1\sin\theta_4\sin(\theta_2+\theta_3)] - r_{21}[\cos\theta_1\cos\theta_4 - \sin\theta_1\sin\theta_4\sin(\theta_2+\theta_3)] \\ \qquad - r_{31}\sin\theta_4\sin(\theta_2+\theta_3) = \sin\theta_6 \\ r_{12}[\sin\theta_1\cos\theta_4 + \cos\theta_1\sin\theta_4\sin(\theta_2+\theta_3)] - r_{22}[\cos\theta_1\cos\theta_4 - \sin\theta_1\sin\theta_4\sin(\theta_2+\theta_3)] \\ \qquad - r_{32}\sin\theta_4\sin(\theta_2+\theta_3) = \cos\theta_6 \end{cases} \tag{2-120}$$

由式（2-120）可求解出 θ_6 的封闭解为

$$\begin{aligned}\theta_6 = \mathrm{Atan2}\{ & r_{11}[\sin\theta_1\cos\theta_4 + \cos\theta_1\sin\theta_4\sin(\theta_2+\theta_3)] - \\ & r_{21}[\cos\theta_1\cos\theta_4 - \sin\theta_1\sin\theta_4\sin(\theta_2+\theta_3)] - r_{31}\sin\theta_4\sin(\theta_2+\theta_3), \\ & r_{12}[\sin\theta_1\cos\theta_4 + \cos\theta_1\sin\theta_4\sin(\theta_2+\theta_3)] - \\ & r_{22}[\cos\theta_1\cos\theta_4 - \sin\theta_1\sin\theta_4\sin(\theta_2+\theta_3)] - r_{32}\sin\theta_4\sin(\theta_2+\theta_3)\}\end{aligned} \tag{2-121}$$

由于 θ_1 和 θ_3 都有两个解，它们的组合使 θ_2 有四个解。另外，操作臂腕关节“翻转”将得到另外四个解：

$$\theta_4' = \theta_4 + 180°, \theta_5' = -\theta_5, \theta_6' = \theta_6 + 180° \tag{2-122}$$

通过上述计算，机器人运动学逆解有 8 组解。由于关节运动范围的限制以及关节奇异性等因素影响其中的一些解不符合关节运动条件，因此需要被舍去，而在余下的有效解中，通常选取一组最接近当前操作臂的解。

习　题

1. 机器人关节是如何定义的？机器人的两种关节类型是什么？

2. 什么是机器人运动学逆解的多重性？

3. 坐标系｛B｝初始与坐标系｛A｝重合，坐标系｛B｝先绕^{A}z轴旋转 θ 角，再绕^{A}y 轴旋转 ϕ 角，求按上述顺序旋转后得到的旋转矩阵。

4. 坐标系｛B｝初始与坐标系｛A｝重合，坐标系｛B｝先绕^{A}z轴旋转 θ 角，再绕^{B}y 轴旋转 ϕ 角，求按上述顺序旋转后得到的旋转矩阵。

5. 考虑矢量 $3\boldsymbol{i}+5\boldsymbol{j}+7\boldsymbol{k}$ 经矢量 $2\boldsymbol{i}-3\boldsymbol{j}+4\boldsymbol{k}$ 平移变换后得到的新点矢量。

6. 已知坐标系｛A｝和｛B｝的初始位姿重合，将坐标系｛B｝相对于坐标系｛A｝的^{A}z 轴旋转 60°，再沿坐标系｛A｝的^{A}x 轴移动 6 个单位，然后沿坐标系｛A｝的^{A}z 轴移动 9 个单位。求位置矢量$^{A}\boldsymbol{p}_{B_O}$和旋转矩阵$^{A}_{B}\boldsymbol{R}$。假设点 P 在坐标系｛B｝的描述为$^{B}\boldsymbol{p}$ = (5，0，−7)^{T}，求它在坐标系｛A｝中的描述$^{A}\boldsymbol{p}$。

7. 已知坐标系｛A｝和｛B｝的初始位姿重合，固连在坐标系｛B｝上有一点$^{B}\boldsymbol{p}$=（5，7，8)^{T}，坐标系｛B｝先绕^{A}x 轴旋转 45°，再沿旋转后得到的新坐标系｛B｝的^{B}x、^{B}y、^{B}z

轴平移（4，5，-6），再绕^By轴旋转45°。求出变换后B坐标系相对于参考坐标系｛A｝的齐次变换矩阵，以及点P在坐标系｛A｝中的描述$^A\boldsymbol{p}$。

8. 已知齐次变换矩阵

$$\boldsymbol{H}=\begin{pmatrix}1 & 0 & 0 & 0\\ 0 & 0 & -1 & 0\\ 0 & -1 & 0 & 0\\ 0 & 0 & 0 & 1\end{pmatrix}$$

令 **Rot**（$\boldsymbol{f}$，θ）$=\boldsymbol{H}$，求$\boldsymbol{f}$与θ的值。

9. 对图2-25所示的四轴机器人指定坐标系，写出描述$^U_H\boldsymbol{T}$的方程。

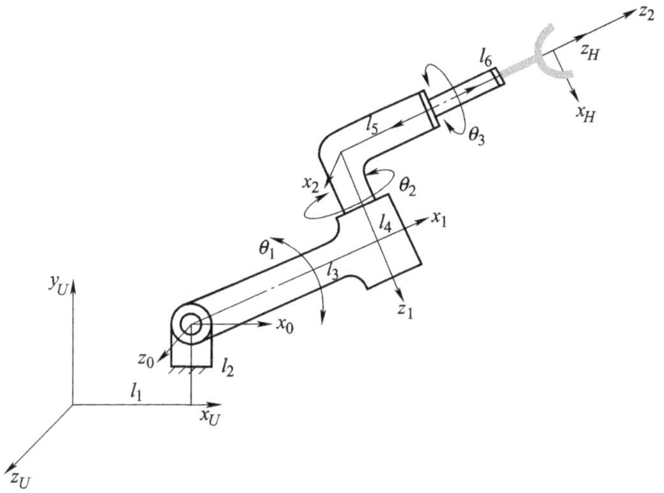

图2-25　四轴机器人

10. 图2-26所示三自由度机械手，其关节1与关节2相交，而关节2与关节3平行。图中所有关节均处于零位。各关节转角的正向均由箭头示出。指定本机械手各连杆的坐标系，然后求各变换矩阵$^s_1\boldsymbol{T}$、$^1_2\boldsymbol{T}$和$^2_T\boldsymbol{T}$。

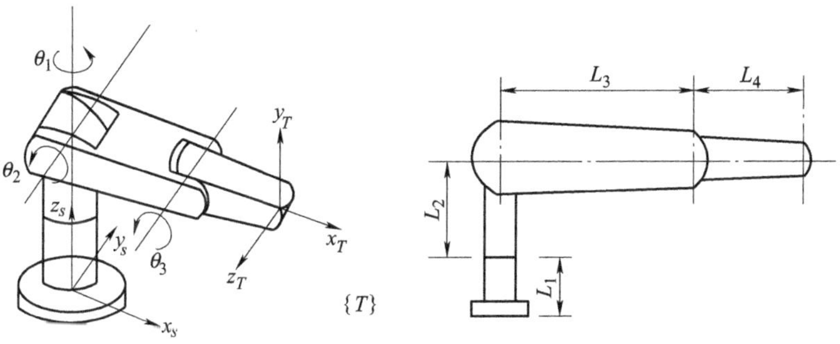

图2-26　三连杆机械手的两个视图

11. 给定一个直角坐标系——球形腕机器人手的最终期望姿态，求所需的RPY角。

$$ {}^R_H\boldsymbol{T} = \begin{pmatrix} n_x & o_x & a_x & p_x \\ n_y & o_y & a_y & p_y \\ n_z & o_z & a_z & p_z \\ 0 & 0 & 0 & 1 \end{pmatrix} = \begin{pmatrix} 0.579 & -0.548 & -0.604 & 6 \\ 0.540 & 0.813 & -0.220 & 2 \\ 0.611 & -0.199 & 0.766 & -3 \\ 0 & 0 & 0 & 1 \end{pmatrix} $$

12. 以下 $\boldsymbol{B}$ 矩阵是一个齐次变换矩阵，求出缺失的值。

$$ \boldsymbol{B} = \begin{pmatrix} 0.707 & ? & 0 & 2 \\ ? & 0 & 1 & 4 \\ ? & -0.707 & 0 & 5 \\ 0 & 0 & 0 & 1 \end{pmatrix} $$

13. 图 2-27 为一个五杆机构，它由四个旋转关节和一个移动关节构成。求其末端执行器未知矢量 $\boldsymbol{p}=(p_x,\ p_y)^{\mathrm{T}}$ 与两个输入变量 l_1、θ_2 之间的函数关系。

14. 图 2-28 所示为具有三个旋转关节的 3R 机械手，求末端机械手在基坐标系（x_0，y_0）下的运动学方程。

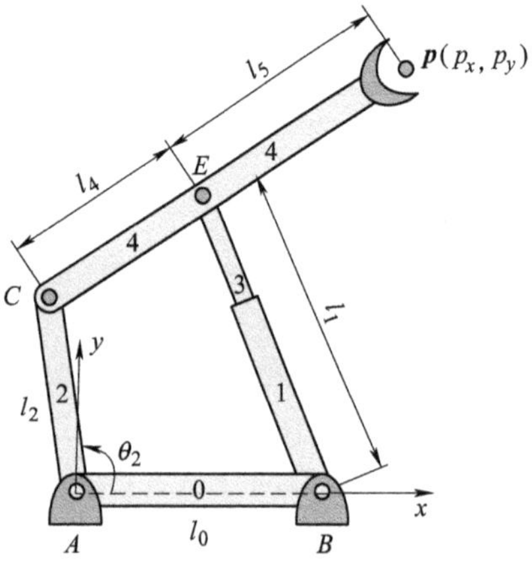

图 2-27　五杆 4R1P 机构

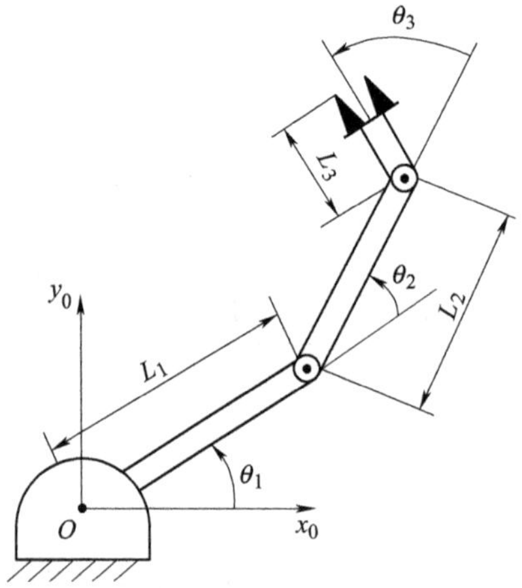

图 2-28　3R 机械手

15. 已知三关节机器人如图 2-29 所示，

（1）根据已知参数建立机器人运动学方程；

（2）若关节变量 $\boldsymbol{q}=(30°,\ 60°,\ 100°)^{\mathrm{T}}$，则机器人手的位置和姿态是多少？

（3）若已知机器人手的位姿

$$ \boldsymbol{R} = \begin{pmatrix} n_x & o_x & a_x & p_x \\ n_y & o_y & a_y & p_y \\ n_z & o_z & a_z & p_z \\ 0 & 0 & 0 & 1 \end{pmatrix} $$

写出计算关节变量的数学表达式。

16. 图 2-30 所示为三自由度机械手（两个旋转关节加一个平移关节，简称 RPR 机械手），求末端机械手的运动方程。

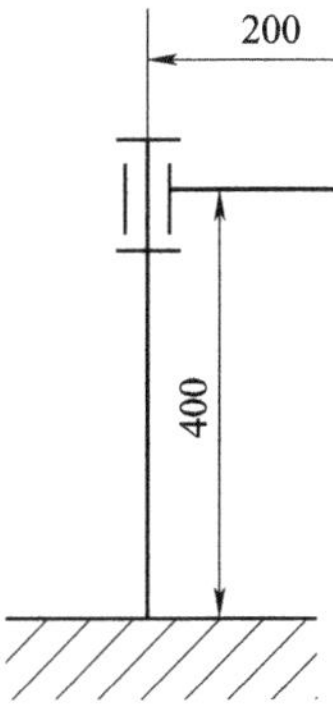

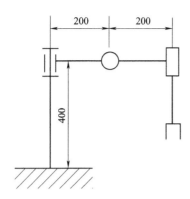

图 2-29　三关节机器人

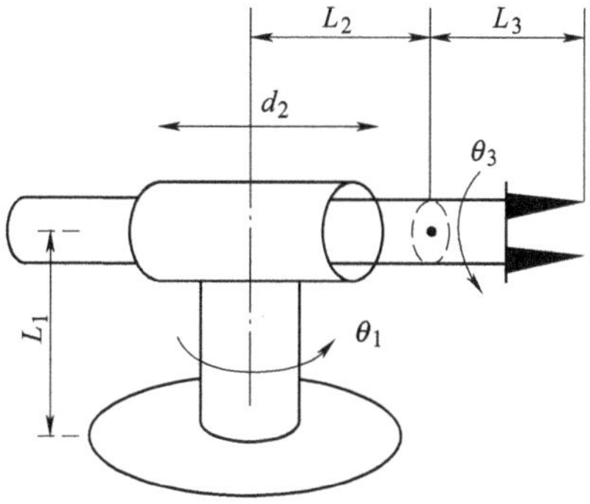

图 2-30　三自由度机械手

第 3 章 机器人坐标系标定

3.1 机器人坐标系标定概述

在工业机器人作业的过程中，如搬运机器人，需要把工件按照某种运动规律从任务空间的某一位置搬运到另一指定位置。机器人通常需要根据作业任务和应用需求的不同，经常更换机器人末端执行器以及加工工件。本章主要研究的是工具坐标系以及工件坐标系的标定。工具坐标系标定与工件坐标系标定通常被称为工业机器人外部标定，常用的标定手段可以通过外部先进的测量设备，也可以通过现场快速标定。

工具坐标系的标定对机器人的轨迹规划精度起着重要作用，而工件坐标系的标定是机器人离线编程的重要组成部分，因此，一种使用简单、标定精度高且成本低廉的工具及工件坐标系标定系统是具有重要研究意义的。

1. 工具坐标系标定

在工业机器人的末端安装某种特殊的部件作为工具，通常要在工具上的某个固定位置上建立一个坐标系，即所谓的工具坐标系。工具中心点（Tool Center Point，TCP），即工具上的某一点，通常机器人的轨迹规划是针对该点进行规划的。一般情况下，工具坐标系 $\{T\}$ 的原点就是 TCP，工具一经安装除非人为地改变其安装位置，否则工具坐标系 $\{T\}$ 相对于机器人末端法兰坐标系 $\{E\}$ 的位姿是不变的。正确的工具坐标系标定对机器人的轨迹规划具有重要影响，而且机器人的工具可能会针对不同的应用场景需要经常更换机器人的工具坐标系，因此一种高效、精确的机器人工具坐标系标定方法是具有重要实际应用价值的。

2. 工件坐标系标定

在使用工业机器人进行工件加工过程中，为了方便对不同工件进行离线加工轨迹编程，通常在待加工的工件上建立一个工件坐标系 $\{F\}$，绝大部分的操作定义是相对于该工件坐标系的。然而工件的位置可能会因为操作任务的不同而改变，通常需要重新建立工件坐标系，并标定出工件坐标系相对于机器人基坐标系的转换关系，因此在实际的生产中经常需要快速实现工件坐标系的标定。工业机器人的工件标定有许多种方法，如常见的三点标定法以及四点标定法，这两者的原理是一致的，通常用在弧焊机器人的工件坐标系标定上。

3.2 机器人工具坐标系的标定

3.2.1 机器人坐标系的定义

依据国家标准 GB/T 16977—2005/ISO 9787：1999 代替 GB/T 16977—1997，工业机器人

坐标系和运动命名原则（Coordinate systems and motion nomenclature），本节涉及的所有坐标系均是依据正交的右手定则：拇指沿 x 轴正方向，食指沿 y 轴正方向，那么中指所指方向即为 z 轴正方向，以及将围绕平行于 x、y、z 轴的直线进行的转动定义为 A、B、C。

下面介绍几种机器人常用坐标系：

（1）世界坐标系 $^{O}O\,^{O}x\,^{O}y\,^{O}z$　世界坐标系是以地球为参考系的固定坐标系 $\{O\}$，它是其他坐标系的共同参考坐标系。

（2）机座坐标系 $^{B}O\,^{B}x\,^{B}y\,^{B}z$　机座坐标系又叫作基坐标系，固结于机器人机座上，是以机器人机座安装平面为参考系的坐标系，一般称为坐标系 $\{B\}$。因为它固结在静止的机器人机座上，所以有时可称之为连杆 0，如图 3-1 所示。

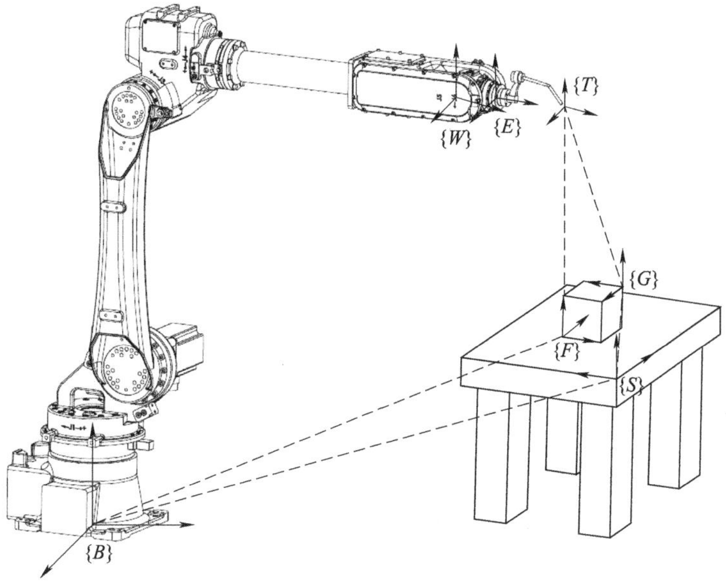

图 3-1　机器人坐标系布局

（3）腕部坐标系 $^{W}O\,^{W}x\,^{W}y\,^{W}z$　腕部坐标系 $\{W\}$，位于操作臂最后三个关节的中心轴线的相交处，如图 3-1 所示。

（4）法兰坐标系 $^{E}O\,^{E}x\,^{E}y\,^{E}z$　法兰坐标系 $\{E\}$ 又称为默认的工具坐标系，位于操作臂的连杆末端的法兰盘中心位置，是以法兰盘中心为参考的坐标系，如图 3-1 所示。

（5）工具坐标系 $^{T}O\,^{T}x\,^{T}y\,^{T}z$　工具坐标系 $\{T\}$ 是以安装在操作臂连杆末端法兰盘上的末端执行器为参考的坐标系，固接于末端执行器上，即工具上，如图 3-1 所示。机器人每安装一种工具，都对应一个相应的工具坐标系，但机器人法兰坐标系却是不变的。同时，我们要注意，以不同的方式安装工具，相应的工具坐标系也有所不同。一般地，工具坐标系是相对于机器人法兰坐标系进行定义的。

（6）工作台坐标系 $^{S}O\,^{S}x\,^{S}y\,^{S}z$　工作台坐标系 $\{S\}$ 的位置与任务有关，如图 3-1 所示，它位于机器人工作台的一个特殊点上。对于机器人系统的用户来说，工作台坐标系 $\{S\}$ 是一个通用坐标系，有时也称之为任务坐标系或通用坐标系，工作台坐标系 $\{S\}$ 通常是根据基坐标系确定的。

(7) 工件坐标系$^FO\,^Fx\,^Fy\,^Fz$　工件坐标系 $\{F\}$ 固接于待加工工件上，是以待加工工件为参考系的坐标系，如图 3-1 所示。工件坐标系通常是编程的基础。

(8) 目标坐标系$^GO\,^Gx\,^Gy\,^Gz$　目标坐标系 $\{G\}$ 是机器人移动工具时对工具位置的描述，在机器人运动时，工具坐标系 $\{T\}$ 应当与目标坐标系 $\{G\}$ 重合，如图 3-1 所示。目标坐标系 $\{G\}$ 通常根据工作台坐标系 $\{S\}$ 来确定，用户通过给定目标坐标系 $\{G\}$ 相对于工作台坐标系 $\{S\}$ 的描述来指定机器人运动的目标点。

如图 3-1 所示，机器人基坐标系 $\{B\}$ 和机器人末端法兰坐标系 $\{E\}$ 是工业机器人标定系统中最重要的两个坐标系，机器人的基坐标系 $\{B\}$ 主要作为描述其他坐标系时的参考坐标系，通常所说的机器人的当前位置和姿态均是在机器人基坐标系下的描述。机器人末端坐标系 $\{E\}$ 作为工具坐标系 $\{T\}$ 的参考坐标系，坐标系 $\{E\}$ 是固定在机器人连杆末端上的坐标系，它在机器人基坐标系下的描述随着机器人关节位置的改变而改变。机器人末端坐标系 $\{E\}$ 相对于机器人基坐标系 $\{B\}$ 的齐次变换矩阵为${}_E^B\boldsymbol{T}$，工具坐标系 $\{T\}$ 相对于机器人末端法兰坐标系 $\{E\}$ 的齐次变换矩阵为${}_T^E\boldsymbol{T}$，工具坐标系 $\{T\}$ 相对于机器人基坐标系 $\{B\}$ 的齐次变换矩阵为${}_T^B\boldsymbol{T}$。由坐标系 $\{B\}$、$\{E\}$ 和 $\{T\}$ 间的变换关系，可得齐次变换矩阵间的变换方程

$$
{}_E^B\boldsymbol{T}\,{}_T^E\boldsymbol{T} = {}_T^B\boldsymbol{T} \tag{3-1}
$$

式中，
$$
{}_E^B\boldsymbol{T} = \begin{bmatrix} {}_E^B\boldsymbol{R} & {}_E^B\boldsymbol{p} \\ 0 & 1 \end{bmatrix},\ {}_T^E\boldsymbol{T} = \begin{bmatrix} {}_T^E\boldsymbol{R} & {}_T^E\boldsymbol{p} \\ 0 & 1 \end{bmatrix},\ {}_T^B\boldsymbol{T} = \begin{bmatrix} {}_T^B\boldsymbol{R} & {}_T^B\boldsymbol{p} \\ 0 & 1 \end{bmatrix}
$$

由式 (3-1)，可得

$$
\begin{cases} {}_E^B\boldsymbol{R}\cdot{}_T^E\boldsymbol{p} + {}_E^B\boldsymbol{p} = {}_T^B\boldsymbol{p} \\ {}_E^B\boldsymbol{R}\cdot{}_T^E\boldsymbol{R} = {}_T^B\boldsymbol{R} \end{cases} \tag{3-2}
$$

3.2.2　工具坐标系的标定

工具坐标系的标定过程一般可分为两个部分进行标定，即工具中心点（TCP）的位置标定以及工具坐标系姿态（Tool Coordinate Frame，TCF）标定，通常 TCP 位置的确定可根据具体标定装置选择标定点数（通常为 3 点到 7 点）；TCF 的标定通常分为默认方向标定、z/x 方向标定以及 z 方向标定。下面采用 3 点 TCP 位置标定与 z/x 方向 TCF 标定，整个标定过程需要记录 5 个机器人空间点，因此可称为五点法标定。工具坐标系标定过程中数据处理采用奇异值（SVD）分解计算，确定机器人工具末端坐标系相对于机器人连杆端部的坐标系的齐次变换矩阵，标定原理简洁、清晰，且编程方便。

工具坐标系标定过程如下：

1. 工具坐标系位置参数的标定

不论采用几点 TCP 位置标定，都是从不同方位接触空间某一个固定点（见图 3-2），记录机器人末端的各方位对应的当前的位姿状态，得到变换矩阵${}_E^B\boldsymbol{T}$，并进行计算标定。以三点法为例，即手动操作机器人六个关节使工具末端从 1、2 和 3 三个不同方向尽量指向同一

空间点位置，为提高测量精度通常使用圆锥形物体的尖部作为空间固定的参考点。

在标定过程中，通过机器人示教器得到机器人各关节位置，以及机器人连杆端部（法兰）坐标系相对于机器人基坐标系的齐次变换矩阵，即${}_E^B\boldsymbol{T}_1$、${}_E^B\boldsymbol{T}_2$、${}_E^B\boldsymbol{T}_3$。

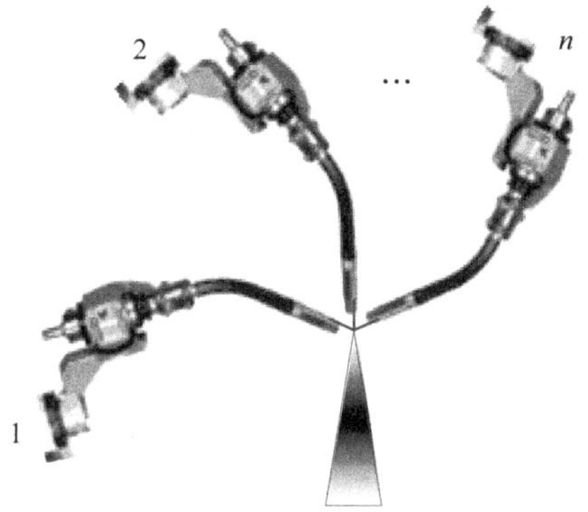

图 3-2　多点标定工具坐标系位置示意图

由式（3-2），可得

$$\begin{cases} {}_E^B\boldsymbol{R}_1 \cdot {}_T^E\boldsymbol{p} + {}_E^B\boldsymbol{p}_1 = {}_T^B\boldsymbol{p}_1 \\ {}_E^B\boldsymbol{R}_2 \cdot {}_T^E\boldsymbol{p} + {}_E^B\boldsymbol{p}_2 = {}_T^B\boldsymbol{p}_2 \\ {}_E^B\boldsymbol{R}_3 \cdot {}_T^E\boldsymbol{p} + {}_E^B\boldsymbol{p}_3 = {}_T^B\boldsymbol{p}_3 \end{cases} \tag{3-3}$$

式中，${}_T^B\boldsymbol{p}_1 = {}_T^B\boldsymbol{p}_2 = {}_T^B\boldsymbol{p}_3$。

对式（3-3）中三个方程进行整理，可得

$$\begin{pmatrix} {}_E^B\boldsymbol{R}_2 - {}_E^B\boldsymbol{R}_1 \\ {}_E^B\boldsymbol{R}_3 - {}_E^B\boldsymbol{R}_1 \end{pmatrix} \cdot {}_T^E\boldsymbol{p} = \begin{pmatrix} {}_E^B\boldsymbol{p}_1 - {}_E^B\boldsymbol{p}_2 \\ {}_E^B\boldsymbol{p}_1 - {}_E^B\boldsymbol{p}_3 \end{pmatrix} \tag{3-4}$$

令矩阵 $\boldsymbol{A} = \begin{pmatrix} {}_E^B\boldsymbol{R}_2 - {}_E^B\boldsymbol{R}_1 \\ {}_E^B\boldsymbol{R}_3 - {}_E^B\boldsymbol{R}_1 \end{pmatrix}$，矩阵 $\boldsymbol{B} = \begin{pmatrix} {}_E^B\boldsymbol{p}_1 - {}_E^B\boldsymbol{p}_2 \\ {}_E^B\boldsymbol{p}_1 - {}_E^B\boldsymbol{p}_3 \end{pmatrix}$，则式（3-4）可改写成

$$\boldsymbol{A} \cdot {}_T^E\boldsymbol{p} = \boldsymbol{B}$$

继而，可得

$${}_T^E\boldsymbol{p} = \boldsymbol{A}^+ \boldsymbol{B} \tag{3-5}$$

式（3-5）为工具末端｛T｝坐标系相对于端部｛E｝的位置标定的最小二乘法解。其中$\boldsymbol{A}^+$为广义逆，即

$$\boldsymbol{A}^+ = (\boldsymbol{A}^{\mathrm{T}}\boldsymbol{A})^{-1}\boldsymbol{A}^{\mathrm{T}} \tag{3-6}$$

对 n 点标定，原理相同，只是 $\boldsymbol{A}$ 矩阵为 3（$n-1$）×3 的矩阵。

2. 工具坐标系姿态参数的标定

一旦安装结束，工具坐标系 T 相对法兰坐标系 E 的位姿是不变的。在前述章节已经完成了工具坐标系 T 相对法兰坐标系 E 的位置（TCP）标定，下面采用 z/x 方向法进行工具坐标系 T 相对法兰坐标系 E 的姿态（TCF）标定。

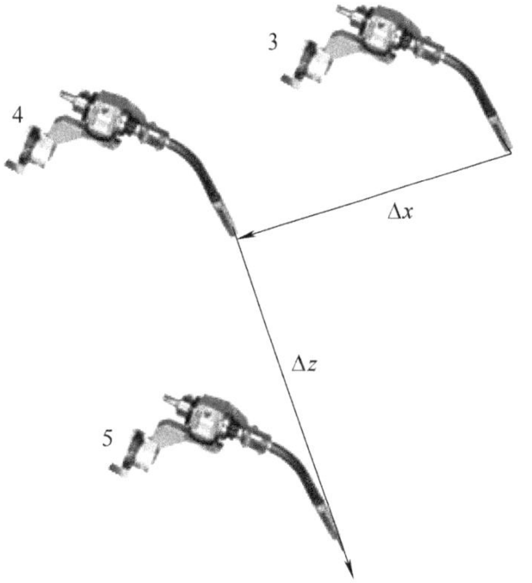

图 3-3　三点标定工具坐标系姿态示意图

标定过程中使工具坐标系的姿态 TCF 保持不变。取第一个姿态标定点为位置点 3，沿将要设定的工具坐标系 x 方向移动一定距离得到标定点 4。机器人再从点 4 出发，沿将要设定的工具坐标系 $+z$ 方向移动一定距离得到标定点 5。如图 3-3 所示。

由于工具坐标系 T 相对法兰坐标系 E 的位姿是不变的，故标定中 ${}_T^E\boldsymbol{p}$ 是不变的，且由于标定过程中工具坐标系的姿态保持不变，故 ${}_T^B\boldsymbol{R}_{i=3,4,5}$

相等。

依上步骤，可得工具坐标系相对基坐标系的 x 轴矢量为 $\boldsymbol{x}={}_{T}^{B}\boldsymbol{p}_4-{}_{T}^{B}\boldsymbol{p}_3$。同理，可得工具坐标系相对基坐标系的 z 轴矢量为 $\boldsymbol{z}={}_{T}^{B}\boldsymbol{p}_5-{}_{T}^{B}\boldsymbol{p}_4$。单位化轴矢量可得 $\boldsymbol{x}'$、$\boldsymbol{z}'$。进而由右手定则可得工具坐标系 T 的 y 轴单位矢量：$\boldsymbol{y}'=\boldsymbol{z}'\times\boldsymbol{x}'$。为保证坐标系轴矢量正交，可重新计算：$\boldsymbol{z}'=\boldsymbol{x}'\times\boldsymbol{y}'$。

至此可得，工具坐标系相对基坐标系姿态矩阵为

$$ {}_{T}^{B}\boldsymbol{R}=(x',y',z') \tag{3-7} $$

因此，工具坐标系相对法兰坐标系的姿态矩阵可得

$$ {}_{T}^{E}\boldsymbol{R}={}_{E}^{B}\boldsymbol{R}^{-1}\,{}_{T}^{B}\boldsymbol{R} \tag{3-8} $$

综合以上，根据式（3-5）和式（3-8），工具坐标系 T 相对于机器人法兰坐标系 E 的变换矩阵可算得

$$ {}_{T}^{E}\boldsymbol{T}=\begin{pmatrix} {}_{T}^{E}\boldsymbol{R} & {}_{T}^{E}\boldsymbol{p} \\ 0 & 1 \end{pmatrix} \tag{3-9} $$

3.2.3 工件坐标系的标定

与工件坐标系 ${}^{F}O\,{}^{F}x\,{}^{F}y\,{}^{F}z$ 相关的坐标系有工作台坐标系 ${}^{S}O\,{}^{S}x\,{}^{S}y\,{}^{S}z$，两者有固定的坐标关系，如图 3-4 所示。通常以工件坐标系作为编程的参考坐标系。一旦工件被放置于机器人的工作区间内，并在工件上建立坐标系后，工件坐标系相对于机器人基坐标系的位置关系是固定不变的，但是未知。如图 3-4 所示，在整个工业机器人工作空间中通常要用到 5 个坐标系，分别为世界坐标系 {O}、基坐标系 {B}、法兰坐标系 {E}、工具坐标系 {T} 以及建立在放置于机器人空间内工件上的工件坐标系 {F}，其中，对固定不移动的机器人，世界坐标系的选取通常是和机器人的基坐标系重合的。

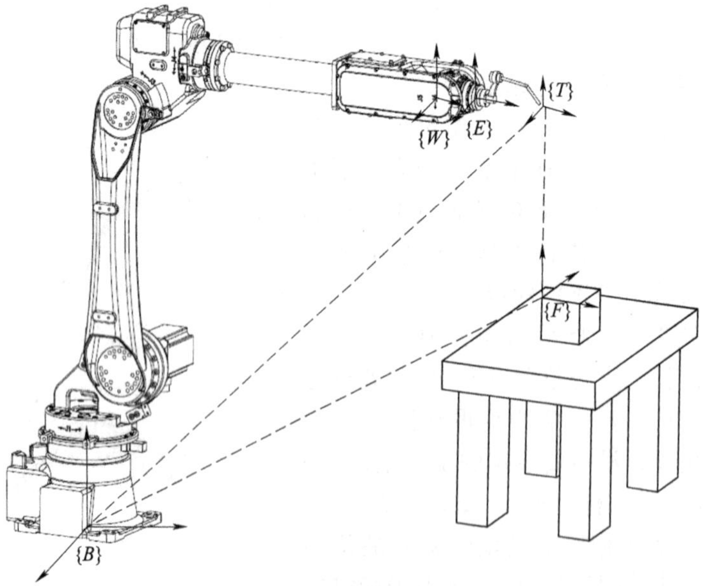

图 3-4 工件坐标系示意图

${}^{B}_{E}\boldsymbol{T}$ 为机器人末端相对于机器人基坐标系的齐次变换矩阵，且随末端的移动而变化；${}^{E}_{T}\boldsymbol{T}$ 为机器人工具相对于机器人末端的齐次变换矩阵，在工具不更换的情况下该矩阵不变；${}^{B}_{F}\boldsymbol{T}$ 为工件相对于机器人基坐标系的齐次变换矩阵，在工件基点位置选定后，该矩阵不变。由各坐标系间的变换关系，可得齐次变换矩阵间的变换方程为

$$ {}^{B}_{E}\boldsymbol{T}{}^{E}_{T}\boldsymbol{T} = {}^{B}_{F}\boldsymbol{T}{}^{F}_{T}\boldsymbol{T} \tag{3-10} $$

工件坐标系标定的目的是求解出所建立的工件坐标系 $\{F\}$ 相对于机器人基坐标系 $\{B\}$ 的齐次变换矩阵${}^{B}_{F}\boldsymbol{T}$，其中含有 6 个独立变量，其中姿态采用 RPY 方式表示，即（γ，β，α），原点坐标为（x_{OF}，y_{OF}，z_{OF}）。

由式（3-10）等号两边同时乘以${}^{F}_{T}\boldsymbol{T}^{-1}$，可得

$$ {}^{B}_{E}\boldsymbol{T}\,{}^{E}_{T}\boldsymbol{T}\,{}^{F}_{T}\boldsymbol{T}^{-1} = {}^{B}_{F}\boldsymbol{T} \tag{3-11} $$

机器人任务空间中某点在基坐标系的齐次位置坐标为${}^{B}\boldsymbol{p}=(x_B,y_B,z_B,1)^{\mathrm{T}}$，在机器人末端法兰坐标系内的齐次位置坐标为${}^{E}\boldsymbol{p}=(x_E,y_E,z_E,1)^{\mathrm{T}}$，在工具坐标系内的齐次位置坐标${}^{T}\boldsymbol{p}=(x_T,y_T,z_T,1)^{\mathrm{T}}$，在工件坐标系内的齐次位置坐标${}^{F}\boldsymbol{p}=(x_F,y_F,z_F,1)^{\mathrm{T}}$。

根据坐标系变换关系有

$$ \begin{aligned} {}^{B}\boldsymbol{p} &= {}^{B}_{E}\boldsymbol{T}\,{}^{E}\boldsymbol{p} \\ &= {}^{B}_{E}\boldsymbol{T}{}^{E}_{T}\boldsymbol{T}\,{}^{T}\boldsymbol{p} \\ &= {}^{B}_{F}\boldsymbol{T}\,{}^{F}\boldsymbol{p} \end{aligned} \tag{3-12} $$

式中，

$$ {}^{B}_{F}\boldsymbol{T} = \begin{pmatrix} n_x & o_x & a_x & x_{OF} \\ n_y & o_y & a_y & y_{OF} \\ n_z & o_z & a_z & z_{OF} \\ 0 & 0 & 0 & 1 \end{pmatrix} $$

由式（3-12）可得一般方程

$$ \begin{cases} x_B = n_x x_F + o_x y_F + a_x z_F + x_{OF} \\ y_B = n_y x_F + o_y y_F + a_y z_F + y_{OF} \\ z_B = n_z x_F + o_z y_F + a_z z_F + z_{OF} \end{cases} \tag{3-13} $$

在示教状态下操作机器人，使工具的末端分别接触工件坐标系 $\{F\}$ 的原点${}^{F}O$（M_1）、${}^{F}x$ 轴正半轴上一点 M_2，以及${}^{F}x\ {}^{F}y$ 平面上第一象限的一点 M_3，并记录下机器人到达这三点时的位姿数据，这三点在工件坐标系 $\{F\}$ 的位置如图 3-5 所示。

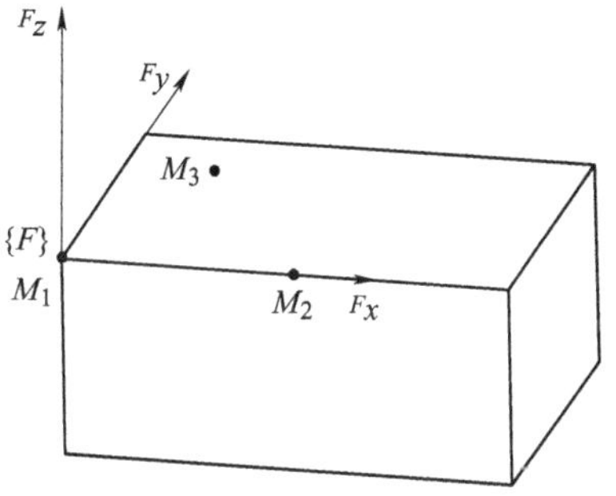

图 3-5　工件坐标系上的三点

记 M_1、M_2、M_3 三点对应机器人基坐标系 $\{B\}$ 的位置矢量，分别为

$$ {}^{B}\boldsymbol{p}_1 = \begin{pmatrix} x_{B1} \\ y_{B1} \\ z_{B1} \\ 1 \end{pmatrix},\ {}^{B}\boldsymbol{p}_2 = \begin{pmatrix} x_{B2} \\ y_{B2} \\ z_{B2} \\ 1 \end{pmatrix},\ {}^{B}\boldsymbol{p}_3 = \begin{pmatrix} x_{B3} \\ y_{B3} \\ z_{B3} \\ 1 \end{pmatrix} \tag{3-14} $$

这三点对应在工件坐标系内的齐次位置坐标分别为

$$^{F}\boldsymbol{p}_1=\begin{pmatrix}x_{F1}\\y_{F1}\\z_{F1}\\1\end{pmatrix},{}^{F}\boldsymbol{p}_2=\begin{pmatrix}x_{F2}\\y_{F2}\\z_{F2}\\1\end{pmatrix},{}^{F}\boldsymbol{p}_3=\begin{pmatrix}x_{F3}\\y_{F3}\\z_{F3}\\1\end{pmatrix} \tag{3-15}$$

工件坐标系标定计算过程如下：

1）工件坐标系内取第一点，令 $x_{F1}=0$，$y_{F1}=0$，$z_{F1}=0$，可得

$$x_{OF}=x_{B1},y_{OF}=y_{B1},z_{OF}=z_{B1} \tag{3-16}$$

2）工件坐标系内取第二点，令 $x_{F2}=x_m$，$y_{F2}=0$，$z_{F2}=0$，可得

$$\begin{cases}x_{B2}=\cos\alpha\cos\beta x_m+x_{B1}\\y_{B2}=\sin\alpha\cos\beta x_m+y_{B1}\\z_{B2}=-\sin\beta x_m+z_{B1}\end{cases} \tag{3-17}$$

解方程可得

$$\begin{cases}\alpha=A\tan2(y_{B2}-y_{B1},x_{B2}-x_{B1})\\\beta=A\tan2((z_{B1}-z_{B2})/\sin\alpha,z_{B2}-z_{B1})\end{cases} \tag{3-18}$$

3）工件坐标系内取第三点，令 $x_{F3}=x_m$，$y_{F3}=y_m$，$z_{F3}=0$，根据式（2-34）可得

$$\begin{cases}x_{B3}=\cos\alpha\cos\beta x_m+(\cos\alpha\sin\beta\sin\gamma-\sin\alpha\cos\gamma)y_m+x_{B1}\\y_{B3}=\sin\alpha\cos\beta x_m+(\sin\alpha\sin\beta\sin\gamma+\cos\alpha\cos\gamma)y_m+y_{B1}\\z_{B3}=-\sin\beta x_m+\cos\beta\sin\gamma y_m+z_{B1}\end{cases} \tag{3-19}$$

为求 RPY 组合变换的 γ 角，由式（3-19）整理可得

$$\begin{cases}F_1=\cos^2\beta+\sin\alpha\sin\beta\\F_2=\dfrac{\cos\alpha}{\sin\beta}\\S_1=y_{B3}-\cos\beta z_{B1}+z_{B3}-y_{B1}\\S_2=x_{B3}-\dfrac{(z_{B1}+z_{B3})\cos\alpha}{\tan\beta}-x_{B1}\\N_2=\dfrac{F_2S_1-F_1S_2}{F_2\cos\alpha+F_1\sin\alpha}\\N_1=\dfrac{S_1-N_2\cos\alpha}{F_1}\end{cases} \tag{3-20}$$

从而可得

$$\gamma=A\tan2(N_1,N_2) \tag{3-21}$$

由上述可计算得到（γ，β，α），继而可得工件坐标系｛F｝相对于机器人基坐标系｛B｝的齐次变换矩阵$^{B}_{F}\boldsymbol{T}$。为了得到较高的标定精度，可多次标定后，对标定值通过最小二乘法确定最终标定结果。

3.3 标定实例

以某款焊接工业机器人为例（见图3-6），进行工具坐标系和工件坐标系的标定。

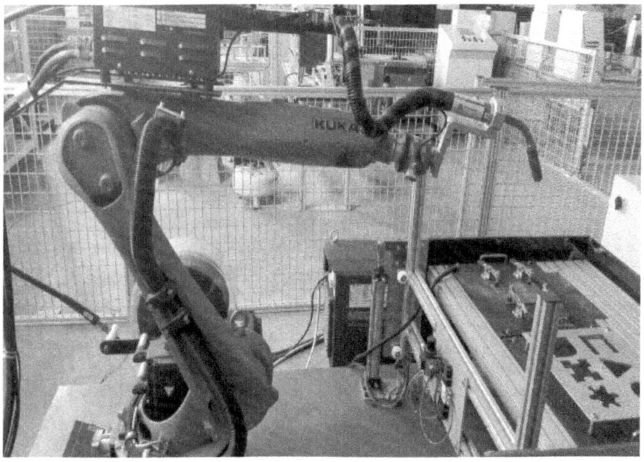

图3-6 标定用焊接工业机器人

1. 工具坐标系位置的标定

采用四点法进行工具坐标系位置标定。在确定工具坐标系相对于机器人末端位置时，要求四个点的工具端位置是同一个位置，只是工具端的姿态改变。

1）选择菜单序列：投入运行→测量→工具→*xyz*-4点。

2）为待测量的工具给定一个号码和一个名称，本例为“7”和“TOOL”，按“继续”键确认。

3）首先确定第一点（本实例为工具的中心点TCP）：手动操纵机器人与图3-7a中参考点（即参考物的尖端点）触碰。按下软键测量，并确认。如图3-7a所示第一点。

4）用TCP从其他方向朝参考点移动。重新按下测量，并确认（其中图3-7d第四点垂直于固定工件表面所在的平面）。

5）把第4）步重复两次。

6）确定4个点之后负载数据输入窗口自动打开。正确输入负载数据，然后按下“继续”键。

7）测得的TCP*x*、*y*、*z*值的窗口自动打开，测量精度可在误差项中读取，数据可通过保存键直接保存。本次测量结果如表3-1所示。

8）至此，机器人通过这四个位置点的位姿数据自动计算出工具坐标系。

通常，前三个点的姿态相差尽量大一些，这样有利于TCP精度的提高。计算过程中拾取的4点是在机器人的示教模式下，将机器人的工具末端以不同的姿态接近工件上固定的参考点，记录下4点的坐标位置及姿态，如表3-1所示。

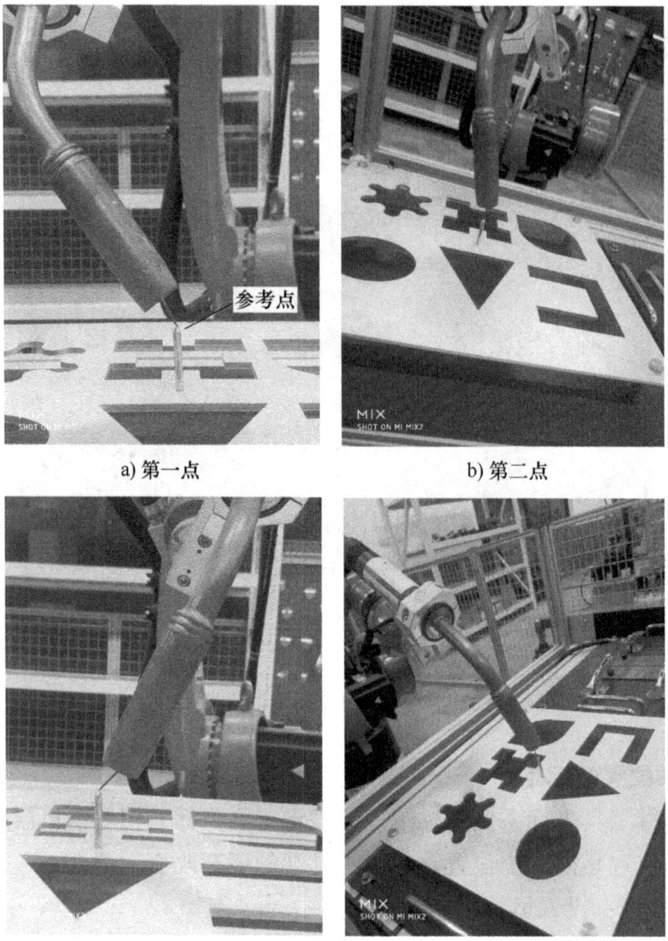

a) 第一点　b) 第二点

c) 第三点　d) 第四点

图 3-7　四点法测工具坐标系位置

表 3-1　四点法坐标值测量结果　（单位：mm）

坐标值	1	2	3	4
x	992.891	1035.355	779.566	784.572
y	−71.934	−69.293	−155.651	−149.783
z	504.756	506.643	685.823	690.548

2. 工具坐标系姿态的标定

1）前提条件是，TCP 已通过 x-y-z 法测定。

2）在主菜单中选择投入运行→测量→工具→ABC-2 点。

3）输入已安装工具的编号，按“继续”键确认。

4）用 TCP 移至任意一个参考点。单击“测量”，按“继续”键确认。

5）移动工具，使参考点与 x 轴上的一个点重合。单击“测量”，如图 3-8 x 轴坐标所示。

6）移动工具，使参考点在 x-y 平面上与 y 轴上的一个点重合。单击“测量”。

7）按保存键。数据被保存，窗口关闭。本组测量结果如表3-2所示。

a) x 轴坐标

b) y 轴坐标

图3-8　两点法测工具坐标系姿态

表3-2　两点法测工具坐标系姿态数据　　（单位：mm）

坐标值	5	6
x	763.178	760.227
y	285.366	285.082
z	645.438	652.696

3. 工件坐标系的标定

首先确定工件坐标系原点，然后确定工件坐标系的坐标轴方向。

标定步骤：

1）在主菜单中选择投入运行→测量→基坐标系→3点。

2）为基坐标分配一个号码和一个名称。用“继续”键确认。

3）输入需用其TCP测量基坐标的工具的编号。单击“继续”键确认。

4）用TCP移到新基坐标系的原点。单击“测量”键并用“是”键确认位置。

5）将TCP移至新基坐标系 x 轴正向上的一个点。单击“测量”并用“是”键确认位置。

6）将TCP移至 x-y 平面上一个带有正 y 值的点。单击测量并用“是”键确认位置。

7）按下保存键。

8）关闭菜单。

注　三个测量点不允许位于一条直线上。这些点之间必须有一个最小夹角（标准设定2.5°）。

在机器人示教模式下拾取的3个特殊的点，如图3-9所示。

1）取工件坐标系的工件坐标原点：$x_{U1}=0$，$y_{U1}=0$，$z_{U1}=0$；

2）在 x 轴上任取一点：$x_{U2}=x_2$，$y_{U2}=0$，$z_{U2}=0$；

3）在 y 轴上任取一点：$x_{U3}=x_3$，$y_{U3}=y_3$，$z_{U3}=0$。

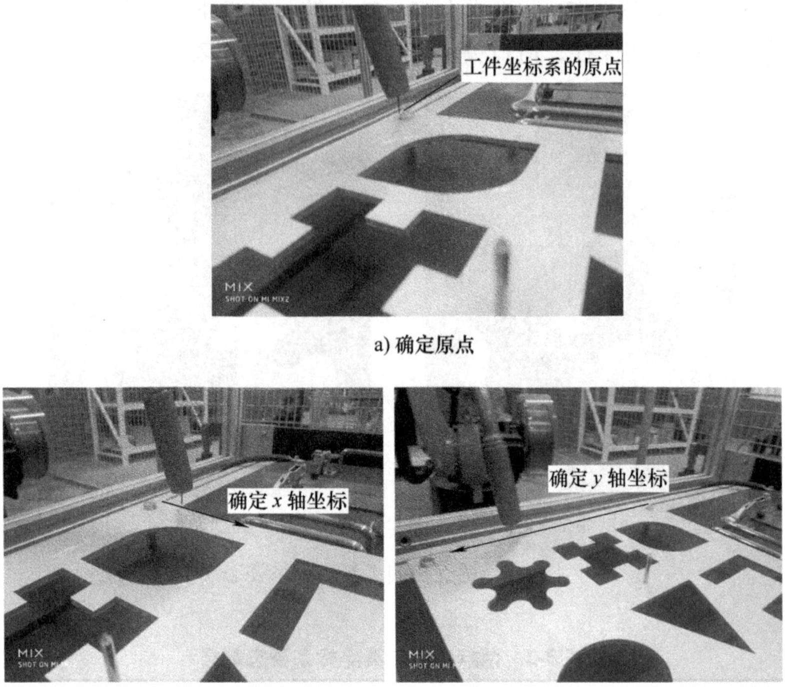

a) 确定原点

b) 确定 x 轴　　c) 确定 y 轴

图 3-9　三点法确定工件坐标系

习　　题

1. 机器人常用坐标系有哪几种？
2. 简述工具坐标系的位置标定原理。
3. 简述工具坐标系的姿态标定原理。
4. 简述工件坐标系的标定原理。

第 4 章 机器人操作臂轨迹规划

4.1 机器人轨迹规划基本概念

路径规划或轨迹规划是空间机器人运动控制的前提。严格来说，“路径”和“轨迹”是不一样的。路径一般指“物理对象所经过的所有位置点的集合，一般为连续曲线（含直线段），只有几何属性，与时间无关”；而轨迹指每个自由度在运动过程中每时每刻的位置、速度和加速度。也就是说，“路径”只描述位置，并不关心何时到达这个位置；而“轨迹”除了描述位置外，还描述相应的速度和加速度，且这些量与运动过程中的每个时刻相对应。本章不对“路径规划”和“轨迹规划”做严格区分。

对机器人进行轨迹规划的目的在于，当已知机器人初始位姿状态和最终位姿状态时，如何让机器人能平稳并且快速地实现这个过程，包括关节空间路径规划和笛卡儿空间（工作空间）路径规划。对于关节空间和笛卡儿空间的路径规划，又可分为点到点路径规划（Point-to-Point Path Planning）和连续路径规划（Continuous Path Planning）两类。

1. 机器人规划的层次划分

所谓机器人的规划（Planning），指的是机器人根据自身的任务，求得完成这一任务的解决方案的过程。这里所说的任务具有广义的概念，既可以指机器人要完成的某一具体任务，也可以指机器人的某个动作，例如手部或关节的某个规定的运动等。

机器人的规划是分层次的，从高层的任务规划、动作规划到低层的手部轨迹规划和关节轨迹规划，最后才是底层的控制。

第一层次的规划称为任务规划，它完成总体任务的分解，得到多个子任务。

然后再针对每一个子任务进行进一步的规划，以“把水倒入杯中”这一子任务为例，可以进一步分解为“把水壶提到杯口上方”“把水壶倾斜倒水入杯”“把水壶竖直”“把水壶放回原处”等一系列动作，这一层次的规划称为动作规划（Motion planning），它把实现每一个子任务的过程分解为一系列具体的动作。

为了实现每一个动作，需要对手部的运动轨迹进行必要的规定，这是手部轨迹规划（Hand trajectory planning）或末端执行器轨迹规划（End-effector trajectory planning）。

为了使手部实现预定的运动，就要知道各关节的运动规律，这是关节轨迹规划（Joint trajectory planning）。

最后才是关节的运动控制（Motion control）。

上述过程的多层级规划过程如图 4-1 所示，智能化程度越高，规划的层次越多，操作就越简单。对机器人来说，高层的任务规划和动作规划一般是依赖人来完成的。

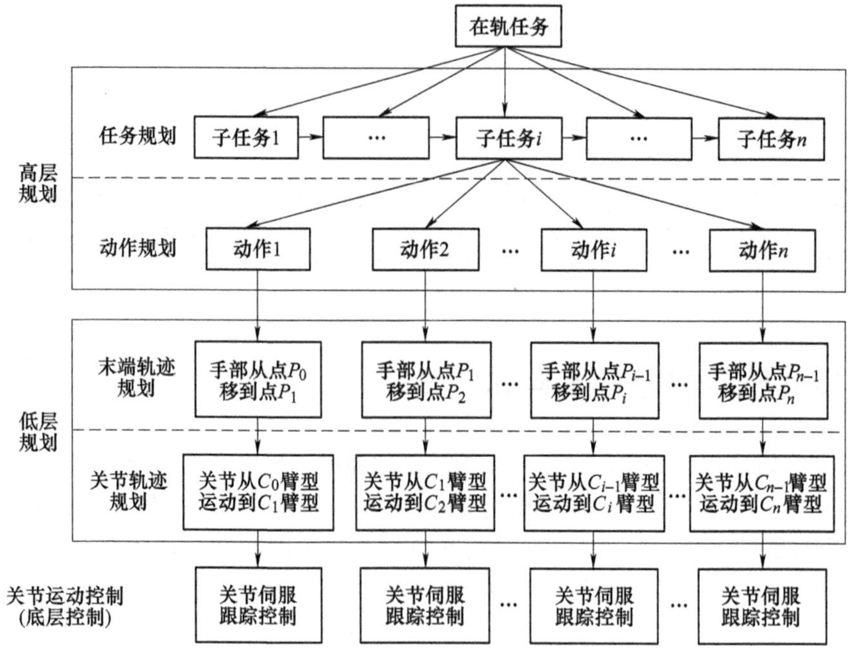

图 4-1　机器人的规划层次

2. 机器人的轨迹规划

所谓轨迹（Trajectory），是指操作臂在运动过程中的位移、速度和加速度，由初始点运动到终止点，所经过的由中间形态序列构成的空间曲线称为路径（Path）。通常将操作臂的运动看作是工具坐标系相对于工件坐标系的运动，操作臂必须按规定的起始点和终止点运动，有时还会通过指定两点之间的若干中间点（称路径点），给出路径约束。通常，轨迹规划同时包括位置变化和姿态变化。

轨迹规划既可在关节空间中进行，也可在工作空间（也称笛卡儿空间）中进行，但规划的轨迹函数一般要求连续光滑，即一阶（或包括二阶）导数连续。因为，不连续会导致加速度剧变，加剧机构磨损，激发关节动态模型的高频成分，引起共振，严重影响操作臂的平稳运行。在关节空间进行规划时，是直接将关节变量表示为时间的函数，并规划它的一阶和二阶时间导数。关节空间法是以关节角度的函数来描述机器人的轨迹的，不考虑工作空间坐标系中路径的形状，计算简单。而且，由于关节空间与工作空间之间不是连续的对应关系，因而不会发生机构的奇异性问题。在工作空间进行规划是指将末端位姿的速度、加速度表示为时间的函数，相应的关节位移、速度和加速度通过复杂的插值运算和逆运动学、逆雅可比矩阵求出。工作空间规划可能出现机构的奇异性问题。

在机器人轨迹规划中，根据机器人的运动是否连续，可以把机器人的作业分成下列两种情况：

（1）点到点路径规划　只关心起始位置点和目标位置点，而不考虑两点间的运动路径，也就是说对运动路径没有限制，所以在点到点路径规划中，机器人在关节空间与末端在笛卡儿空间之间的映射关系并不是线性的。在实际运用中，如抓放作业，点焊、搬运等简单作业。

（2）连续路径规划　由起始点到目标位置点，以及所要经过的由中间形态序列构成的空间曲线，而中间形态序列指的是空间曲线上的“点”，这些“点”称为路径点。某些作业，不仅要关心起始位置点和目标位置点，而且还必须要沿着指定路径，即要考虑经过两点之间的若干路径点，这类运动称为连续路径规划。在实际运用中，如弧焊、喷漆等作业。

机器人路径规划的分类如表 4-1 所示。

表 4-1　机器人路径规划分类

路径描述	点到点	连续路径
关节空间	关节空间点到点路径规划	关节空间连续路径规划
笛卡儿空间	笛卡儿空间点到点路径规划	笛卡儿空间连续路径规划

3. 机器人路径规划与控制的关系

机器人路径规划与控制的关系如图 4-2 所示，即操作员首先对任务进行定义，并进一步完成任务规划和动作规划，此过程主要由操作员完成（或结合人机接口软件完成），得到的动作描述为机器人的手部末端运动结点的位置和姿态。机器人控制软件根据运动结点的位置和姿态，完成手部的路径规划，并通过逆运动学计算得到关节路径规划（见图 4-3），从而得到各个关节的期望位置、速度及加速度。这些期望值作为各关节伺服控制器的输入，由关节控制器产生关节控制力矩，实现对关节期望值的跟踪，从而实现手部的路径跟踪。轨迹规划算法对机器人运动速度、精度以及平稳性有很大影响。

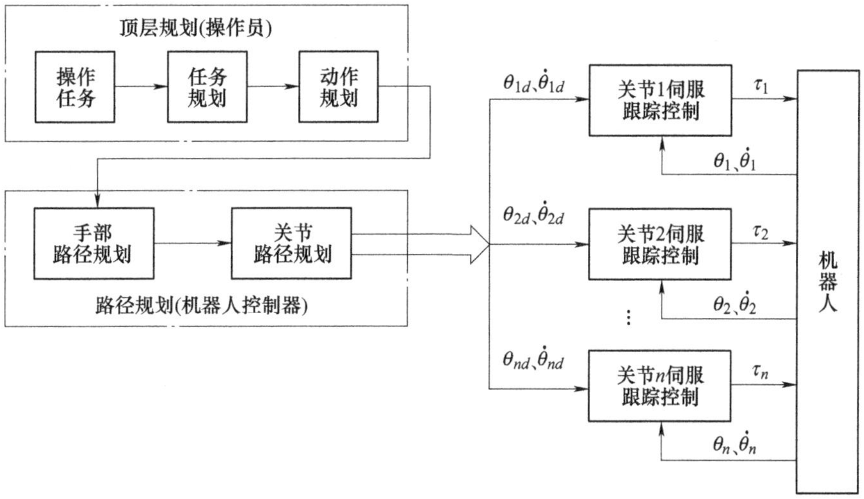

图 4-2　机器人路径规划与控制的关系

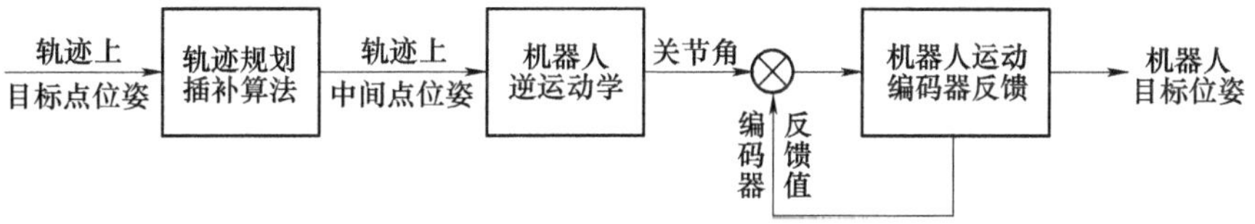

图 4-3　机器人轨迹规划过程

因此，机器人轨迹规划大约有以下三个方面：

首先，要对机器人工作任务进行描述，即确定具体的运动形式；

其次，对机器人运动的形式进行解析，即用计算机编程语言来表达所要求的运动轨迹；

最后，对轨迹上各插补点所对应的关节位置、速度、加速度等参数进行计算处理，从而完成轨迹规划。

4.2 关节空间路径规划

在关节空间中机器人运动轨迹是用关于时间变量的关节角度函数来表达的，由关节变量直接确定。对于一些采用点到点（Point to Point，PTP）控制的场合，如搬运、上下料等运动，往往对于运动的轮廓和中间点没有太多要求，只需考虑初始点和目标点的位姿、速度及加速度，采用关节插补的方式，不仅计算量少、运行速度快，而且机器人的运动轨迹平滑。但关节空间时，机器人在工作空间的运动轨迹具有不确定性。例如：当所有关节进行线性运动时，末端的运动一般并不是线性的。

在关节空间中常用的规划方法主要有：三次多项式插值法、高次多项式插值法、抛物线拟合函数等。

4.2.1 多项式路径规划

1. 三次多项式插值轨迹规划

一个关节从初始点运动到目标点的过程，可以用一个关于时间变量的角度函数 $\theta(t)$ 来描述。起始点 $t=0$ 和终止点 $t=t_f$ 两个时刻机器人的关节角度为

$$\theta(0)=\theta_0,\theta(t_f)=\theta_f \tag{4-1}$$

为保证各关节能够平稳运动，还需要对轨迹上起点和终点的速度进行约束，即两点的速度为零：

$$\dot{\theta}(0)=0,\dot{\theta}(t_f)=0 \tag{4-2}$$

由式（4-1）和式（4-2）可得四个关于位置和速度的约束条件，可以采取关节角度三次多项式函数

$$\theta(t)=a_0+a_1t+a_2t^2+a_3t^3 \tag{4-3}$$

对式（4-3）的角度函数进行一次求导，可得关节运动速度

$$\begin{cases}\dot{\theta}(t)=a_1+2a_2t+3a_3t^2\\ \ddot{\theta}(t)=2a_2+6a_3t\end{cases} \tag{4-4}$$

根据位置和速度的四个约束条件，将式（4-1）和式（4-2）的四个已知量代入式（4-3）和式（4-4）可计算得出三次多项式的四个系数为

$$\begin{cases}a_0=\theta_0\\ a_1=0\\ a_2=\dfrac{3(\theta_f-\theta_0)}{t_f^2}\\ a_3=-\dfrac{2(\theta_f-\theta_0)}{t_f^3}\end{cases} \tag{4-5}$$

[例 4-1] 要求机器人某关节 5s 内从初始角 30°运动到终止角 75°，用三次多项式规划，计算在 1s、2s、3s、4s 时关节的角度。

解： 将边界条件代入，得 $a_0=30$，$a_1=0$，$a_2=5.4$，$a_3=-0.72$

从而位置、速度、加速度的方程为

$$\theta(t) = 30 + 5.4t^2 - 0.72t^3$$

$$\dot{\theta}(t) = 10.8t - 2.16t^2$$

$$\ddot{\theta}(t) = 10.8 - 4.32t$$

代入时间得

$$\theta(1) = 34.68°, \theta(2) = 45.84°, \theta(3) = 59.16°, \theta(4) = 70.32°$$

用三次多项式规划位置、速度、加速度的曲线如图 4-4 所示。

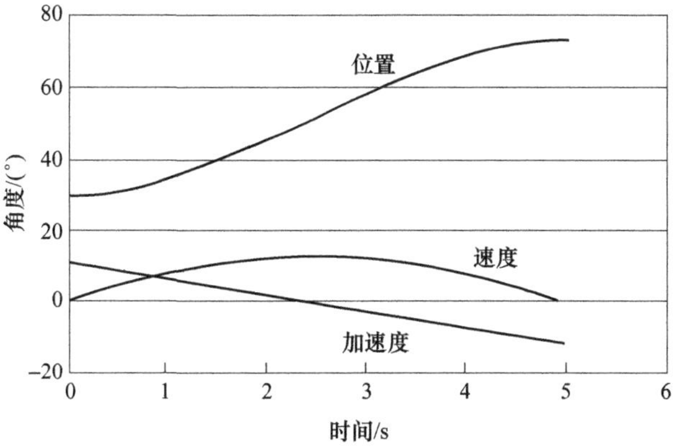

图 4-4　三次多项式规划位置、速度、加速度曲线

2. 五次多项式插值路径规划

在约束条件更多、运动轨迹要求更高的情况下，为获得更光滑的运动曲线，可采用五次多项式。例如，要对机器人运动路径上起始点和终止点的位置、速度以及加速度进行约束，则需要用一个五次多项式

$$\theta(t) = a_0 + a_1t + a_2t^2 + a_3t^3 + a_4t^4 + a_5t^5 \tag{4-6}$$

对运动轨迹进行插值拟合。

且对于起点 $t=0$ 和终点 $t=t_f$ 两个时刻的位置、速度和加速度有以下 6 个已知的约束条件：

$$\begin{cases} \theta_0 = a_0 \\ \theta_f = a_0 + a_1t_f + a_2t_f^2 + a_3t_f^3 + a_4t_f^4 + a_5t_f^5 \\ \dot{\theta}_0 = a_1 \\ \dot{\theta}_f = a_1 + 2a_2t_f + 3a_3t_f^2 + 4a_4t_f^3 + 5a_5t_f^4 \\ \ddot{\theta}_0 = 2a_2 \\ \ddot{\theta}_f = 2a_2 + 6a_3t_f + 12a_4t_f^2 + 20a_5t_f^3 \end{cases} \tag{4-7}$$

通过对式（4-7）的 6 个线性方程联立求解，即可确定五次多项式（4-6）中 a_0、a_1、a_2、a_3、a_4、a_5 这 6 个系数。

$$
\begin{cases}
a_0 = \theta_0 \\
a_1 = \dot{\theta}_0 \\
a_2 = \dfrac{\ddot{\theta}_0}{2} \\
a_3 = \dfrac{20\theta_f - 20\theta_0 - (8\dot{\theta}_f + 12\dot{\theta}_0)t_f - (3\ddot{\theta}_0 - \ddot{\theta}_f)t_f^2}{2t_f^3} \\
a_4 = \dfrac{30\theta_0 - 30\theta_f + (14\dot{\theta}_f + 16\dot{\theta}_0)t_f + (3\ddot{\theta}_0 - 2\ddot{\theta}_f)t_f^2}{2t_f^4} \\
a_5 = \dfrac{12\theta_f - 12\theta_0 - (6\dot{\theta}_f + 6\dot{\theta}_0)t_f - (\ddot{\theta}_0 - \ddot{\theta}_f)t_f^2}{2t_f^5}
\end{cases}
$$

[**例 4-2**] 同上例，且已知初始与末端加速度分别为 $5°/s^2$、$-5°/s^2$，用五次多项式规划，计算位置、速度以及加速度曲线。

解：边界条件为 $\theta_0=30°$，$\dot{\theta}_0=0°/s$，$\ddot{\theta}_0=5°/s^2$

$$\theta_f=75°，\dot{\theta}_f=0°/s，\ddot{\theta}_f=-5°/s^2$$

代入得

$$a_0=30，a_1=0，a_2=2.5$$

$$a_3=1.6，a_4=-0.58，a_5=0.0464$$

位置、速度、加速度的方程为

$$\theta(t) = 30 + 2.5t^2 + 1.6t^3 - 0.58t^4 + 0.0464t^5$$

$$\dot{\theta}(t) = 5t + 4.8t^2 - 2.32t^3 + 0.232t^4$$

$$\ddot{\theta}(t) = 5 + 9.6t - 6.96t^2 + 0.928t^3$$

用五次多项式规划位置、速度、加速度的曲线如图 4-5 所示。

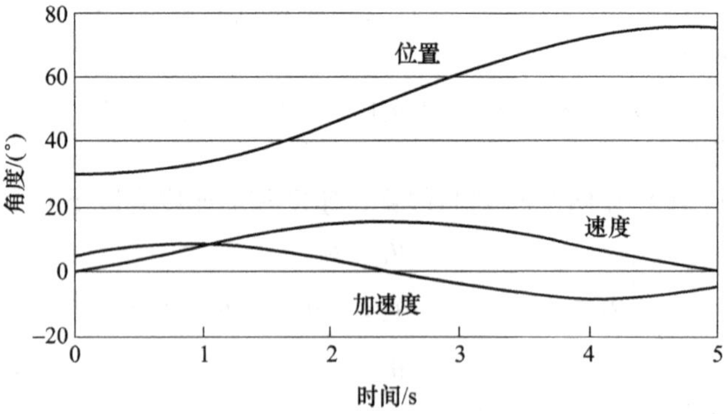

图 4-5 五次多项式规划位置、速度、加速度曲线

4.2.2 抛物线拟合线性插值路径规划

不同于上述多项式插值，最简单的关节插值算法当然是采用线性插值，如图 4-6 所示。

但简单的线性函数插值未考虑速度与加速度规划，将使得关节的运动速度在起点和终点处不连续，意味着会产生无穷大的加速度，这显然是不希望产生的。

此时，可以考虑在起点和终点处，使用两段直线升降速的抛物线进行过渡，即使用恒定的加速度平滑地改变速度，从而使得整个运动轨迹的位置和速度是连续的。如图 4-7 所示。这种采用直线升降速的规划在实际机器人控制中经常采用。

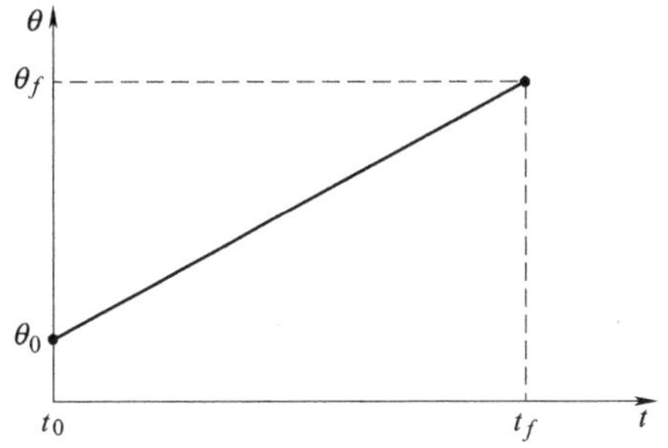

图 4-6　最简单的线性插值

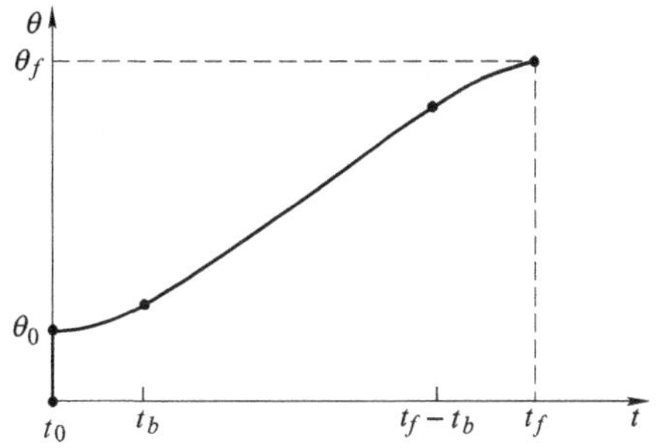

图 4-7　抛物线拟合（线性升降速）的线性插值

通常两端的抛物线拟合区段具有相同时间，因此在这两个时间段采用相同的恒定加速度（符号相反）。随着所选择的加速度不同，可能存在多种可能性，如图 4-8 所示。但是每个结果都对称于时间中点 t_h 和位置中点 θ_h。

由于在拟合区段终点的速度必须与中间的直线段相同，故

$$\ddot{\theta} t_b = \frac{\theta_h - \theta_b}{t_h - t_b} \tag{4-8}$$

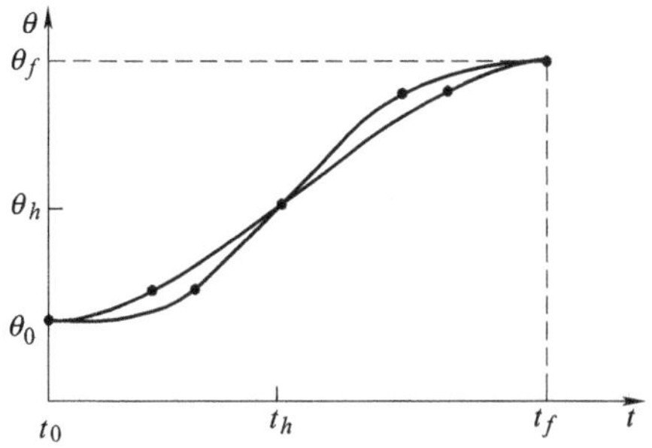

图 4-8　多条抛物线拟合（线性升降速）的线性插值曲线

式中，θ_b 为拟合段终点的 θ 值，而 $\ddot{\theta}$ 是拟合区段的加速度。θ_b 的值为

$$\theta_b = \theta_0 + \frac{1}{2}\ddot{\theta} t_b^2 \tag{4-9}$$

联立以上式（4-8）和式（4-9），并考虑到 $t=2t_h$，$\theta_h=\frac{1}{2}(\theta_f+\theta_0)$，则可得

$$\ddot{\theta} t_b^2 - \ddot{\theta} t t_b + (\theta_f - \theta_0) = 0 \tag{4-10}$$

式中，t 为从起点运动到终点所需的时间。对于给定 θ_f、θ_0 和 t，再根据关节驱动的特性，给出最大加速度 $\ddot{\theta}$，即可求出

$$t_b = \frac{t}{2} - \frac{\sqrt{\ddot{\theta}^2 t^2 - 4\ddot{\theta}(\theta_f - \theta_0)}}{2\ddot{\theta}} \tag{4-11}$$

要使式（4-11）有解，加速度需足够大。拟合区段使用的加速度约束条件为

$$\ddot{\theta} \geqslant \frac{4(\theta_f - \theta_0)}{t^2} \tag{4-12}$$

当式（4-12）中等号成立时，线性段的长度缩减为零。这时的轨迹由两个对称的抛物线段连接而成。如果加速度值越来越大，则抛物线段的拟合长度越来越短，当加速度值趋于无穷大时，抛物线段的拟合长度缩为零，则变为简单的线性函数插值。

例如：机械臂关节初始角为 15°，希望花 3s 时间平滑运动到 75°。对比抛物线拟合段加速度大小变化对轨迹的位置、速度、加速度的影响。

如图 4-9a 所示，加速度 $\ddot{\theta}$ 较大，因此加速段较短，很快进入匀速运动。如图 4-9b 所示，加速度 $\ddot{\theta}$ 较小，因此匀速直线段几乎消失。

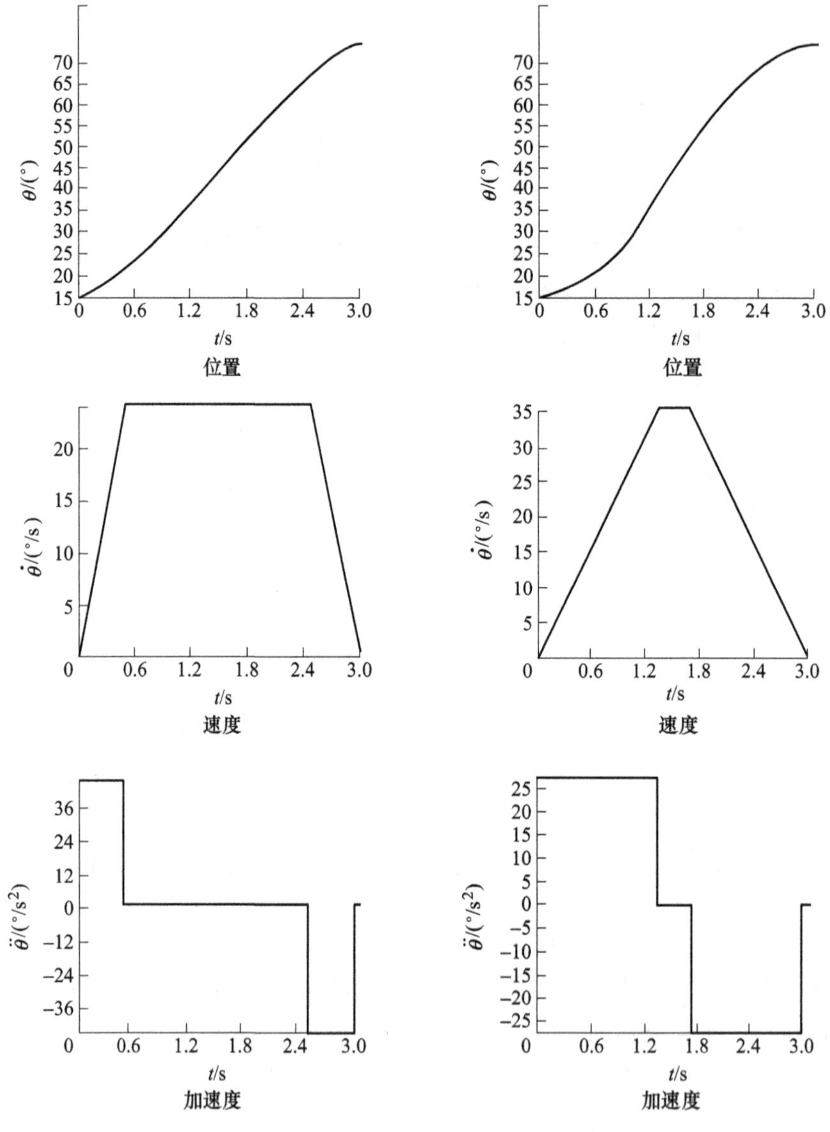

a)　　b)

图 4-9　抛物线拟合线性插值举例

4.3 笛卡儿空间路径规划

在一些对机器人运动轨迹要求严格的场合下，则必须采用连续路径 CP 控制，其过程是在笛卡儿空间（工作空间）坐标系中对指定的直线、圆弧等路径，通过插补算法计算出轨迹路径上所有插补点的位姿数据，再将这些位姿数据通过运动学逆变换得出指定的关节角度值，以驱使各关节运动。图 4-10 所示为笛卡儿空间轨迹规划示意图。笛卡儿空间的轨迹规划比关节空间的轨迹规划要复杂得多，不但包括位置规划，还包括姿态规划。下面以 6 自由度机器人介绍常用的空间直线位置插值、空间圆弧位置插值和姿态插值算法。

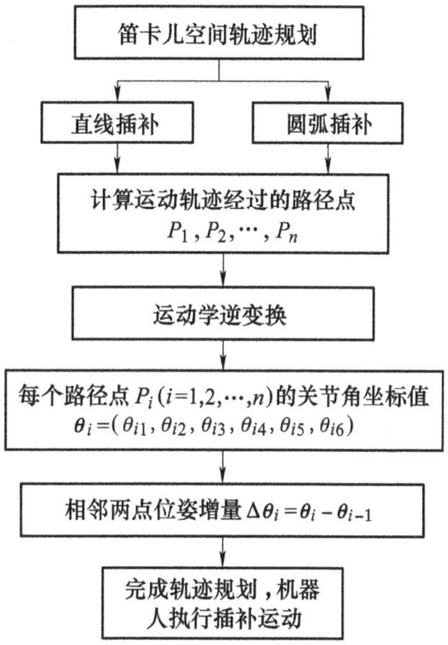

图 4-10　笛卡儿空间轨迹规划示意图

在进行笛卡儿空间的直线路径规划时，通常采用与前面相同的抛物线拟合直线插值，这样三个位置坐标的稳速运动部分都线性变化，机器人末端会在笛卡儿空间进行直线运动。

4.3.1 轨迹规划的基本描述

设 $\boldsymbol{x}$ 为工作空间末端位姿描述六维矢量，轨迹 Γ 为 $\boldsymbol{F}(t)$。轨迹起始点与终止点矢量为 $\boldsymbol{p}_i$ 和 $\boldsymbol{p}_f$，插值中间点矢量为 $\boldsymbol{p}(t), t\in[0,t_f]$，总时间为 t_f。

首先仅考虑三维位置矢量点 $\boldsymbol{p}(t), t\in[0,t_f]$，参数方程 $\boldsymbol{p}=\boldsymbol{f}(s), s\in[0,s_f]$。参数 s 的意义为从起点沿轨迹已运动的位移大小，s_f 为轨迹的总位移，$s(t)$ 为当前运动的位移值。即

$$\begin{cases}p_x=f_x(s)\\p_y=f_y(s)\\p_z=f_z(s)\\s=s(t)\end{cases}$$

如图 4-11 所示，$\boldsymbol{t}$ 为描述轨迹运动的切线方向。设 $\boldsymbol{p}'\in\Gamma$ 为位置矢量点 $\boldsymbol{p}$ 邻域内的一个位置矢量点，从而可以得到运动平面 Φ（Osculating plane），$\boldsymbol{n}$ 定义为平面 Φ 上与 $\boldsymbol{t}$ 垂直的右侧矢量，$\boldsymbol{b}$ 矢量由（$\boldsymbol{t}$，$\boldsymbol{n}$，$\boldsymbol{b}$）右手坐标系确定。即

$$\boldsymbol{t}=\frac{\mathrm{d}\boldsymbol{p}}{\mathrm{d}s},\boldsymbol{n}=\frac{1}{\left\|\frac{\mathrm{d}^2\boldsymbol{p}}{\mathrm{d}s^2}\right\|}\frac{\mathrm{d}^2\boldsymbol{p}}{\mathrm{d}s^2},\boldsymbol{b}=\boldsymbol{t}\times\boldsymbol{n}$$

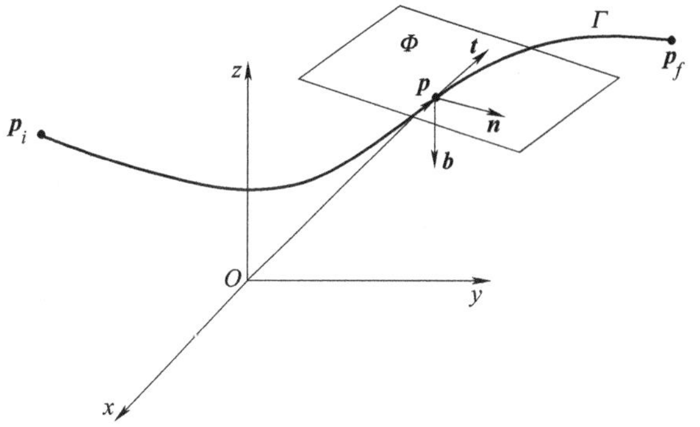

图 4-11　空间轨迹的参数方程描述

4.3.2 空间直线位置插值

笛卡儿空间直线规划算法是在已知直线的始末两点的位姿情况下，求解每个插补周期位姿的变化。大多数情况下机器人沿直线运动时其姿态不变，所以无须姿态插补；而对于那些要求姿态改变的情况，就需要进行姿态插补。这里仅考虑位置插补，姿态插补后续讨论。

笛卡儿空间直线规划算法始末两点位置矢量分别为 $\boldsymbol{p}_i$ 和 $\boldsymbol{p}_f$，如图 4-12 所示。轨迹的参数方程描述为

$$\boldsymbol{p}(s)=\boldsymbol{p}_i+\frac{s}{\|\boldsymbol{\delta}_p\|}\boldsymbol{\delta}_p$$

式中，$\boldsymbol{\delta}_p=\boldsymbol{p}_f-\boldsymbol{p}_i$，且 $\boldsymbol{p}(0)=\boldsymbol{p}_i$，$\boldsymbol{p}(\|\boldsymbol{\delta}_p\|)=\boldsymbol{p}_f$，当 $s_f=0$，$\|\boldsymbol{\delta}_p\|\to 0$。

这里，$\dfrac{\mathrm{d}\boldsymbol{p}}{\mathrm{d}s}=\dfrac{\boldsymbol{\delta}_p}{\|\boldsymbol{\delta}_p\|}$，$\dfrac{\mathrm{d}^2\boldsymbol{p}}{\mathrm{d}s^2}=0$，显然无法定义（$\boldsymbol{t}$，$\boldsymbol{n}$，$\boldsymbol{b}$）坐标系。

轨迹参数描述的物理意义很明确，即随着 s 的变化，各坐标按一定的比例变化。

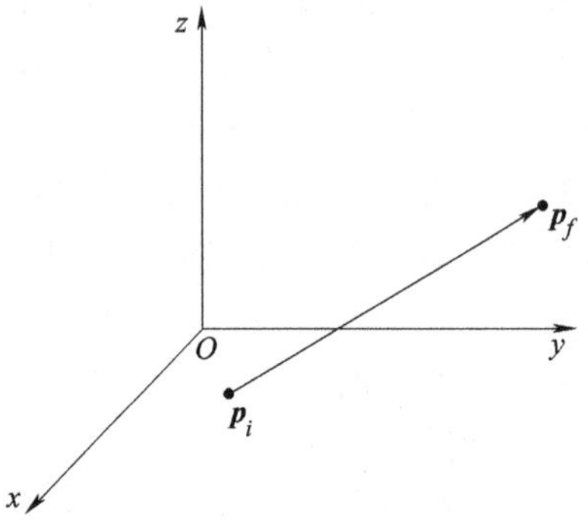

图 4-12 直线插补

4.3.3 空间圆弧位置插值

先回忆一下对两个矢量 $\boldsymbol{a}$、$\boldsymbol{b}$ 的点积与叉积。

$$\boldsymbol{a}\cdot\boldsymbol{b}=a_1a_2+b_1b_2=\|\boldsymbol{a}\|\|\boldsymbol{b}\|\cos\theta$$

$$\boldsymbol{a}\times\boldsymbol{b}=\begin{vmatrix}\boldsymbol{i} & \boldsymbol{j} & \boldsymbol{k}\\ \boldsymbol{a}_1 & \boldsymbol{a}_2 & \boldsymbol{a}_3\\ \boldsymbol{b}_1 & \boldsymbol{b}_2 & \boldsymbol{b}_3\end{vmatrix},\|\boldsymbol{a}\times\boldsymbol{b}\|=\|\boldsymbol{a}\|\|\boldsymbol{b}\|\sin\theta$$

矢量 $\boldsymbol{a}$ 与矢量 $\boldsymbol{b}$ 叉积的方向与这两个矢量所在平面垂直，且遵守右手定则。

笛卡儿空间圆弧位置规划通常给定三点 P_i、P_m、P_f，其位置矢量分别为 $\boldsymbol{p}_i$、$\boldsymbol{p}_m$、$\boldsymbol{p}_f$，如图 4-13 所示。

1）$\boldsymbol{r}$ 为圆弧轴矢量（垂直于圆弧平面），容易得到

$$\boldsymbol{r}=\overrightarrow{P_iP_m}\times\overrightarrow{P_iP_f}$$

2）根据矢量 $\boldsymbol{r}=(A',B',C')$、点 P_i（或点 P_m 或点 P_f）的坐标 (x_i,y_i,z_i) 和平面点法式，圆弧所在平面方程为

$$A'(x-x_i)+B'(y-y_i)+C'(z-z_i)=0$$

并可转换为一般形式

$$Ax+By+cz+D=0$$

3）设圆心坐标 O' 为（x_0，y_0，z_0），根据点 P_i、P_m、P_f 与圆心 O' 等距，且圆心 O' 与点 P_i、P_m、

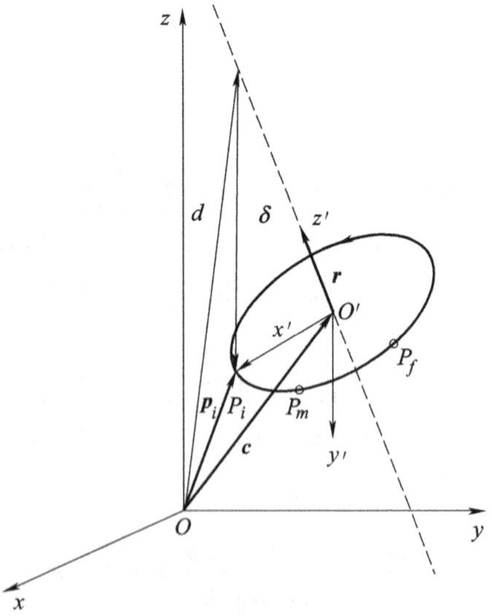

图 4-13 空间圆弧的参数方程描述

P_f 共面，可得下式并计算出圆心坐标：

$$\begin{cases} \|\boldsymbol{p}_i - \overrightarrow{OO'}\| = \|\boldsymbol{p}_m - \overrightarrow{OO'}\| \\ \|\boldsymbol{p}_i - \overrightarrow{OO'}\| = \|\boldsymbol{p}_f - \overrightarrow{OO'}\| \\ Ax_0 + By_0 + Cz_0 + D = 0 \end{cases}$$

4）选择 x' 轴为 $O'P_i$ 方向，z' 轴为圆弧轴矢量 $\boldsymbol{r}$ 方向。在圆弧平面的插补方程为

$$\boldsymbol{p}'(s) = \begin{pmatrix} \rho\cos\dfrac{s}{\rho} \\ \rho\sin\dfrac{s}{\rho} \\ 0 \end{pmatrix}$$

式中，$\rho=\|\boldsymbol{p}_i-\boldsymbol{c}\|$ 为圆弧半径；s 为已运动过的弧长；s/ρ 为对应的圆心角。

5）将点 $\boldsymbol{p}'$ 转换到坐标系 $Oxyz$，得 $\boldsymbol{p}(s)=\boldsymbol{c}+\boldsymbol{Q}\boldsymbol{p}'(s)$

式中，$\boldsymbol{c}$ 为矢量。由于 x'、z' 的方向矢量已知，叉积容易求得 y' 轴的方向矢量，并得到 x'、y'、z' 的单位方向矢量（$\boldsymbol{i}'$，$\boldsymbol{j}'$，$\boldsymbol{k}'$），令 $\boldsymbol{Q}=(\boldsymbol{i}',\boldsymbol{j}',\boldsymbol{k}')$。

6）圆弧关于 s 的变化速度、加速度分别为

$$\frac{\mathrm{d}\boldsymbol{p}}{\mathrm{d}s} = \boldsymbol{Q}\begin{pmatrix} -\sin\dfrac{s}{\rho} \\ \cos\dfrac{s}{\rho} \\ 0 \end{pmatrix}, \frac{\mathrm{d}^2\boldsymbol{p}}{\mathrm{d}s^2} = \boldsymbol{Q}\begin{pmatrix} -\dfrac{1}{\rho}\cos\dfrac{s}{\rho} \\ -\dfrac{1}{\rho}\sin\dfrac{s}{\rho} \\ 0 \end{pmatrix}$$

4.3.4 升降速控制

对上述直线运动的速度、加速度：$\dot{\boldsymbol{p}} = \dfrac{\dot{s}}{\|\boldsymbol{\delta}_p\|}\boldsymbol{\delta}_p = \dot{s}\boldsymbol{t}$，$\ddot{\boldsymbol{p}} = \dfrac{\ddot{s}}{\|\boldsymbol{\delta}_p\|}\boldsymbol{\delta}_p = \ddot{s}\boldsymbol{t}$，$\boldsymbol{t}$ 为不变的直线运动方向。对于圆弧运动，

$$\dot{\boldsymbol{p}} = \boldsymbol{Q}\begin{pmatrix} -\dot{s}\sin\dfrac{s}{\rho} \\ \dot{s}\cos\dfrac{s}{\rho} \\ 0 \end{pmatrix}, \ddot{\boldsymbol{p}} = \boldsymbol{Q}\begin{pmatrix} -\dfrac{1}{\rho}\dot{s}^2\cos\dfrac{s}{\rho} - \ddot{s}\sin\dfrac{s}{\rho} \\ -\dfrac{1}{\rho}\dot{s}^2\sin\dfrac{s}{\rho} + \ddot{s}\cos\dfrac{s}{\rho} \\ 0 \end{pmatrix}$$

由上可见，考虑轨迹的运动速度：$\dot{\boldsymbol{p}} = \dot{s}\dfrac{\mathrm{d}\boldsymbol{p}}{\mathrm{d}s} = \dot{s}\boldsymbol{t}$，$\boldsymbol{t}$ 为轨迹的运动方向，$\dot{s}$ 为沿轨迹运动速度。因此，可把 s 看作一个关节，在整个轨迹长度 $0\sim s_f$ 上进行各种速度 $\dot{s}$ 控制，可完成各种升降速控制曲线，例如：前述的抛物线拟合线性插值（直线升降速）、多项式等。

4.3.5 姿态插值

如前介绍，直线或圆弧插值过程不仅包括前述的位置插值，而且包括姿态插值。直观来看，似乎可以对起点旋转矩阵到终点旋转矩阵的每个元素进行与位置插值同步的线性插值，

从而完成姿态的插值。但这样插值得到的矩阵并不满足旋转矩阵的条件，是不可行的。

方法 1：根据起点旋转矩阵和终点旋转矩阵，计算出其 RPY 或 z-y-z 欧拉角的变化，进行与位置插值同步的线性插值。设 RPY 的变化为矢量 $\boldsymbol{\phi} \in [\boldsymbol{\phi}_i, \boldsymbol{\phi}_f]$，$\boldsymbol{\delta}_\phi = \boldsymbol{\phi}_f - \boldsymbol{\phi}_i$。则

$$\boldsymbol{\phi} = \boldsymbol{\phi}_i + \frac{s'}{\|\boldsymbol{\delta}_\phi\|}\boldsymbol{\delta}_\phi$$

其中，s'与前述直线、圆弧插补的 s 参量的比例关系为 $s' = \frac{\|\boldsymbol{\delta}_\phi\|}{\|\boldsymbol{\delta}_p\|}s$。即当 $s=0$ 时，$\|\boldsymbol{\delta}_p\| \to 0$；当 $s'=0$ 时，$\|\boldsymbol{\delta}_\phi\| \to 0$。

方法 2：

1）根据起点坐标系和终点坐标系的姿态，确定一个单位矢量（即等效轴），使得绕此单位矢量的轴，起点坐标系旋转一个角度（即旋转角）可得到终点坐标系。

令 $\boldsymbol{R}_i$ 和 $\boldsymbol{R}_f$ 分别表示起始坐标系和终点坐标系的旋转矩阵，则从 $\boldsymbol{R}_i$ 变换到 $\boldsymbol{R}_f$ 的旋转矩阵 $\boldsymbol{R}'$为

$$\boldsymbol{R}_i\boldsymbol{R}' = \boldsymbol{R}_f, \boldsymbol{R}' = \boldsymbol{R}_i^{\mathrm{T}}\boldsymbol{R}_f = \begin{pmatrix} r_{11} & r_{12} & r_{13} \\ r_{21} & r_{22} & r_{23} \\ r_{31} & r_{32} & r_{33} \end{pmatrix}$$

采用轴-角表示时，$\boldsymbol{R}'$对应的轴单位矢量 $\boldsymbol{r}$ 和旋转角 θ 分别为

$$\theta = \arccos\frac{r_{11} + r_{22} + r_{33} - 1}{2}$$

$$\boldsymbol{r} = \frac{1}{2\sin\theta}\begin{pmatrix} r_{32} - r_{23} \\ r_{13} - r_{31} \\ r_{21} - r_{12} \end{pmatrix}$$

2）采用 $\boldsymbol{R}_t(t)$表示从 $\boldsymbol{R}_i$ 到 $\boldsymbol{R}_f$ 的插值过程中间点的变换矩阵，则 $\boldsymbol{R}_t(0) = \boldsymbol{I}$，$\boldsymbol{R}_t(t_f) = \boldsymbol{R}'$。即 $s' = \frac{|\theta|}{\|\boldsymbol{\delta}_p\|}s$，$s=0 \to \|\boldsymbol{\delta}_p\|$，$s'=0 \to |\theta|$。

3）根据插值过程中当前的 s'，可得到从 $\boldsymbol{R}_i$ 到当前中间点的变换矩阵 $\boldsymbol{R}'$，从而得到当前中间点的旋转矩阵 $\boldsymbol{R}_t = \boldsymbol{R}_i\boldsymbol{R}'$。

4）由前述直线或圆弧的中间点位置值和此处得到的旋转矩阵 $\boldsymbol{R}_t(t)$，可得插补点的位姿矩阵，再通过逆运动学算法即可求出相应插补点所对应的关节角度值。

[例 4-3] 对简单的 2R 平面机器人，两根连杆长度均为 9in[⊖]，要求从起点（3，10）沿直线运动到终点（8，14）。假设将路径插值 10 段，求各中间点的关节变量。

根据第 2 章 RRR 平面三连杆的正运动学方程，容易得到 RR 平面两连杆正运动学方程为

$${}^0_2\boldsymbol{T} = \begin{pmatrix} \cos(\theta_1+\theta_2) & -\sin(\theta_1+\theta_2) & 0 & a_1\cos\theta_1 + a_2\cos(\theta_1+\theta_2) \\ \sin(\theta_1+\theta_2) & \cos(\theta_1+\theta_2) & 0 & a_1\sin\theta_1 + a_2\sin(\theta_1+\theta_2) \\ 0 & 0 & 1 & 0 \\ 0 & 0 & 0 & 1 \end{pmatrix} = \begin{pmatrix} n_x & o_x & a_x & p_x \\ n_y & o_y & a_y & p_y \\ n_z & o_z & a_z & p_z \\ 0 & 0 & 0 & 1 \end{pmatrix}$$

⊖ 1in（英寸）= 0.0254m（米）。——编辑注

式中，a_1、a_2 为两连杆的长度，则

$$p_x = 9\cos\theta_1 + 9\cos(\theta_1 + \theta_2),$$

$$p_y = 9\sin\theta_1 + 9\sin(\theta_1 + \theta_2)$$

直线方程为$\dfrac{p_y-14}{p_x-8}=\dfrac{14-10}{8-3}$，即

$$p_y = 0.8p_x + 7.6$$

中间点的坐标可通过对 x、y 坐标之差取平均分割 10 段得到。然后代入上述 p_x 和 p_y 得到 θ_1 和 θ_2。如表 4-2 所示，关节位置曲线如图 4-14 所示。

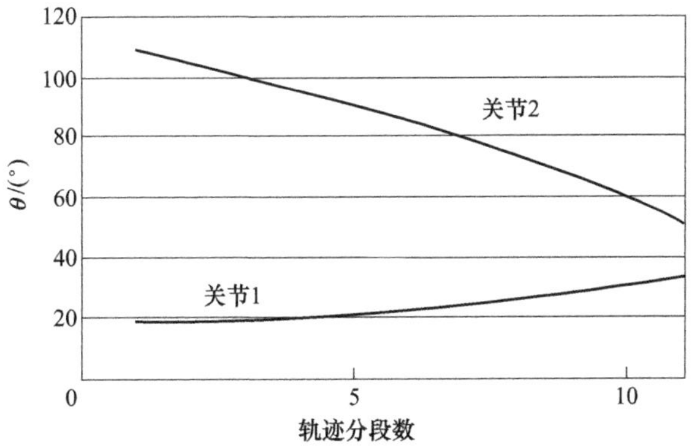

图 4-14　2R 平面机器人直线插值的关节位置

表 4-2　2R 平面机器人直线插值坐标点

编号	x/in	y/in	θ_1/(°)	θ_2/(°)
1	3	10	18.8	109
2	3.5	10.4	19	104.0
3	4	10.8	19.5	100.4
4	4.5	11.2	20.2	95.8
5	5	11.6	21.3	90.9
6	5.5	12	22.5	85.7
7	6	12.4	24.1	80.1
8	6.5	12.8	26	74.2
9	7	13.2	28.2	67.8
10	7.5	13.6	30.8	60.7
11	8	14	33.9	52.8

习　　题

1. 何为轨迹规划？简述轨迹规划的方法并说明其特点。

2. 设有一台具有转动关节的机器人，其在执行一项作业时关节运动历时 2s。根据需要，其上某一关节必须平稳运动，并具有如下作业状态：初始时，关节静止不动，位置 $\theta_0=0°$；运动结束时 $\theta_f=90°$，此时关节速度为 0。试根据上述要求按三次多项式规划该关节的运动。

3. 若 θ_0、θ_f 和 t 的定义同上题，将已知条件改为 $\theta_0=15°$，$\theta_f=75°$，$t=3$s，试设计两条带有抛物线过渡的线性轨迹。

第5章 机器人动力学

在机器人运动学分析中未涉及力、速度、加速度，要对工业机器人进行合理的设计与性能分析，在实现动态性能良好的实时控制，就需要对工业机器人的动力学进行分析。机器人动力学研究机器人运动与各关节驱动力（力矩）之间的动态关系，描述这种动态关系的微分方程称为机器人动力学模型。机器人动力学问题包括动力学正问题和逆问题，动力学正问题研究机器人各个关节驱动力（力矩）下的动态响应，即已知机器人各个关节驱动力（力矩），求解机器人各个关节位移、速度和加速度；动力学逆问题是已知各个关节位移、速度和加速度，求各个关节所需要的驱动力（力矩），这对机器人的实时控制具有重要意义。

本章首先讨论机器人雅可比矩阵，然后介绍工业机器人的静力学问题和动力学问题。

5.1 雅可比矩阵与速度变换

5.1.1 雅可比矩阵

在数学中，雅可比矩阵是一个多元函数的偏导矩阵，假设有6个函数，每个函数有6个独立的变量，即

$$\begin{cases} y_1 = f_1(x_1, \quad x_2, \quad x_3, \quad x_4, \quad x_5, \quad x_6) \\ y_2 = f_2(x_1, \quad x_2, \quad x_3, \quad x_4, \quad x_5, \quad x_6) \\ \qquad \vdots \\ y_6 = f_6(x_1, \quad x_2, \quad x_3, \quad x_4, \quad x_5, \quad x_6) \end{cases} \tag{5-1}$$

用矢量的形式表示为

$$\boldsymbol{Y} = \boldsymbol{f}(\boldsymbol{X}) \tag{5-2}$$

应用多元函数求导法则计算 y_i（$i=1, 2, 3, 4, 5, 6$）的微分，得

$$\begin{cases} \mathrm{d}y_1 = \dfrac{\partial f_1}{\partial x_1}\mathrm{d}x_1 + \dfrac{\partial f_1}{\partial x_2}\mathrm{d}x_2 + \cdots + \dfrac{\partial f_1}{\partial x_6}\mathrm{d}x_6 \\ \mathrm{d}y_2 = \dfrac{\partial f_2}{\partial x_1}\mathrm{d}x_1 + \dfrac{\partial f_2}{\partial x_2}\mathrm{d}x_2 + \cdots + \dfrac{\partial f_2}{\partial x_6}\mathrm{d}x_6 \\ \qquad \vdots \\ \mathrm{d}y_6 = \dfrac{\partial f_6}{\partial x_1}\mathrm{d}x_1 + \dfrac{\partial f_6}{\partial x_2}\mathrm{d}x_2 + \cdots + \dfrac{\partial f_6}{\partial x_6}\mathrm{d}x_6 \end{cases} \tag{5-3}$$

用矢量的形式表示为

$$\mathrm{d}\boldsymbol{Y} = \frac{\partial \boldsymbol{F}}{\partial \boldsymbol{X}}\mathrm{d}\boldsymbol{x} \tag{5-4}$$

式中，6×6 偏导数矩阵$\frac{\partial \boldsymbol{F}}{\partial \boldsymbol{X}}$即为雅可比矩阵。

5.1.2 两关节机器人雅可比矩阵

图 5-1 所示为二自由度平面机器人，两关节均为转动关节，机器人末端坐标为 $P(x, y)$，关节变量为 (θ_1, θ_2)，此时有以下关系：

$$\begin{cases} x = l_1\cos\theta_1 + l_2\cos(\theta_1 + \theta_2) \\ y = l_1\sin\theta_1 + l_2\sin(\theta_1 + \theta_2) \end{cases} \tag{5-5}$$

对式（5-5）求微分可得

$$\begin{cases} \mathrm{d}x = \dfrac{\partial x}{\partial \theta_1}\mathrm{d}\theta_1 + \dfrac{\partial x}{\partial \theta_2}\mathrm{d}\theta_2 \\ \mathrm{d}y = \dfrac{\partial y}{\partial \theta_1}\mathrm{d}\theta_1 + \dfrac{\partial y}{\partial \theta_2}\mathrm{d}\theta_2 \end{cases} \tag{5-6}$$

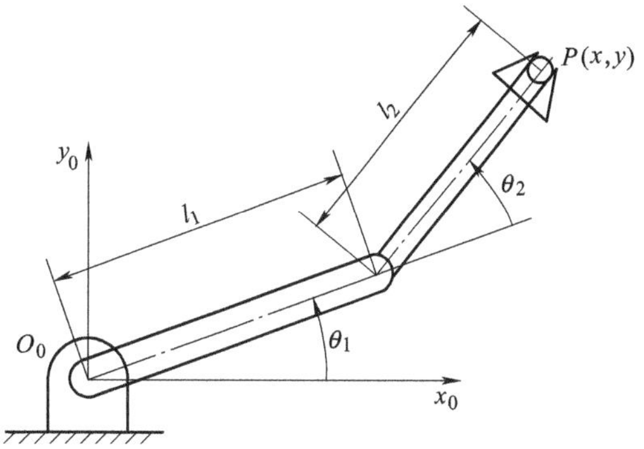

图 5-1 二自由度平面机器人

式（5-6）写成矩阵形式为

$$\begin{bmatrix} \mathrm{d}x \\ \mathrm{d}y \end{bmatrix} = \begin{pmatrix} \dfrac{\partial x}{\partial \theta_1} & \dfrac{\partial x}{\partial \theta_2} \\ \dfrac{\partial y}{\partial \theta_1} & \dfrac{\partial y}{\partial \theta_2} \end{pmatrix} \begin{bmatrix} \mathrm{d}\theta_1 \\ \mathrm{d}\theta_2 \end{bmatrix} \tag{5-7}$$

令 $\mathrm{d}\boldsymbol{X} = \begin{bmatrix} \mathrm{d}x \\ \mathrm{d}y \end{bmatrix}$，$\mathrm{d}\boldsymbol{\theta} = \begin{bmatrix} \mathrm{d}\theta_1 \\ \mathrm{d}\theta_2 \end{bmatrix}$，$\boldsymbol{J}(\theta) = \begin{pmatrix} \dfrac{\partial x}{\partial \theta_1} & \dfrac{\partial x}{\partial \theta_2} \\ \dfrac{\partial y}{\partial \theta_1} & \dfrac{\partial y}{\partial \theta_2} \end{pmatrix}$，则式（5-7）可写为

$$\mathrm{d}\boldsymbol{X} = \boldsymbol{J}(\theta)\mathrm{d}\boldsymbol{\theta} \tag{5-8}$$

将式（5-8）等号两边同时除以时间的微分得

$$\frac{\mathrm{d}\boldsymbol{X}}{\mathrm{d}\boldsymbol{t}} = \boldsymbol{J}(\theta)\frac{\mathrm{d}\boldsymbol{\theta}}{\mathrm{d}\boldsymbol{t}} \tag{5-9}$$

或者

$$\boldsymbol{V} = \boldsymbol{J}(\theta)\dot{\boldsymbol{\theta}} \tag{5-10}$$

式中，$\boldsymbol{V}$ 为机器人末端执行器在操作空间中的广义速度，即笛卡儿速度；$\dot{\boldsymbol{\theta}}$ 为机器人在关节空间的关节速度；$\boldsymbol{J}(\theta)$ 为机器人雅可比矩阵，图 5-1 所示的二自由度机器人雅可比矩阵为

$$\boldsymbol{J} = \begin{bmatrix} -l_1\sin\theta_1 - l_2\sin(\theta_1 + \theta_2) & -l_2\sin(\theta_1 + \theta_2) \\ l_1\cos\theta_1 + l_2\cos(\theta_1 + \theta_2) & l_2\cos(\theta_1 + \theta_2) \end{bmatrix} \tag{5-11}$$

若将矩阵 $\boldsymbol{J}$ 的第 1 列和第 2 列分别用矢量 $\boldsymbol{J}_1$ 和 $\boldsymbol{J}_2$ 表示，则 $\boldsymbol{J}=(\boldsymbol{J}_1,\ \boldsymbol{J}_2)$，则式（5-10）可写为

$\boldsymbol{V}=\boldsymbol{J}_1\dot{\theta}_1+\boldsymbol{J}_2\dot{\theta}_2$，式中，$\boldsymbol{J}_1\dot{\theta}_1$ 表示仅由第一个关节运动引起的末端速度；$\boldsymbol{J}_2\dot{\theta}_2$ 表示仅由第二个关节运动引起的末端速度，总的末端速度为这两个速度矢量的合成。这表明，机器人雅可比的每一列表示其他关节不动而某一关节运动产生的末端速度。

5.1.3 六关节机器人雅可比矩阵

对于 6 关节机器人，广义关节变量 $\boldsymbol{\theta}=(\theta_1,\ \theta_2,\ \cdots,\ \theta_6)^{\mathrm{T}}$，关节空间的微小运动 $\mathrm{d}\boldsymbol{\theta}=(\mathrm{d}\theta_1,\ \mathrm{d}\theta_2,\ \cdots,\ \mathrm{d}\theta_6)^{\mathrm{T}}$。机器人末端操作空间微小位移 $d\boldsymbol{X}=(\mathrm{d}x,\ \mathrm{d}y,\ \mathrm{d}z,\ \delta\varphi_x,\ \delta\varphi_y,\ \delta\varphi_z)^{\mathrm{T}}$，它由末端微小线位移和微小角位移（微小转动）组成。笛卡儿速度 $\boldsymbol{V}$ 是（6×1）维的矢量，它是由一个（3×1）的线速度矢量 v 和一个（3×1）的角速度矢量 ω 组成的，即 $\boldsymbol{V}=(v\ ,\ \omega)^{\mathrm{T}}$；关节速度 $\dot{\boldsymbol{\theta}}=(\dot{\theta}_1,\ \dot{\theta}_2,\ \cdots,\ \dot{\theta}_6)^{\mathrm{T}}$。

雅可比矩阵的行数等于机器人在笛卡儿空间的自由度数目，雅可比矩阵的列数等于机器人的关节数量。如一个平面机器人，雅可比矩阵不会超过 3 行，但对于关节有冗余的平面机器人，可以有任意多列（列数和关节数相等）。对于一个 6 关节机器人，$\boldsymbol{J}$ 是（6×6）阶的矩阵，可表示为

$$\boldsymbol{J}=\begin{pmatrix} J_{11} & J_{12} & J_{13} & J_{14} & J_{15} & J_{16} \\ J_{21} & J_{22} & J_{23} & J_{24} & J_{25} & J_{26} \\ J_{31} & J_{32} & J_{33} & J_{34} & J_{35} & J_{36} \\ J_{41} & J_{42} & J_{43} & J_{44} & J_{45} & J_{46} \\ J_{51} & J_{52} & J_{53} & J_{54} & J_{55} & J_{56} \\ J_{61} & J_{62} & J_{63} & J_{64} & J_{65} & J_{66} \end{pmatrix} \tag{5-12}$$

式中，$\boldsymbol{J}$ 将笛卡儿速度 $\boldsymbol{V}$ 和关节速度 $\dot{\boldsymbol{\theta}}$ 联系了起来。$\boldsymbol{J}$ 的前三行代表末端线速度 v 与关节速度 $\dot{\boldsymbol{\theta}}$ 的传递比，后三行代表末端角速度 ω 与关节速度 $\dot{\boldsymbol{\theta}}$ 的传递比。$\boldsymbol{J}$ 的第 i 列代表第 i 个关节速度对末端线速度和角速度的传递比。

5.1.4 奇异性

若机器人雅可比矩阵 $\boldsymbol{J}$ 非奇异，则可根据笛卡儿速度计算出关节速度

$$\dot{\boldsymbol{\theta}}=\boldsymbol{J}^{-1}(\theta)\boldsymbol{V} \tag{5-13}$$

式中，$\boldsymbol{J}^{-1}$ 称为机器人逆雅可比矩阵。这是一个重要的关系式，例如要求机器人手部（末端）在笛卡儿空间以某个速度运动，则根据式（5-13）可以计算出沿着该路径每一个瞬时所需要的关节速度。

一般来说，求 $\boldsymbol{J}^{-1}$ 比较困难，有时还会出现奇异解，此时将无法解算关节速度。通常出现奇异解的情况有下面两种：

（1）工作空间边界上奇异　当机器人手臂全部伸展或全部折回，而使末端执行器处于或很接近工作空间边界的情况。

（2）工作空间内部奇异　该奇异位形出现在远离工作空间的边界，通常是由两个或更多个关节轴线重合所引起的。

机器人处在奇异位形时，会产生退化现象，丧失一个或多个自由度。这意味着在笛卡儿空间某个方向上或某个子空间中，不管机器人关节速度如何选择，都不能使机器人末端运动。

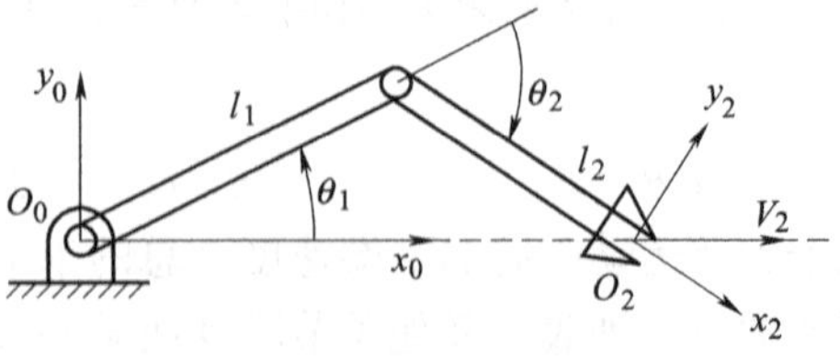

图 5-2　两连杆机器人

［例 5-1］　图 5-2 所示为二自由度平面关节型

机器人。机器人末端某瞬时沿固定坐标系 x_0 轴正向以 1.0m/s 速度移动，杆长为 $l_1 = l_2 = 0.5\text{m}$，假设该瞬时 $\theta_1 = 30°$，$\theta_2 = -60°$，求相应瞬时的关节速度。对该机器人，奇异位形在什么位置？

解： 二自由度机器人的雅可比矩阵为

$$\boldsymbol{J} = \begin{pmatrix} -l_1\sin\theta_1 - l_2\sin(\theta_1 + \theta_2) & -l_2\sin(\theta_1 + \theta_2) \\ l_1\cos\theta_1 + l_2\cos(\theta_1 + \theta_2) & l_2\cos(\theta_1 + \theta_2) \end{pmatrix}$$

逆雅可比矩阵为

$$\boldsymbol{J}^{-1} = \frac{1}{l_1 l_2 \sin\theta_2}\begin{pmatrix} l_2\cos(\theta_1 + \theta_2) & l_2\sin(\theta_1 + \theta_2) \\ -l_1\cos\theta_1 - l_2\cos(\theta_1 + \theta_2) & -l_1\sin\theta_1 - l_2\sin(\theta_1 + \theta_2) \end{pmatrix}$$

已知某瞬时端点速度为

$$\boldsymbol{V} = (v_x, v_y)^{\mathrm{T}} = (1, 0)^{\mathrm{T}}$$

可得该瞬时关节速度为

$$\dot{\boldsymbol{\theta}} = \begin{pmatrix} \dot{\theta}_1 \\ \dot{\theta}_2 \end{pmatrix} = \boldsymbol{J}^{-1}\boldsymbol{V} = \frac{1}{l_1 l_2 \sin\theta_2}\begin{pmatrix} l_2\cos(\theta_1 + \theta_2) & l_2\sin(\theta_1 + \theta_2) \\ -l_1\cos\theta_1 - l_2\cos(\theta_1 + \theta_2) & -l_1\sin\theta_1 - l_2\sin(\theta_1 + \theta_2) \end{pmatrix}\begin{pmatrix} 1 \\ 0 \end{pmatrix}$$

即

$$\dot{\theta}_1 = \frac{\cos(\theta_1 + \theta_2)}{l_1\sin\theta_2} = \frac{\cos(30° - 60°)}{0.5 \times \sin(-60°)} = -\frac{\sqrt{3}/2}{0.5 \times \sqrt{3}/2}\text{rad/s} = -2\text{rad/s}$$

$$\dot{\theta}_2 = -\frac{\cos\theta_1}{l_2\sin\theta_2} - \frac{\cos(\theta_1 + \theta_2)}{l_1\sin\theta_2} = \left[-\frac{\cos 30°}{0.5 \times \sin(-60°)} - \frac{\cos(30° - 60°)}{0.5 \times \sin(-60°)}\right]\text{rad/s} = 4\text{rad/s}$$

由逆雅可比矩阵表达式可看出，当 $l_1 l_2 \sin\theta_2 = 0$ 时无解，因 $l_1 \neq 0$，$l_2 \neq 0$，所以当 θ_2 分别为 0°、180°时，机器人逆雅可比矩阵 $\boldsymbol{J}^{-1}$奇异，机器人处于奇异位形。当 $\theta_2 = 0°$时，机器人手臂完全展开，此时末端执行器仅可以沿着笛卡儿坐标的某个方向（垂直于手臂方向）运动，机器人失去了一个自由度；当 $\theta_2 = 180°$时，机器人手臂完全折回，手臂也只能沿着一个方向运动。这类奇异位形处于机器人工作空间的边界，因此，将它们称为工作空间边界的奇异位形。在奇异位形，雅可比矩阵的逆不存在，当机器人接近奇异点位置时，关节速度会趋于无穷大。

5.2 静力学分析与力雅可比矩阵

5.2.1 静力学分析

本小节讨论机器人在静止姿态下的力平衡关系。机器人的结构特性使得力和力矩从一个连杆向下一个连杆传递，机器人作业时会与外界环境产生相互作用力和力矩，如机器人末端执行器在工作空间推动某个物体，或者抓取某个负载，因此，需要求出保持系统静态平衡的关节驱动力（力矩）。

假定各关节“锁定”，机器人成为一个结构固定的机构，该“锁定”用的关节力（力矩）与末端所支持的载荷或受到外界环境作用力取得静力平衡。求解这种“锁定”用的关节力（力矩）或求解在已知关节驱动力（力矩）作用下的末端输出力就是对机器人的静力计算。

本节中，不考虑作用在连杆上的重力，关节静力（力矩）是由施加在最后一个连杆上的静力（力矩）引起的，如图 5-3 所示建立连杆坐标系 $\{i\}$ 和 $\{i+1\}$，分析连杆的静力（力矩）平衡关系。

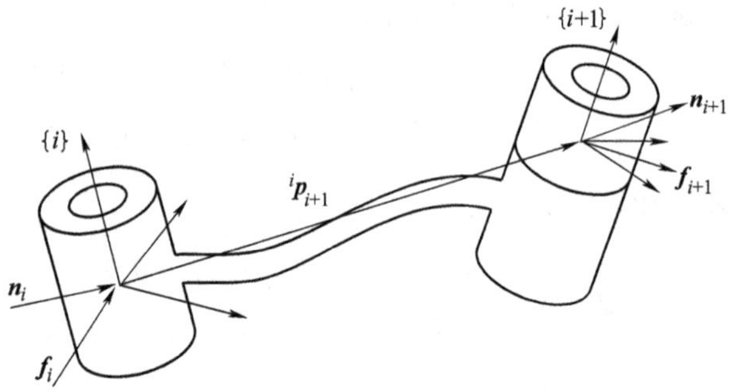

图 5-3　连杆静力（力矩）平衡关系

图 5-3 中，$\boldsymbol{f}_i$ 为连杆 $i-1$ 施加在连杆 i 上的力，$\boldsymbol{n}_i$ 为连杆 $i-1$ 施加在连杆 i 上的力矩。利用静力平衡条件，连杆所受合力和合力矩为零。将连杆 i 上的静力相加，可得

$$^i\boldsymbol{f}_i - {^i\boldsymbol{f}_{i+1}} = \boldsymbol{0} \tag{5-14}$$

式中，$^i\boldsymbol{f}_i$、$^i\boldsymbol{f}_{i+1}$表示静力$\boldsymbol{f}_i$、$\boldsymbol{f}_{i+1}$在坐标系 $\{i\}$ 中的描述。

将绕坐标系 $\{i\}$ 原点的力矩相加，可得

$$^i\boldsymbol{n}_i - {^i\boldsymbol{n}_{i+1}} - {^i\boldsymbol{p}_{i+1}} \times {^i\boldsymbol{f}_{i+1}} = \boldsymbol{0} \tag{5-15}$$

式中，$^i\boldsymbol{p}_{i+1}$表示坐标系 $\{i+1\}$ 的原点在坐标系 $\{i\}$ 中的表示。

通常根据末端外界作用力和力矩，依次计算作用于每个连杆上的力和力矩，对式(5-14)和式（5-15）进行整理，可得

$$\begin{cases} ^i\boldsymbol{f}_i = {^i\boldsymbol{f}_{i+1}} \\ ^i\boldsymbol{n}_i = {^i\boldsymbol{n}_{i+1}} + {^i\boldsymbol{p}_{i+1}} \times {^i\boldsymbol{f}_{i+1}} \end{cases} \tag{5-16}$$

为了在连杆本体坐标系中写出连杆力和力矩的表达式，利用坐标系 $\{i+1\}$ 相对于坐标系 $\{i\}$ 的旋转矩阵$_{i+1}^{\ i}\boldsymbol{R}$ 进行变换，可得连杆之间的静力（力矩）传递表达式为

$$\begin{cases} ^i\boldsymbol{f}_i = {_{i+1}^{\ i}\boldsymbol{R}}\,{^{i+1}\boldsymbol{f}_{i+1}} \\ ^i\boldsymbol{n}_i = {_{i+1}^{\ i}\boldsymbol{R}}\,{^{i+1}\boldsymbol{n}_{i+1}} + {^i\boldsymbol{p}_{i+1}} \times {^i\boldsymbol{f}_i} \end{cases} \tag{5-17}$$

各个连杆所承受的力（力矩）矢量中，某些分量由连杆机构本身来平衡，还有一部分分量由各关节的驱动力（力矩）来平衡，根据式（5-17）可进一步求出每个关节的驱动力（力矩）。

对于转动关节 i，关节的驱动力矩应是用来平衡连杆绕关节轴 z_i 的力矩，即关节驱动力矩 τ_i 是连杆静力矩在 z_i 方向上的分量，即

$$\tau_i = {^i\boldsymbol{n}_i^T}\,{^iz_i} \tag{5-18}$$

式（5-18）表示$^i\boldsymbol{n}_i^{\mathrm{T}}$ 和^iz_i 的点积，$^i\boldsymbol{n}_i^{\mathrm{T}}$ 为连杆 i 静力矩的转置。

对于移动关节，关节驱动力用来平衡连杆沿关节轴 z_i 方向的力，即关节驱动力 τ_i 为连杆静力在 z_i 方向上的分量，即

$$\tau_i = {^i\boldsymbol{f}_i^{\mathrm{T}}}\,{^iz_i} \tag{5-19}$$

根据式（5-17）~式（5-19）可计算出静态下机器人各个关节所需的驱动力（力矩）。

［例 5-2］ 如图 5-4 所示，在平面两连杆机器人末端施加作用力$^3\boldsymbol{F}$，即该力施加在坐标系｛3｝的原点，求各关节所需的驱动力矩。

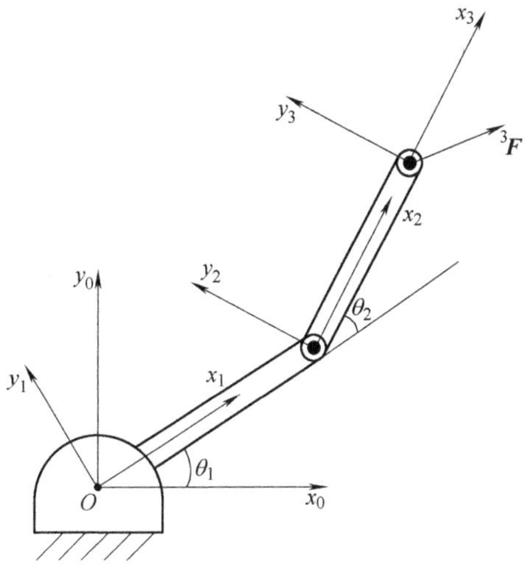

图 5-4 平面两连杆机器人静力分析

解：根据式（5-17）~式（5-19），从机器人末端开始计算力和力矩：

$$^2\boldsymbol{f}_2 = {}^2_3\boldsymbol{R}\,{}^3\boldsymbol{f}_3 = \begin{pmatrix} f_x \\ f_y \\ 0 \end{pmatrix}$$

$$^2\boldsymbol{n}_2 = {}^2_3\boldsymbol{R}\,{}^3\boldsymbol{n}_3 + {}^2\boldsymbol{p}_3 \times {}^2\boldsymbol{f}_2 = l_2 x_2 \times \begin{pmatrix} f_x \\ f_y \\ 0 \end{pmatrix} = \begin{pmatrix} 0 \\ 0 \\ l_2 f_y \end{pmatrix}$$

$$^1\boldsymbol{f}_1 = {}^1_2\boldsymbol{R}\,{}^2\boldsymbol{f}_2 = \begin{pmatrix} \cos\theta_2 & -\sin\theta_2 & 0 \\ \sin\theta_2 & \cos\theta_2 & 0 \\ 0 & 0 & 1 \end{pmatrix}\begin{pmatrix} f_x \\ f_y \\ 0 \end{pmatrix} = \begin{pmatrix} \cos\theta_2 f_x - \sin\theta_2 f_y \\ \sin\theta_2 f_x + \cos\theta_2 f_y \\ 0 \end{pmatrix}$$

$$^1\boldsymbol{n}_1 = {}^1_2\boldsymbol{R}\,{}^2\boldsymbol{n}_2 + {}^1\boldsymbol{p}_2 \times {}^1\boldsymbol{f}_1 = \begin{pmatrix} 0 \\ 0 \\ l_2 f_y \end{pmatrix} + l_1 x_1 \times {}^1\boldsymbol{f}_1 = \begin{pmatrix} 0 \\ 0 \\ l_1\sin\theta_2 f_x + l_1\cos\theta_2 f_y + l_2 f_y \end{pmatrix}$$

可得两关节所需的驱动力矩为

$$\begin{cases} \tau_1 = {}^1\boldsymbol{n}_1^{\mathrm{T}}\,{}^1\boldsymbol{z}_1 = l_1\sin\theta_2 f_x + l_1\cos\theta_2 f_y + l_2 f_y \\ \tau_2 = {}^2\boldsymbol{n}_2^{\mathrm{T}}\,{}^2\boldsymbol{z}_2 = l_2 f_y \end{cases}$$

5.2.2 力雅可比矩阵

将机器人末端端点力和力矩合写成一个 6 维矢量

$$\boldsymbol{F} = \begin{pmatrix} \boldsymbol{f} \\ \boldsymbol{n} \end{pmatrix} \tag{5-20}$$

式中，$\boldsymbol{F}$ 是作用在执行器末端的（6×1）维广义力矢量；$\boldsymbol{f}$ 是（3×1）维力矢量；$\boldsymbol{n}$ 是（3×1）维力矩矢量。

将机器人各关节驱动力（力矩）写成一个（6×1）维矢量

$$\boldsymbol{\tau} = \begin{pmatrix} \tau_1 \\ \tau_2 \\ \vdots \\ \tau_6 \end{pmatrix} \tag{5-21}$$

在静态时，机器人末端广义力矢量 $\boldsymbol{F}$ 和各关节驱动力（力矩）$\boldsymbol{\tau}$ 平衡，若末端端点和各个关节有位移，则说明做了功，若位移趋于无穷小，就可以用虚功原理来描述静止的情况。功在任何广义坐标系下的值均相同，即在笛卡儿空间做的功等于关节空间做的功，即

$$F^{\mathrm{T}} \cdot \mathrm{d}\boldsymbol{X} = \boldsymbol{\tau}^{\mathrm{T}} \cdot d\boldsymbol{\theta} \tag{5-22}$$

式（5-22）表示力（力矩）矢量和位移的点积，$\mathrm{d}\boldsymbol{X}$ 是（6×1）维的末端无穷小笛卡儿位移矢量，$\mathrm{d}\boldsymbol{\theta}$ 是（6×1）维的各个关节无穷小位移矢量。

雅可比矩阵定义为 $\mathrm{d}\boldsymbol{X}=\boldsymbol{J}\cdot\mathrm{d}\boldsymbol{\theta}$，代入式（5-22），有

$$\boldsymbol{F}^{\mathrm{T}} \cdot \boldsymbol{J} \cdot \mathrm{d}\boldsymbol{\theta} = \boldsymbol{\tau}^{\mathrm{T}} \cdot \mathrm{d}\boldsymbol{\theta} \tag{5-23}$$

式（5-23）对所有的 $\mathrm{d}\boldsymbol{\theta}$ 均成立，可得

$$\boldsymbol{\tau}^{\mathrm{T}} = \boldsymbol{F}^{\mathrm{T}} \cdot \boldsymbol{J} \tag{5-24}$$

即

$$\boldsymbol{\tau} = \boldsymbol{J}^{\mathrm{T}} \cdot \boldsymbol{F} \tag{5-25}$$

式中，$\boldsymbol{J}^{\mathrm{T}}$ 称为机器人力雅可比矩阵，它表示了末端广义力与各关节驱动力（力矩）之间的映射关系。机器人力雅可比矩阵是机器人雅可比矩阵的转置。

由式（5-25）可看出，机器人静力计算有两类问题：

1）已知外界环境对末端作用力 $\boldsymbol{F}$，求各关节的驱动力（力矩），可根据 $\boldsymbol{\tau}=\boldsymbol{J}^{\mathrm{T}}\boldsymbol{F}$ 来求解。

2）已知各关节驱动力矩 $\boldsymbol{\tau}$，求机器人末端对外界环境的作用力 $\boldsymbol{F}$，对于六自由度机器人臂，在非奇异位形，可利用 $\boldsymbol{F}=(\boldsymbol{J}^{\mathrm{T}})^{-1}\boldsymbol{\tau}$ 求解。

由于工业机器人的自由度可能不是六，若自由度大于六，力雅可比矩阵就有可能不是一个方阵，则 $\boldsymbol{J}^{\mathrm{T}}$ 就没有逆解。所以，对这类问题的求解就困难得多，在一般情况下不一定能得到唯一的解。

［**例 5-3**］ 图 5-5a 所示为平面两连杆机器人，末端手部端点力 $\boldsymbol{F}=(F_x,F_y)^{\mathrm{T}}$，求相应于力 $\boldsymbol{F}$ 的关节力矩（忽略摩擦）。如图 5-5b 所示，在该瞬时 $\theta_1=0°$，$\theta_2=90°$，则此时与末端手部端点力相对应的关节力矩为多少？

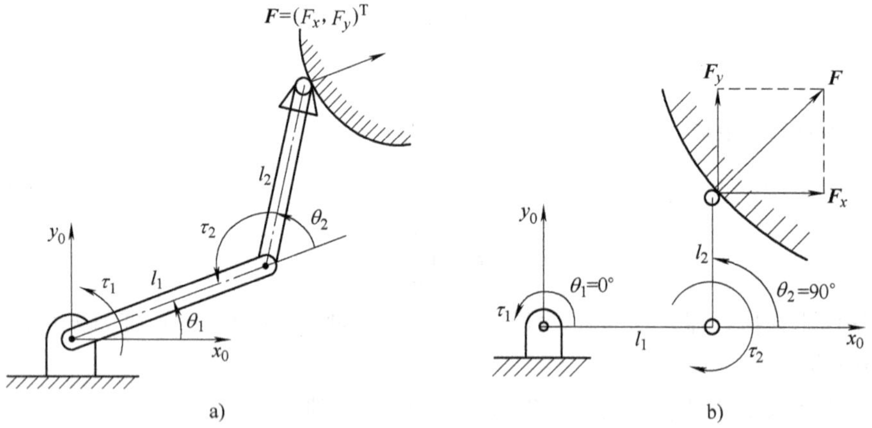

图 5-5 平面两连杆机器人

解：该机器人的力雅可比矩阵为

$$\boldsymbol{J}^{\mathrm{T}} = \begin{pmatrix} -l_1\sin\theta_1 - l_2\sin(\theta_1+\theta_2) & l_1\cos\theta_1 + l_2\cos(\theta_1+\theta_2) \\ -l_2\sin(\theta_1+\theta_2) & l_2\cos(\theta_1+\theta_2) \end{pmatrix}$$

根据 $\boldsymbol{\tau}=\boldsymbol{J}^{\mathrm{T}}\boldsymbol{F}$，得

$$\boldsymbol{\tau}=\begin{bmatrix}\tau_1\\ \tau_2\end{bmatrix}=\begin{bmatrix}-l_1\sin\theta_1-l_2\sin(\theta_1+\theta_2) & l_1\cos\theta_1+l_2\cos(\theta_1+\theta_2)\\ -l_2\sin(\theta_1+\theta_2) & l_2\cos(\theta_1+\theta_2)\end{bmatrix}\begin{bmatrix}F_x\\ F_y\end{bmatrix}$$

所以有

$$\begin{cases}\tau_1=-[l_1\sin\theta_1+l_2\sin(\theta_1+\theta_2)]F_x+[l_1\cos\theta_1+l_2\cos(\theta_1+\theta_2)]F_y\\ \tau_2=-l_2\sin(\theta_1+\theta_2)F_x+l_2\cos(\theta_1+\theta_2)F_y\end{cases}$$

若在某瞬时 $\theta_1=0°$，$\theta_2=90°$，则在该瞬时与手部端点力相对应的关节力矩为

$$\begin{cases}\tau_1=-l_2F_x+l_1F_y\\ \tau_2=-l_2F_x\end{cases}$$

5.3 机器人动力学建模

机器人是由多个连杆和多个关节组成的复杂的动力学系统，具有多个输入和多个输出，存在着错综复杂的耦合关系和严重的非线性。机器人动力学研究的是各杆件的运动和作用力之间的关系。机器人动力学分析是机器人设计、运动仿真和动态实时控制的基础。

机器人动力学分析的方法有很多，有拉格朗日（Lagrange）方法、牛顿-欧拉（Newton-Euler）方法、高斯（Gauss）方法、凯恩（Kane）方法、旋量（对偶数）方法等。拉格朗日方法能以简单的形式求得复杂系统的动力学方程，且具有显式结构，物理意义较明确，便于理解，本节主要介绍拉格朗日方法。

机器人动力学问题有两类：

（1）动力学正问题　已知机器人各关节力（力矩）$\boldsymbol{\tau}$，求机器人系统相应的运动参数，包括关节位移 $\boldsymbol{\theta}$、关节速度 $\dot{\boldsymbol{\theta}}$ 和关节加速度 $\ddot{\boldsymbol{\theta}}$。动力学正问题可以模拟机器人的运动，有助于完成对机器人的运动仿真。

（2）动力学逆问题　已知机器人运动轨迹点上的关节位移 $\boldsymbol{\theta}$、关节速度 $\dot{\boldsymbol{\theta}}$ 和关节加速度 $\ddot{\boldsymbol{\theta}}$，求出相应的关节力（力矩）$\boldsymbol{\tau}$。动力学逆问题有助于实现对机器人的动态实时控制。

5.3.1 拉格朗日方程

拉格朗日函数 L 是一个机械系统的动能 E_k 和势能 E_p 之差，即

$$L(\boldsymbol{\theta},\dot{\boldsymbol{\theta}})=E_k(\boldsymbol{\theta},\dot{\boldsymbol{\theta}})-E_p(\boldsymbol{\theta}) \tag{5-26}$$

式中，$\boldsymbol{\theta}$ 是系统广义关节位移；$\dot{\boldsymbol{\theta}}$ 是相应的广义关节速度；系统动能 E_k 是 $\boldsymbol{\theta}$ 和 $\dot{\boldsymbol{\theta}}$ 的函数，势能 E_p 是 $\boldsymbol{\theta}$ 的函数，因此拉格朗日函数 L 也是 $\boldsymbol{\theta}$ 和 $\dot{\boldsymbol{\theta}}$ 的函数。

机器人系统的拉格朗日方程为

$$F_i=\frac{\mathrm{d}}{\mathrm{d}t}\frac{\partial L}{\partial\dot{\theta}_i}-\frac{\partial L}{\partial\theta_i}\quad(i=1,2,\cdots,n) \tag{5-27}$$

式中，F_i 称为关节 i 的广义驱动力。如果是移动关节，则 F_i 为驱动力；如果是转动关节，则 F_i 为驱动力矩。

用拉格朗日法建立机器人动力学方程的步骤可描述为：

1）选取坐标系，选定完全而且独立的广义关节变量 θ_i，选定关节上的广义力（力矩）F_i；

2）求出机器人各构件的动能 E_k 和势能 E_p；

3）构造拉格朗日函数 $L(\boldsymbol{\theta},\dot{\boldsymbol{\theta}})$；

4）代入拉格朗日方程求得机器人系统的动力学方程。

5.3.2　两关节机器人动力学建模

图 5-6 所示为平面两关节机器人，选取笛卡儿坐标系分析该机器人动力学模型。连杆 1 和连杆 2 的质量分别为 m_1、m_2，杆长为 l_1、l_2，质心为 k_1、k_2，质心离关节中心距离为 p_1、p_2。建立该两关节机器人动力学模型的方法和步骤为：

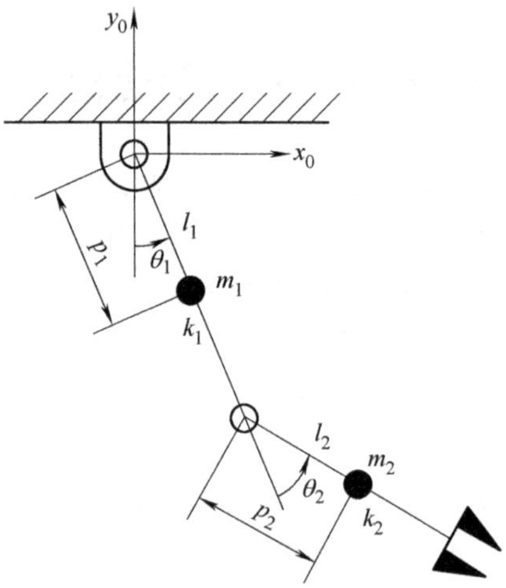

图 5-6　平面两关节机器人

1. 广义关节变量及广义力的选定

选取广义关节变量为 θ_1、θ_2，关节 1 和关节 2 的力矩为 τ_1、τ_2。

2. 计算系统动能

连杆 1 质心 k_1 的位置坐标为 $x_1=p_1\sin\theta_1$，$y_1=-p_1\cos\theta_1$，可求得连杆 1 质心 k_1 的速度平方为

$$\dot{x}_1^2+\dot{y}_1^2=(p_1\dot{\theta}_1)^2 \tag{5-28}$$

连杆 2 质心 k_2 的位置坐标为

$$\begin{cases} x_2=l_1\sin\theta_1+p_2\sin(\theta_1+\theta_2) \\ y_2=-l_1\cos\theta_1-p_2\cos(\theta_1+\theta_2) \end{cases} \tag{5-29}$$

可求得连杆 2 质心 k_2 的速度平方为

$$\dot{x}_2^2+\dot{y}_2^2=l_1^2\dot{\theta}_1^2+p_2^2(\dot{\theta}_1+\dot{\theta}_2)^2+2l_1p_2(\dot{\theta}_1^2+\dot{\theta}_1\dot{\theta}_2)\cos\theta_2 \tag{5-30}$$

可求得连杆 1 和连杆 2 的动能为

$$\begin{cases} E_{k1}=\dfrac{1}{2}m_1p_1^2\dot{\theta}_1^2 \\ E_{k2}=\dfrac{1}{2}m_2l_1^2\dot{\theta}_1^2+\dfrac{1}{2}m_2p_2^2(\dot{\theta}_1+\dot{\theta}_2)^2+m_2l_1p_2(\dot{\theta}_1^2+\dot{\theta}_1\dot{\theta}_2)\cos\theta_2 \end{cases} \tag{5-31}$$

则系统动能为

$$E_k=\sum_{i=1}^{2}E_{ki}=\frac{1}{2}(m_1p_1^2+m_2l_1^2)\dot{\theta}_1^2+\frac{1}{2}m_2p_2^2(\dot{\theta}_1+\dot{\theta}_2)^2+m_2l_1p_2(\dot{\theta}_1^2+\dot{\theta}_1\dot{\theta}_2)\cos\theta_2 \tag{5-32}$$

3. 计算系统势能

连杆 1 和连杆 2 的势能为

$$\begin{cases} E_{p1}=m_1gp_1(1-\cos\theta_1) \\ E_{p2}=m_2gl_1(1-\cos\theta_1)+m_2gp_2[1-\cos(\theta_1+\theta_2)] \end{cases} \tag{5-33}$$

则系统势能为

$$E_p = \sum_{i=1}^{2} E_{pi} = (m_1p_1 + m_2l_1)g(1 - \cos\theta_1) + m_2gp_2[1 - \cos(\theta_1 + \theta_2)] \tag{5-34}$$

4. 构造拉格朗日函数

$$\begin{aligned} L = E_k - E_p = &\frac{1}{2}(m_1p_1^2 + m_2l_1^2)\dot{\theta}_1^2 + \frac{1}{2}m_2p_2^2(\dot{\theta}_1 + \dot{\theta}_2)^2 + \\ &m_2l_1p_2(\dot{\theta}_1^2 + \dot{\theta}_1\dot{\theta}_2)\cos\theta_2 - (m_1p_1 + m_2l_1)g(1 - \cos\theta_1) - \\ &m_2gp_2[1 - \cos(\theta_1 + \theta_2)] \end{aligned} \tag{5-35}$$

5. 求系统动力学方程

根据拉格朗日方程 $F_i = \frac{\mathrm{d}}{\mathrm{d}t}\frac{\partial L}{\partial \dot{\theta}_i} - \frac{\partial L}{\partial \theta_i}$ 计算各关节力矩。

（1）计算关节1上的力矩 τ_1

$$\begin{aligned} \tau_1 = \frac{\mathrm{d}}{\mathrm{d}t}\frac{\partial L}{\partial \dot{\theta}_1} - \frac{\partial L}{\partial \theta_1} = &(m_1p_1^2 + m_2p_2^2 + m_2l_1^2 + 2m_2l_1p_2\cos\theta_2)\ddot{\theta}_1 + \\ &(m_2p_2^2 + m_2l_1p_2\cos\theta_2)\ddot{\theta}_2 - (2m_2l_1p_2\sin\theta_2)\dot{\theta}_1\dot{\theta}_2 - \\ &(m_2l_1p_2\sin\theta_2)\dot{\theta}_2^2 + (m_1p_1 + m_2l_1)g\sin\theta_1 + m_2gp_2\sin(\theta_1 + \theta_2) \end{aligned} \tag{5-36}$$

式（5-36）可简写为

$$\tau_1 = D_{11}\ddot{\theta}_1 + D_{12}\ddot{\theta}_2 + D_{112}\dot{\theta}_1\dot{\theta}_2 + D_{122}\dot{\theta}_2^2 + D_1 \tag{5-37}$$

式中，D_{11}、D_{12}、D_{112}、D_{122}、D_1 分别为

$$\begin{cases} D_{11} = m_1p_1^2 + m_2p_2^2 + m_2l_1^2 + 2m_2l_1p_2\cos\theta_2 \\ D_{12} = m_2p_2^2 + m_2l_1p_2\cos\theta_2 \\ D_{112} = -2m_2l_1p_2\sin\theta_2 \\ D_{122} = -m_2l_1p_2\sin\theta_2 \\ D_1 = (m_1p_1 + m_2l_1)g\sin\theta_1 + m_2gp_2\sin(\theta_1 + \theta_2) \end{cases} \tag{5-38}$$

（2）计算关节2上的力矩 τ_2

$$\begin{aligned} \tau_2 = \frac{\mathrm{d}}{\mathrm{d}t}\frac{\partial L}{\partial \dot{\theta}_2} - \frac{\partial L}{\partial \theta_2} = &(m_2p_2^2 + m_2l_1p_2\cos\theta_2)\ddot{\theta}_1 + \\ &(m_2p_2^2)\ddot{\theta}_2 + [(-m_2l_1p_2 + m_2l_1p_2)\sin\theta_2]\dot{\theta}_1\dot{\theta}_2 + \\ &(m_2l_1p_2\sin\theta_2)\dot{\theta}_1^2 + m_2gp_2\sin(\theta_1 + \theta_2) \end{aligned} \tag{5-39}$$

式（5-39）可简写为

$$\tau_2 = D_{21}\ddot{\theta}_1 + D_{22}\ddot{\theta}_2 + D_{212}\dot{\theta}_1\dot{\theta}_2 + D_{211}\dot{\theta}_1^2 + D_2 \tag{5-40}$$

式中，D_{21}、D_{22}、D_{212}、D_{211}、D_2 分别为

$$\begin{cases} D_{21} = m_2p_2^2 + m_2l_1p_2\cos\theta_2 \\ D_{22} = m_2p_2^2 \\ D_{212} = (-m_2l_1p_2 + m_2l_1p_2)\sin\theta_2 \\ D_{211} = m_2l_1p_2\sin\theta_2 \\ D_2 = m_2gp_2\sin(\theta_1 + \theta_2) \end{cases} \tag{5-41}$$

上述公式分别表示了关节驱动力矩与关节位移、速度、加速度之间的关系，即力和运动之间的关系，称为二自由度机器人的动力学方程，即

$$\begin{cases}\tau_1 = D_{11}\ddot{\theta}_1 + D_{12}\ddot{\theta}_2 + D_{112}\dot{\theta}_1\dot{\theta}_2 + D_{122}\dot{\theta}_2^2 + D_1 \\ \tau_2 = D_{21}\ddot{\theta}_1 + D_{22}\ddot{\theta}_2 + D_{212}\dot{\theta}_1\dot{\theta}_2 + D_{211}\dot{\theta}_1^2 + D_2\end{cases} \tag{5-42}$$

式（5-42）可写为

$$\boldsymbol{\tau} = \boldsymbol{D}(\theta)\ddot{\theta} + \boldsymbol{H}(\theta,\dot{\theta})\dot{\theta} + \boldsymbol{G}(\theta) \tag{5-43}$$

式中，$\boldsymbol{\tau} = \begin{pmatrix}\tau_1 \\ \tau_2\end{pmatrix}$，$\boldsymbol{\theta} = \begin{pmatrix}\theta_1 \\ \theta_2\end{pmatrix}$，$\dot{\boldsymbol{\theta}} = \begin{pmatrix}\dot{\theta}_1 \\ \dot{\theta}_2\end{pmatrix}$，$\ddot{\boldsymbol{\theta}} = \begin{pmatrix}\ddot{\theta}_1 \\ \ddot{\theta}_2\end{pmatrix}$

$\boldsymbol{D}(\theta)$是 $n\times n$ 的正定对称矩阵，是关于 θ 的函数，称为机器人的惯性矩阵；$\boldsymbol{H}(\theta,\dot{\theta})$是 $n\times 1$ 的离心力和科氏力矢量；$\boldsymbol{G}(\theta)$是 $n\times 1$ 的重力矢量，与机器人位形 n 有关。$\boldsymbol{D}(\theta)$、$\boldsymbol{H}(\theta,\dot{\theta})$、$\boldsymbol{G}(\theta)$分别为

$$\boldsymbol{D}(\theta) = \begin{pmatrix} m_1p_1^2 + m_2(l_1^2 + p_2^2 + 2l_1p_2\cos\theta_2) & m_2(p_2^2 + l_1p_2\cos\theta_2) \\ m_2(p_2^2 + l_1p_2\cos\theta_2) & m_2p_2^2 \end{pmatrix} \tag{5-44}$$

$$\boldsymbol{H}(\theta,\dot{\theta}) = -m_2l_1p_2\sin\theta_2\begin{pmatrix}\dot{\theta}_2^2 + 2\dot{\theta}_1\dot{\theta}_2 \\ -\dot{\theta}_1^2\end{pmatrix} \tag{5-45}$$

$$\boldsymbol{G}(\theta) = \begin{bmatrix}(mp_1 + m_2l_1)g\sin\theta_1 + m_2p_2g\sin(\theta_1 + \theta_2) \\ m_2p_2g\sin(\theta_1 + \theta_2)\end{bmatrix} \tag{5-46}$$

对动力学方程进行分析，可总结如下：

1）含 $\ddot{\theta}_1$、$\ddot{\theta}_2$ 的项表示由加速度引起的关节力矩项，其中：①含 D_{11}的项，表示由关节 1 加速度引起的惯性力矩项；②含 D_{22}的项，表示由关节 2 加速度引起的惯性力矩项；③含 D_{12}的项，表示关节 2 的加速度对关节 1 的耦合惯性力矩项；④含 D_{21}的项，表示关节 1 的加速度对关节 2 的耦合惯性力矩项。

2）含有 $\dot{\theta}_1^2$、$\dot{\theta}_2^2$ 的项表示由于向心力引起的关节力矩项，其中：①含 D_{122}的项，表示关节 2 速度引起的向心力对关节 1 的耦合力矩项；②含 D_{211}的项，表示关节 1 速度引起的向心力对关节 2 的耦合力矩项。

3）含有 $\dot{\theta}_1\dot{\theta}_2$ 的项表示由于科氏力引起的关节力矩项，其中：①含 D_{112}的项，表示科氏力对关节 1 的耦合力矩项；②含 D_{212}的项，表示科氏力对关节 2 的耦合力矩项。

4）只含关节变量 θ_1、θ_2 的项表示由重力引起的关节力矩项，其中：①含 D_1 的项，表示连杆 1、连杆 2 的质量对关节 1 引起的重力矩项；②含 D_2 的项，表示连杆 2 的质量对关节 2 引起的重力矩项。

可见，简单的二自由度平面关节型工业机器人动力学方程已经很复杂了，包含很多因素，这些因素都在影响机器人的动力学特性。对于复杂的多自由度机器人，其动力学方程和推导过程更复杂。

通常，有一些简化动力学方程的方法如下：

1）当杆件质量不很大，重量很轻时，动力学方程中的重力矩项可以省略。

2）当关节速度不很大，机器人不是高速机器人时，含有 $\dot{\theta}_1^2$、$\dot{\theta}_2^2$、$\dot{\theta}_1\dot{\theta}_2$ 的项可以省略。

3）当关节加速度不很大，即关节电动机的升降速不是很突然时，含 $\ddot{\theta}_1$、$\ddot{\theta}_2$ 的项可省略。当然，关节加速度的减小，会引起速度升降的时间增加，延长了机器人作业时间。

下面将根据式（5-43）推导平面二自由度直角坐标机器人的动力学方程。

5.3.3 桁架机器人动力学

桁架机器人是工业机器人的一种，也叫作龙门式机器人或直角坐标机器人，是能够实现自动控制、可重复编程、基于空间直角坐标系的自动化设备。桁架机器人一般可分为二自由度桁架机器人和三自由度桁架机器人。

目前国内外桁架机器人结构布置方式主要有龙门式、悬臂式和挂臂式三种。龙门式结构是最为典型的桁架机器人结构，具有刚度好、强度大等优点，但同时具有占地空间大、控制难等缺点。悬臂式桁架机器人有两个或三个平移轴，无论有几个平移轴，都会有一个平移轴所在的梁为悬臂梁。由于存在悬臂梁，为保持机器人的刚度，一般悬臂式桁架机器人较小，同时其布置可以比较灵活。挂臂式桁架机器人是两轴桁架机器人的一种常见结构形式，其横梁部分往往固定在基座等支撑架上，整体结构呈扁薄形、占用空间小。

高速和高精度是工业机器人发展的方向，对于桁架机器人来说，面临的挑战主要有两个方面，首先是惯性力问题，桁架机器人在工作过程中除了受重力及负载的作用外，还会受到自身惯性力的影响；其次是本体结构振动问题，桁架机器人结构中关键零部件的柔性影响不能忽视。

这里以平面二自由度直角坐标机器人为例，介绍其动力学方程的建模过程。图 5-7 所示为平面二自由度直角坐标机器人，两个连杆的质量分别为 m_1、m_2，这两个平动关节的位移表示为 d_1、d_2，用 τ_1 和 τ_2 表示施加在各关节处的广义力。一个刚性物体的动能是平移动能和旋转动能之和，即通过将物体质量集中在质心而得到的平移动能以及物体关于质心的旋转动能，由于这两个关节均为平动关节，每个连杆的动能仅包括平移动能。

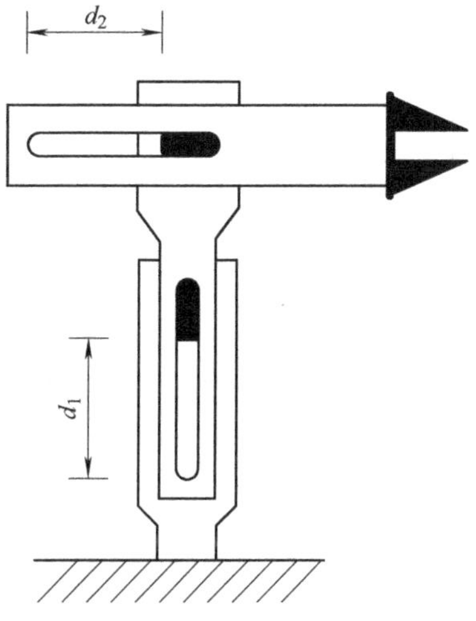

图 5-7 平面二自由度直角坐标机器人

已知连杆 1 和连杆 2 的质量为 m_1、m_2，连杆 1 和连杆 2 的质心速度分别为

$$\begin{cases} v_1^2 = \dot{d}_1^2 \\ v_2^2 = \dot{d}_1^2 + \dot{d}_2^2 \end{cases} \tag{5-47}$$

可得系统动能为

$$E_k = \frac{1}{2}m_1 v_1^2 + \frac{1}{2}m_2 v_2^2 = \frac{1}{2}m_1\dot{d}_1^2 + \frac{1}{2}m_2(\dot{d}_1^2 + \dot{d}_2^2) \tag{5-48}$$

连杆 1 和连杆 2 的势能分别为

$$\begin{cases}E_{p1}=m_1gd_1\\E_{p2}=m_2gd_1\end{cases}\tag{5-49}$$

则系统总的势能为

$$E_p=\sum_{i=1}^{2}E_{pi}=g(m_1+m_2)d_1\tag{5-50}$$

构造拉格朗日函数

$$L=E_k-E_p=\frac{1}{2}m_1\dot{d}_1^2+\frac{1}{2}m_2(\dot{d}_1^2+\dot{d}_2^2)-g(m_1+m_2)d_1$$

即

$$\boldsymbol{L}=\frac{1}{2}\begin{bmatrix}m_1+m_2 & 0\\0 & m_2\end{bmatrix}\begin{bmatrix}\dot{d}_1^2\\\dot{d}_2^2\end{bmatrix}-g(m_1+m_2)\begin{bmatrix}d_1\\0\end{bmatrix}\tag{5-51}$$

根据拉格朗日方程 $\tau_i=\frac{\mathrm{d}}{\mathrm{d}t}\frac{\partial\boldsymbol{L}}{\partial\dot{d}_i}-\frac{\partial\boldsymbol{L}}{\partial d_i}$ 计算关节力矩

$$\boldsymbol{\tau}=\begin{bmatrix}m_1+m_2 & 0\\0 & m_2\end{bmatrix}\ddot{\boldsymbol{d}}+\begin{bmatrix}g(m_1+m_2)\\0\end{bmatrix}\tag{5-52}$$

可得惯性矩阵 $\boldsymbol{D}(\boldsymbol{d})$ 为

$$\boldsymbol{D}(\boldsymbol{d})=\begin{bmatrix}m_1+m_2 & 0\\0 & m_2\end{bmatrix}\tag{5-53}$$

重力矢量 $\boldsymbol{G}(\boldsymbol{d})$ 为

$$\boldsymbol{G}(\boldsymbol{d})=\begin{pmatrix}\dfrac{\partial\boldsymbol{E}_p}{\partial d_1}\\\dfrac{\partial\boldsymbol{E}_p}{\partial d_2}\end{pmatrix}=\begin{bmatrix}g(m_1+m_2)\\0\end{bmatrix}\tag{5-54}$$

由于此时惯性矩阵恒定，因此 $\boldsymbol{H}(\boldsymbol{d},\dot{\boldsymbol{d}})$ 项为零。

将式（5-53）和式（5-54）代入式（5-43）可得该平面二自由度直角坐标机器人的动力学方程为

$$\begin{cases}\tau_1=(m_1+m_2)\ddot{d}_1+g(m_1+m_2)\\\tau_2=m_2\ddot{d}_2\end{cases}\tag{5-55}$$

[例 5-4] 应用拉格朗日方法，推导图 5-8 所示二自由度极坐标机器人动力学方程。每个连杆的质心位于连杆中心，旋转惯量为 I_1 和 I_2。

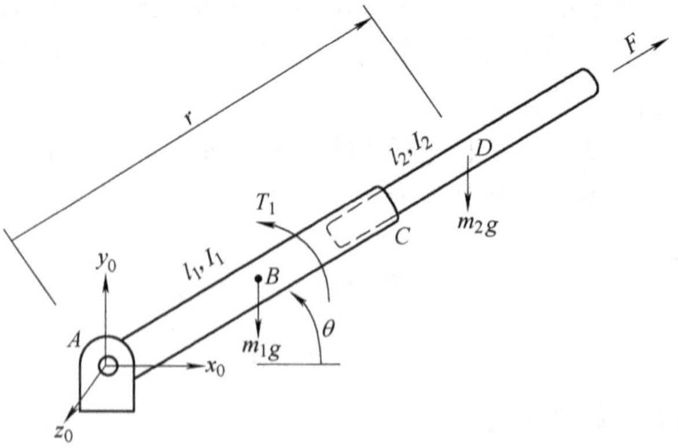

图 5-8　二自由度极坐标机器人

解： 推导拉格朗日方程并求导：

$$E_k = E_{k1} + E_{k2}$$

$$E_{k1} = \frac{1}{2}I_{1,A}\dot{\theta}^2 = \frac{1}{2}\left(\frac{1}{3}m_1 l_1^2\right)\dot{\theta}^2 = \frac{1}{6}m_1 l_1^2\dot{\theta}^2$$

$$x_D = r\cos\theta, \dot{x}_D = \dot{r}\cos\theta - r\dot{\theta}\sin\theta; y_D = r\sin\theta, \dot{y}_D = \dot{r}\sin\theta + r\dot{\theta}\cos\theta$$

$$v_D^2 = \dot{r}^2 + r^2\dot{\theta}^2$$

$$E_{k2} = \frac{1}{2}I_{2,D}\dot{\theta}^2 + \frac{1}{2}m_2 v_D^2 = \frac{1}{2}\left(\frac{1}{12}m_2 l_2^2\right)\dot{\theta}^2 + \frac{1}{2}m_2(\dot{r}^2 + r^2\dot{\theta}^2)$$

$$E_k = \left(\frac{1}{6}m_1 l_1^2 + \frac{1}{24}m_2 l_2^2 + \frac{1}{2}m_2 r^2\right)\dot{\theta}^2 + \frac{1}{2}m_2\dot{r}^2$$

$$E_p = m_1 g\frac{l_1}{2}\sin\theta + m_2 g r\sin\theta$$

$$L = E_k - E_p = \left(\frac{1}{6}m_1 l_1^2 + \frac{1}{24}m_2 l_2^2 + \frac{1}{2}m_2 r^2\right)\dot{\theta}^2 + \frac{1}{2}m_2\dot{r}^2 - \left(m_1 g\frac{l_1}{2} + m_2 g r\right)\sin\theta$$

代入拉格朗日方程

$$\begin{cases} T = \dfrac{\mathrm{d}}{\mathrm{d}t}\left(\dfrac{\partial L}{\partial \dot{\theta}}\right) - \dfrac{\partial L}{\partial \theta} \\ F = \dfrac{\mathrm{d}}{\mathrm{d}t}\left(\dfrac{\partial L}{\partial \dot{r}}\right) - \dfrac{\partial L}{\partial r} \end{cases}$$

得到

$$\begin{pmatrix} T \\ F \end{pmatrix} = \begin{pmatrix} \frac{1}{3}m_1 l_1^2 + \frac{1}{12}m_2 l_2^2 + m_2 r^2 & 0 \\ 0 & m_2 \end{pmatrix}\begin{pmatrix} \ddot{\theta} \\ \ddot{r} \end{pmatrix} + \begin{pmatrix} 0 & 0 \\ -m_2 r & 0 \end{pmatrix}\begin{pmatrix} \dot{\theta}^2 \\ \dot{r}^2 \end{pmatrix} +$$

$$\begin{pmatrix} m_2 r & m_2 r \\ 0 & 0 \end{pmatrix}\begin{pmatrix} \dot{r}\dot{\theta} \\ \dot{r}\dot{\theta} \end{pmatrix} + \begin{pmatrix} \left(m_1 g\frac{l_1}{2} + m_2 g r\right)\cos\theta \\ m_2 g\sin\theta \end{pmatrix}$$

5.4 关节空间和操作空间动力学

机器人连杆位置是由一组关节矢量 $\boldsymbol{\theta}=(\theta_1, \theta_2, \cdots, \theta_n)^{\mathrm{T}}$ 确定的，所有关节矢量组成的空间即为关节空间。

机器人末端执行器的作业是在直角坐标空间进行的，其位姿 $\boldsymbol{X} = (x, y, z, \varphi_x, \varphi_y, \varphi_z)^{\mathrm{T}}$ 也是在直角坐标空间描述的，这个空间叫作操作空间，或笛卡儿空间、任务空间。

在关节空间和操作空间中，机器人动力学方程有不同的表示形式，并且两者之间存在着一定的对应关系。与关节空间动力学方程相对应，在笛卡儿空间，用笛卡儿变量建立机器人

的动力学方程

$$\boldsymbol{F}=\boldsymbol{D}_x(\boldsymbol{\theta})\ddot{\boldsymbol{X}}+\boldsymbol{H}_x(\boldsymbol{\theta},\dot{\boldsymbol{\theta}})+\boldsymbol{G}_x(\boldsymbol{\theta}) \tag{5-56}$$

式中，$\boldsymbol{F}$ 是作用在机器人末端的力（力矩）矢量；$\ddot{\boldsymbol{X}}$ 是表示末端位姿的笛卡儿矢量；$\boldsymbol{D}_x(\boldsymbol{\theta})$ 是笛卡儿空间的惯性矩阵；$\boldsymbol{H}_x(\boldsymbol{\theta},\dot{\boldsymbol{\theta}})$ 是笛卡儿空间的离心力和科氏力矢量；$\boldsymbol{G}_x(\boldsymbol{\theta})$ 是笛卡儿空间的重力项矢量。

将机器人的动力学方程（5-43）重写如下：

$$\boldsymbol{\tau}=\boldsymbol{D}(\boldsymbol{\theta})\ddot{\boldsymbol{\theta}}+\boldsymbol{H}(\boldsymbol{\theta},\dot{\boldsymbol{\theta}})+\boldsymbol{G}(\boldsymbol{\theta}) \tag{5-57}$$

用力雅可比矩阵的逆矩阵左乘式（5-57），可得

$$\boldsymbol{J}^{-\mathrm{T}}\boldsymbol{\tau}=\boldsymbol{J}^{-\mathrm{T}}\boldsymbol{D}(\boldsymbol{\theta})\ddot{\boldsymbol{\theta}}+\boldsymbol{J}^{-\mathrm{T}}\boldsymbol{H}(\boldsymbol{\theta},\dot{\boldsymbol{\theta}})+\boldsymbol{J}^{-\mathrm{T}}\boldsymbol{G}(\boldsymbol{\theta}) \tag{5-58}$$

由雅可比矩阵的定义可得

$$\dot{\boldsymbol{X}}=\boldsymbol{J}\dot{\boldsymbol{\theta}} \tag{5-59}$$

对式（5-59）进行求导得

$$\ddot{\boldsymbol{X}}=\dot{\boldsymbol{J}}\dot{\boldsymbol{\theta}}+\boldsymbol{J}\ddot{\boldsymbol{\theta}} \tag{5-60}$$

从而可得关节空间和笛卡儿空间的加速度关系式为

$$\ddot{\boldsymbol{\theta}}=\boldsymbol{J}^{-1}\ddot{\boldsymbol{X}}-\boldsymbol{J}^{-1}\dot{\boldsymbol{J}}\dot{\boldsymbol{\theta}} \tag{5-61}$$

由力雅可比矩阵的定义可得

$$\boldsymbol{F}=\boldsymbol{J}^{-\mathrm{T}}\cdot\boldsymbol{\tau}=\boldsymbol{J}^{-\mathrm{T}}\boldsymbol{D}(\boldsymbol{\theta})\ddot{\boldsymbol{\theta}}+\boldsymbol{J}^{-\mathrm{T}}\boldsymbol{H}(\boldsymbol{\theta},\dot{\boldsymbol{\theta}})+\boldsymbol{J}^{-\mathrm{T}}\boldsymbol{G}(\boldsymbol{\theta}) \tag{5-62}$$

将式（5-61）代入式（5-62）可得

$$\boldsymbol{F}=\boldsymbol{J}^{-\mathrm{T}}\boldsymbol{D}(\boldsymbol{\theta})\boldsymbol{J}^{-1}\ddot{\boldsymbol{X}}-\boldsymbol{J}^{-\mathrm{T}}\boldsymbol{D}(\boldsymbol{\theta})\boldsymbol{J}^{-1}\dot{\boldsymbol{J}}\dot{\boldsymbol{\theta}}+\boldsymbol{J}^{-\mathrm{T}}\boldsymbol{H}(\boldsymbol{\theta},\dot{\boldsymbol{\theta}})+\boldsymbol{J}^{-\mathrm{T}}\boldsymbol{G}(\boldsymbol{\theta}) \tag{5-63}$$

由式（5-63）可得笛卡儿空间动力学方程和关节空间动力学方程的关系式为

$$\begin{cases}\boldsymbol{D}_x(\boldsymbol{\theta})=\boldsymbol{J}^{-\mathrm{T}}\boldsymbol{D}(\boldsymbol{\theta})\boldsymbol{J}^{-1}\\ \boldsymbol{H}_x(\boldsymbol{\theta},\dot{\boldsymbol{\theta}})=\boldsymbol{J}^{-\mathrm{T}}\boldsymbol{H}(\boldsymbol{\theta},\dot{\boldsymbol{\theta}})-\boldsymbol{J}^{-\mathrm{T}}\boldsymbol{D}(\boldsymbol{\theta})\boldsymbol{J}^{-1}\dot{\boldsymbol{J}}\dot{\boldsymbol{\theta}}\\ \boldsymbol{G}_x(\boldsymbol{\theta})=\boldsymbol{J}^{-\mathrm{T}}\boldsymbol{G}(\boldsymbol{\theta})\end{cases} \tag{5-64}$$

当机器人接近奇异点时，笛卡儿空间动力学方程中的某些量趋于无穷大，动态性能恶化。

5.5 一般关节空间动力学

更一般的关节空间动力学方程可表示为

$$\boldsymbol{\tau}=\boldsymbol{D}(\boldsymbol{\theta})\ddot{\boldsymbol{\theta}}+\boldsymbol{H}(\boldsymbol{\theta},\dot{\boldsymbol{\theta}})\dot{\boldsymbol{\theta}}+\boldsymbol{G}(\boldsymbol{\theta})+\boldsymbol{F}(\dot{\boldsymbol{\theta}})+\boldsymbol{J}^{\mathrm{T}}(\boldsymbol{\theta})\boldsymbol{f}$$

下面对各项做详细介绍。

1. 重力负荷项 $\boldsymbol{G}(\boldsymbol{\theta})$

显然，重力负荷项只是关节角度 $\boldsymbol{\theta}$ 的函数。即使在机器人静止或缓慢运动时，关节电动机仍然需要克服重力，因此 $\boldsymbol{G}$ 对关节力矩有着很大的影响。

为降低对某些关节电动机的力矩要求，选择更小的电动机，便于安装，降低成本，常使用平衡块或弹簧来抵消或减少重力项。但平衡块会增加相应关节的惯量，从而增加惯性力矩和机器人的总重量。当然，对于空间机器人在失重的条件下，则 $\boldsymbol{G}=0$。

2. 关节空间惯性矩阵 $\boldsymbol{D}(\boldsymbol{\theta})$

惯性矩阵为机器人关节角度的函数，为对称矩阵。对角线元素 D_{jj} 描述了关节 j 的惯量；非对角线元素 $D_{ij}=D_{ji}$，其描述了关节 j 的加速度对关节 i 的力耦合，也就是说，如果关节 j 加速，则会产生一个力矩施加在关节 i 上；反之亦然。

对于大多数常见的 6R 机器人，由于其机械结构的特点，对角线元素 D_{11} 与 D_{22} 分别对应机器人的腰关节和肩关节，需要带动沉重的大臂和小臂，因此相比其他元素数值很大。

3. 科氏矩阵项 $\boldsymbol{H}(\boldsymbol{\theta},\dot{\boldsymbol{\theta}})\dot{\boldsymbol{\theta}}$

科氏矩阵项包括科氏力矩 $\dot{\theta}_i\dot{\theta}_j$ 和向心力矩 $\ddot{\theta}_i^2$ 两部分，是关节角和速度的函数。向心力矩与 $\ddot{\theta}_i^2$ 成正比，科氏力矩与 $\dot{\theta}_i\dot{\theta}_j$ 成正比。科氏矩阵项意味着一个关节的运动速度会对其他关节施加力矩。

4. 有效载荷项 $\boldsymbol{f}$

机器人末端的载荷的质量将增加关节的惯性，对关节加减速产生影响。同时该项产生了重力力矩 $\boldsymbol{J}^{\mathrm{T}}(\boldsymbol{\theta})\boldsymbol{f}$，其中 $\boldsymbol{J}$ 为雅可比矩阵，相关关节电动机需要持续产生力矩克服载荷重力。

5. 摩擦力项 $\boldsymbol{F}(\dot{\boldsymbol{\theta}})$

对于大多数机器人，摩擦力是继重力后另一个主要的关节力。摩擦力主要由电动机轴承、黏性摩擦以及齿轮传动、连杆轴承等因素引起，是关节速度的函数。典型摩擦力的特性如图 5-9 所示。

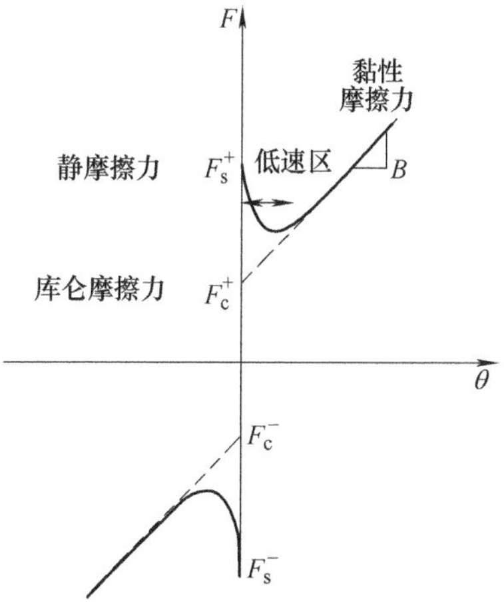

图 5-9 典型摩擦力的特性

黏性摩擦力常采用下面的数学模型：

$$F(\dot{\theta}) = B\dot{\theta} + F_c$$

其中，B 为黏性摩擦系数；F_c 为库仑摩擦力。库仑摩擦力常采用如下非线性函数描述：

$$F_c = \begin{cases} 0, & \dot{\theta} = 0 \\ F_c^+, & \dot{\theta} > 0 \\ F_c^-, & \dot{\theta} < 0 \end{cases}$$

通常，关节从静止开始运动需要克服静摩擦力，一旦运动起来摩擦力会迅速下降，此时黏性摩擦力会起作用。遗憾的是，通常关节传动的准确摩擦力特性难以获得。

习 题

1. 图 5-10 所示为二自由度平面关节型机械手，杆长为 $l_1=l_2=1\mathrm{m}$，求表格中两种情况时的关节瞬时速度 $\dot{\theta}_1$ 和 $\dot{\theta}_2$。表格中 v_x 和 v_y 分别为机械手末端沿固定坐标系 x_0 轴和 y_0 轴的运动速度，θ_1 和 θ_2 分别为两个关节的关节位置。

v_x/(m/s)	−1	0
v_y/(m/s)	0	1
θ_1	30°	30°
θ_2	−60°	120°

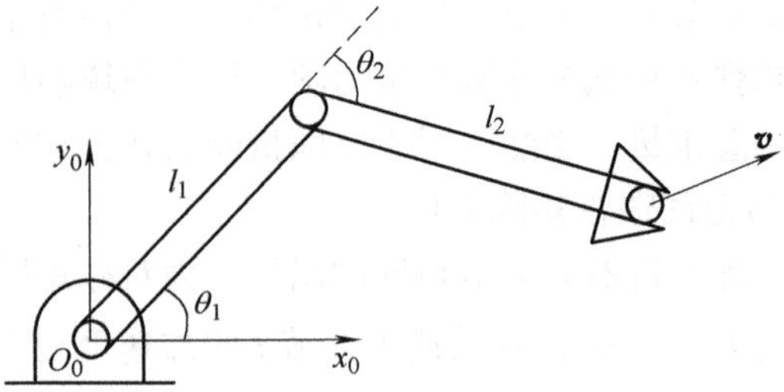

图 5-10　二自由度平面关节型机械手

2. 已知某两连杆操作臂的速度雅可比矩阵为 $\boldsymbol{J}=\begin{bmatrix}-l_1\sin\theta_1-l_2\sin(\theta_1+\theta_2) & -l_2\sin(\theta_1+\theta_2)\\ l_1\cos\theta_1+l_2\cos(\theta_1+\theta_2) & l_2\cos(\theta_1+\theta_2)\end{bmatrix}$，不计重力和摩擦，求出使操作臂产生手部端点力 $\boldsymbol{F}=(8,\ 3)^{\mathrm{T}}$ 时的关节力矩 τ_1 和 τ_2。

第 6 章 机器人关节驱动与线性控制

本章将讨论如何才能使机器人末端执行器完成期望运动的控制方法。本章讨论的控制方法忽略机器人的非线性因素，将每一个关节看作是单关节的控制问题，关节之间的耦合和非线性因素被看作是单关节闭环驱动的干扰，因此属于线性控制系统的范畴。虽然对机器人控制而言，这是一种近似方法，但由于控制策略简单、成熟，实际工程中被大量采用。

本章首先对机器人控制方式、位置控制原理以及二阶线性系统基本概念进行了简要描述；然后对常用的机器人传感器进行了介绍；接着对典型的机器人直流电动机驱动与位置控制方法进行了详细分析；在此基础上，简要说明了交流伺服电动机与驱动在机器人行业的应用和发展；最后以 PUMA560 机器人为例介绍了工业机器人控制系统的工作原理。

6.1 机器人控制概述

机器人系统是多变量、非线性、复杂的耦合系统，与普通控制系统相比，机器人控制系统更加复杂，具体表现在以下几个方面。

1）机器人包含多个自由度，每个自由度均包含一个伺服机构，在控制过程中，各个关节必须协调运动，组成一个多变量的控制系统。

2）机器人控制系统与机器人运动学和动力学密切相关，在实现控制的过程中，常常需要求解其正运动学问题和逆运动学问题，同时，需要考虑机器人自身重力、惯性力、科氏力及向心力的影响。

3）机器人各变量之间存在耦合且其参数可能产生变化，因此在控制过程中，不能仅仅依靠位置闭环实现高精度的控制，常常需要利用速度和加速度闭环。系统中可常使用重力补偿、前馈补偿和自适应控制等方法。

4）机器人控制中经常会存在多个解，即可通过多种途径完成同一个工作任务，因此机器人控制中存在“最优”问题，需要根据指标要求选择最佳控制律。

6.1.1 机器人控制方式

和通常的伺服驱动一样，机器人关节电动机控制通常包括位置、速度、电流三环控制，位置控制是其最外环的控制。位置控制也称为位姿控制或轨迹控制，即通过控制机器人关节角，从而控制末端执行器的位置和姿态，使机器人末端执行器的位姿能跟踪上给定轨迹或指定位姿。根据作业任务的不同，可分为点位控制和连续轨迹控制。目前用于搬运、焊接、喷涂等操作的工业机器人是简单的轨迹控制方式，而对于研磨、抛光等作业方式，还需要力控制。

1. 点位控制

点位控制（PTP 控制）即为点到点的控制，这种控制方式只对机器人末端执行器在操作空间某些特定的离散点上的位姿进行控制，对到达目标点的运动路径没有要求。点位控制比较简单，主要技术指标是定位精度和机器人运动时间，PTP 控制常被应用于点焊、装配、搬运、上下料、在印制电路板上安插元器件等场合。

2. 连续轨迹控制

连续轨迹控制（CP 控制）又称为轮廓控制，即连续的控制末端执行器在操作空间的位姿，要求机器人末端执行器按照预定的轨迹和速度运动。这种控制方式的主要技术指标是机器人末端执行器对期望轨迹的跟踪精度和平稳性。CP 控制常被应用于弧焊、喷漆、切割等场合。

3. 力控制

轨迹控制方式适用于机器人末端执行器在操作空间跟踪期望轨迹的情况，此时执行器不与外界环境接触。当机器人末端执行器与外界环境发生接触时，单纯的位置控制就不适用了。以擦玻璃为例，假设机器人手爪抓着一块柔软的海绵擦玻璃，并且知道玻璃的精确位置，那么就可以利用海绵的柔性，通过控制手爪相对于玻璃的位置来调整施加在玻璃上的力，完成擦玻璃作业。但如果作业要求是用刮刀刮去玻璃表面的油漆，则一旦玻璃位置不准确或手爪存在位置误差，都不可能完成这项工作，要么玻璃被碰碎，要么刮刀在玻璃上方摆动而不与玻璃接触。因此，刮刀作业过程中，难以根据玻璃的位置来完成控制任务。此时，通过控制刮刀与玻璃之间的接触力更为合理，即使玻璃位置不准确也能保持刮刀与玻璃的正确接触。力控制已在一些工业场合得到了应用，如磨削、去毛刺和零件装配等。

本书将在第 8 章详细介绍力控制以及力位混合控制的相关内容。

6.1.2 机器人位置控制

机器人的各个关节处都安装有位置传感器，有的关节处也会安装速度传感器。在关节空间，机器人位置控制结构如图 6-1 所示，图中，$\boldsymbol{\theta}_d$、$\dot{\boldsymbol{\theta}}_d$、$\ddot{\boldsymbol{\theta}}_d$ 是期望的关节位置矢量、速度矢量和加速度矢量，$\boldsymbol{\theta}$、$\dot{\boldsymbol{\theta}}$ 是实际的关节位置矢量和速度矢量，$\boldsymbol{\tau}$ 是机器人关节驱动力矩矢量，$\boldsymbol{u}_1$、$\boldsymbol{u}_2$ 是相应的控制矢量。我们希望机器人关节能沿着期望的轨迹运动，由机器人动力学方程可知，可根据给定的 $\boldsymbol{\theta}_d$、$\dot{\boldsymbol{\theta}}_d$、$\ddot{\boldsymbol{\theta}}_d$ 计算所需的关节力矩

$$\boldsymbol{\tau} = \boldsymbol{D}(\boldsymbol{\theta}_d)\ddot{\boldsymbol{\theta}}_d + \boldsymbol{H}(\boldsymbol{\theta}_d, \dot{\boldsymbol{\theta}}_d) + \boldsymbol{G}(\boldsymbol{\theta}_d) \tag{6-1}$$

若上述机器人动力学模型是精确的，且系统没有噪声或扰动存在，则根据式（6-1）可计算出沿着期望轨迹运动所需的关节驱动力矩 $\boldsymbol{\tau}$，这种控制方式称为开环控制。但在实际情况中，机器人动力学模型并不准确，并且系统中有无法预知的扰动存在，因此根据式（6-1）计算得出的 $\boldsymbol{\tau}$ 并不是机器人运行过程中期望的关节力矩 $\boldsymbol{\tau}_d$。开环控制在控制过程中没有利用关节传感器的反馈信息，即式（6-1）是期望轨迹 $\boldsymbol{\theta}_d$、$\dot{\boldsymbol{\theta}}_d$、$\ddot{\boldsymbol{\theta}}_d$ 的函数，而不是实际轨迹 $\boldsymbol{\theta}$、$\dot{\boldsymbol{\theta}}$ 的函数。

由图 6-1 可看出，通过关节传感器可以测量出机器人实际的关节位置和关节速度，利用各个关节期望位置和实际位置之差以及期望速度和实际速度之差来计算伺服误差：

$$\begin{cases} \boldsymbol{e} = \boldsymbol{\theta}_d - \boldsymbol{\theta} \\ \dot{\boldsymbol{e}} = \dot{\boldsymbol{\theta}}_d - \dot{\boldsymbol{\theta}} \end{cases} \tag{6-2}$$

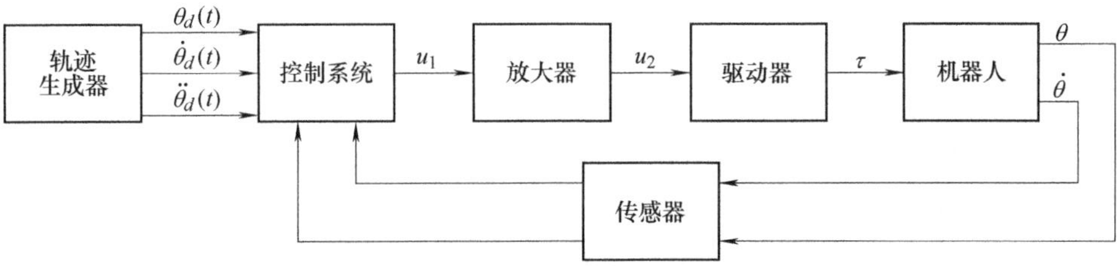

图6-1 机器人位置控制结构框图

根据式（6-2），控制系统计算出所需要的控制量，经放大器放大后，驱动器输出合适的扭矩带动机器人运动，以减小机器人对期望轨迹跟踪的伺服误差。系统的控制作用是通过给定量与反馈量的差值进行的，这种控制方式称为按偏差控制或反馈控制，这种利用反馈的控制系统称为闭环系统。

机器人具有多个自由度，各关节之间存在相互耦合，其控制问题是多输入多输出（MIMO）的非线性控制问题。本章中，我们考虑最简单的控制策略，即把机器人每个关节作为一个单输入单输出（SISO）系统来控制，其他关节运动引起的耦合则当作干扰来处理。这种独立关节控制方法是工程实际中常采用的近似方法。

6.1.3 二阶线性系统

在研究机器人控制问题之前，先来分析一个简单的机械系统以回顾控制系统的一些基本概念。

图6-2所示为一个质量-弹簧系统，质量为 m 的质量块连接在一个刚度为 k 的弹簧上，质量块与接触面摩擦系数为 b，质量块零位和 x 轴正方向如图所示，假定摩擦力与质量块的速度成正比，由受力分析可得出运动方程为

$$m\ddot{x} + b\dot{x} + kx = 0 \tag{6-3}$$

式中，x、$\dot{x}$、$\ddot{x}$ 分别为质量块的位置、速度和加速度。

图6-2直观表示了几种不同特征的运动，如弹簧刚度很小，摩擦力很大，当质量块受到扰动离开平衡位置后，它将以缓慢的衰减运动方式回到平衡位置；弹簧刚度很大，摩擦力很小，质量块将经过几次振荡才能回到平衡位置。出现这一情况的原因是方程式（6-3）的解取决于参数 m、b 和 k 的值。

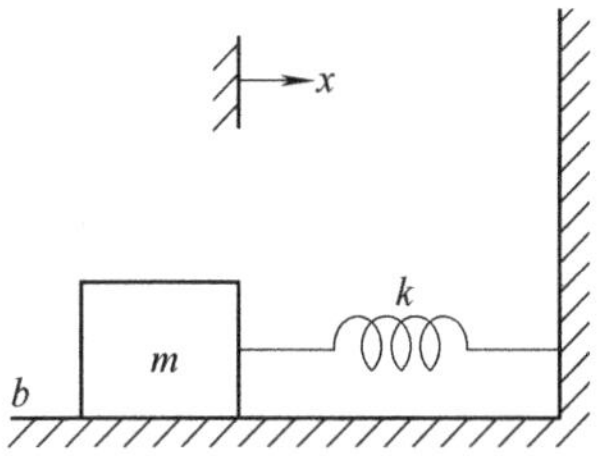

图6-2 质量-弹簧系统

根据微分方程相关知识可知，式（6-3）的解与特征方程的根有关，式（6-3）的特征方程为

$$ms^2 + bs + k = 0 \tag{6-4}$$

特征方程的根为

$$s_{1,2} = -\frac{b}{2m} \pm \frac{\sqrt{b^2 - 4mk}}{2m} \tag{6-5}$$

特征方程的根 s_1、s_2 在复平面中的位置代表系统的运动特性，具体有以下三种情况：

1）s_1、s_2 是两个相等实根。此时 $b^2=4mk$，摩擦力和弹性力平衡，系统将以最短的时间回到平衡位置，这种情况称为临界阻尼，即阻尼比 $\xi=1$。对于机器人系统而言，一般希望出现临

界阻尼的情况，即系统在最短的时间内从非零初始位置迅速回到平衡位置而不出现振荡。

2) s_1、s_2 是两个不相等实根。此时 $b^2 > 4mk$，系统主要受摩擦力的影响，系统将缓慢回到平衡位置，这种情况称为过阻尼，即阻尼比 $\xi > 1$。

3) s_1、s_2 是复根。此时 $b^2 < 4mk$，系统主要受弹性力的影响，系统将出现振荡，这种情况称为欠阻尼，即阻尼比 $0 < \xi < 1$。

由相关知识可知，利用阻尼比 ξ 和固有频率 ω_n 描述的二阶系统的特征方程为

$$s^2 + 2\xi\omega_n s + \omega_n^2 = 0 \tag{6-6}$$

特征方程的根可表示为

$$s_{1,2} = -\xi\omega_n \pm \omega_n\sqrt{1-\xi^2} \tag{6-7}$$

因此，对于上述质量-弹簧系统，将式（6-4）和式（6-6）进行对比，可得质量-弹簧系统的阻尼比和固有频率为

$$\begin{cases} \xi = \dfrac{b}{2\sqrt{km}} \\ \omega_n = \sqrt{k/m} \end{cases} \tag{6-8}$$

当阻尼比为 1 时，系统为临界阻尼系统。大多数机器人关节线性控制可以近似为上述典型二阶系统。

6.2 机器人传感器

6.2.1 机器人传感器分类

机器人传感器的作用是给机器人提供必要的信息，根据传感器采集信息的位置可分为内部传感器和外部传感器。内部传感器是完成机器人运动控制不可缺少的部分，如位移传感器、速度传感器和加速度传感器等，内部传感器一般是安装在机器人机械手上，不安装在周围环境中。外部传感器是为了感知外部环境状态或信息的外部测量传感器，常用的外部传感器有视觉传感器、触觉传感器、接近觉传感器等。传统的工业机器人仅采用内部传感器，实现对机器人位置和姿态的控制，当机器人使用外部传感器后，可以对外部环境进行感知，具有一定的适应能力，表现出一定的智能。机器人传感器的分类如表 6-1 所示。

表 6-1 机器人传感器分类

机器人传感器	内部传感器	作用	感知机器人内部状态或信息
		检测内容和信息	位置、角度、速度、加速度、角速度、角加速度等
		传感器种类	电位计、光电编码器、陀螺仪、应变仪、旋转编码器等
	外部传感器	作用	感知外部环境状态或信息
		检测内容和信息	距离、速度、加速度、姿态、温度、范围、运动、质量、外部环境等
		传感器种类	视觉传感器、触觉传感器、接近觉传感器、力觉传感器、距离传感器、温度传感器、声觉传感器等

除此之外，机器人传感器还可以分为接触式传感器和非接触式传感器、有源传感器和无

源传感器等。

6.2.2 常见的内部传感器

1. 电位计式位移传感器

电位计式位移传感器由一个线绕电阻和一个滑动触点组成，滑动触点通过机械装置受被检测量的控制，当被检测的位置量发生变化时，滑动触点也发生位移，从而改变滑动触点与电位计各端之间的电阻值和输出电压值。根据输出电压值的变化，可以检测出机器人各关节的位置。

电位计工作原理示意图如图 6-3 所示，当负载电阻为无穷大时，电位计的输出电压 U_1 与电源电压 U 的关系为

$$U_1 = \frac{R_1}{R}U \tag{6-9}$$

式中，U 为电源电压；R_1 为电位计滑块至终点间的电阻值；R 为电位计总电阻值。

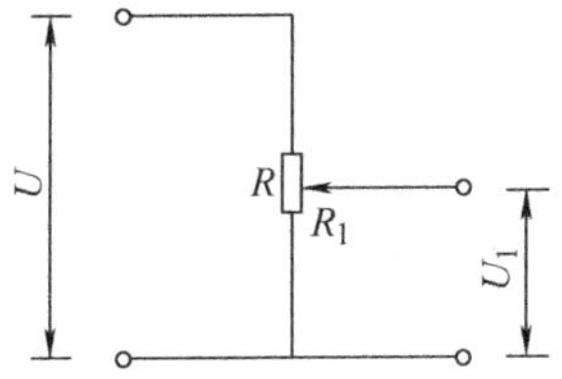

图 6-3　直线式电位计原理示意图

电位计式位移传感器可分为直线式电位计和旋转式电位计，其工作原理类似，分别用来检测直线位移和角位移。电位计式位移传感器具有性能稳定、结构简单、尺寸小、精度高等优点，其输入/输出关系可以是线性的，也可以根据需要选择一定函数关系的输入/输出特性。它的输出信号选择范围很大，只需要改变基准电压就可以得到较大或较小的输出电压。但是由于滑动触点和电阻器表面的磨损，导致电位器的可靠性和寿命受到了影响，使得其在机器人上的应用有一定的局限性，随着光电编码器价格的降低而逐渐被取代。

2. 光电编码器

光电编码器是一种应用最多的位置（速度）传感器，是一种非接触型传感器，可分为绝对式编码器和增量式编码器。使用绝对式编码器的机器人关节不需要校准，只要一通电，编码器就能给出实际的位置；增量式编码器只能提供某基准点对应的位置信息，因此，使用增量式编码器的机器人在获得实际位置之前，必须先完成校准。

绝对式编码器主要由光源、光敏元件和光电码盘组成，绝对式编码器用光线扫描旋转码盘上的专用编码码道，以确定被测物体的绝对位置，然后将检测到的编码数据转换为电信号，再以脉冲的形式输出测量的位移量。图 6-4 所示为绝对式编码器盘面示意图，码盘上有 4 条码道，码道就是码盘上的同心圆，按照二进制分布规律，将每条码道加工成透明和不透明区域。当光源照射码盘时，如果是透明区，则光线被光电管接收，并转变成电信号，输出信号为“0”；如果是不透明区，则光电管接收不到光线，输出信号为“1”。码道越多，分辨率越高，有 n 条码道的编码器能分辨的最小角度为

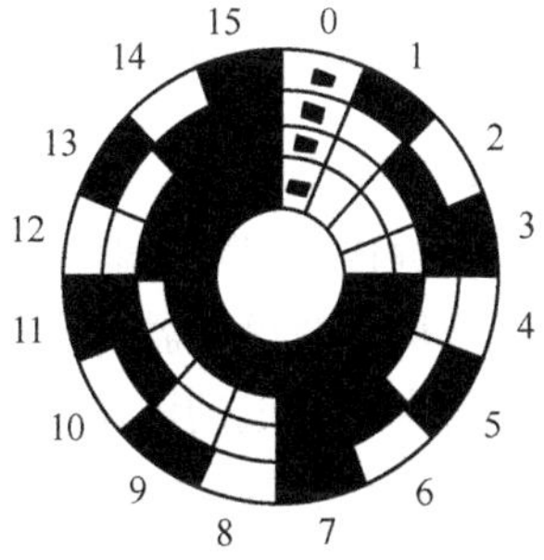

图 6-4　绝对式编码器盘面示意图

$$\alpha = \frac{360°}{2^n} \tag{6-10}$$

图 6-4 所示的码盘有 4 条码道，则其能分辨的最小角度为 $\alpha = \frac{360°}{2^4} = 22.5°$。

增量式编码器与绝对编码器工作原理相同，不同的是，增量式编码器的光源只有一路或两路，码盘一般只有一圈或两圈透明和不透明区域，当光透过码盘时，光敏元件导通，产生低电平信号，代表二进制“0”，不透明区域代表二进制“1”，这种编码器只能通过计算脉冲个数来得到输入轴转过的相对角度，机器人在校准之后才能得到绝对位置信息。

目前，16位、17位甚至更高分辨率的增量和绝对式高精度编码器得到了广泛应用，其采取串行传输方式，如SSI协议、EnDat协议、Biss协议等，实现编码器与伺服驱动的通信。高精度编码器的使用大大提高了反馈精度，提高了关节伺服的性能。

3. 测速发电机

测速发电机是常用的速度传感器，它是一种测量转速的微型发电机，主要包括直流测速发电机和交流测速发电机两种，直流测速发电机按励磁方式可分为永磁式和电磁式两种，其中永磁式直流测速发电机的定子用永久磁钢制成，无须励磁绕组，结构简单，使用方便。在定子产生的恒定磁场中，当发电机电枢以转速 n 切割磁通 Φ 时，电刷两端产生的感应电动势为

$$E_a = C_e\Phi n = K_e n \tag{6-11}$$

式中，$K_e = C_e\Phi$ 是电动势系数，空载运行时，直流测速发电机的输出电压 U 就是感应电动势，即

$$U = K_e n \tag{6-12}$$

由式（6-12）可见，测速发电机的输出电压 U 与电动机的转速 n 成正比，因此可以用来测速。

交流测速发电机不需要电刷和换向器，具有结构简单、运行可靠等优点。交流测速发电机可分为同步测速发电机和异步测速发电机。同步测速发电机输出电压与转速不成正比关系，在自动控制系统中很少使用，通常是作为指示转速计使用。异步测速发电机与直流测速发电机一样，可以将转速信号变为电压信号，其输出电压与转速成正比，在控制系统中得到了较广泛的应用。

工程中也常采用高精度编码器得到位置反馈信息，并利用其微分得到速度反馈值。

6.2.3 机器人外部传感器

1. 视觉传感器

视觉传感器是机器人中重要的传感器，其作用是将景物的光信号转换成电信号，进而从三维环境中获得所需的信息。近年来，由MOS（金属氧化物半导体）和CCD（电荷耦合器件）等器件组成的固体视觉传感器得到了较好的发展，其中由CCD构成的固体摄像机由于具有体积小、重量轻、精度高等优点，在机器人视觉系统中得到了广泛的应用。

2. 触觉传感器

触觉是机器人获取环境信息的一种重要知觉形式，机器人触觉能感知目标物体的软硬程度、粗糙度和物体形状等，并能感知机器人与外界环境接触时的温度、湿度、压力等物理量，广义地说，机器人触觉包括接触觉、滑觉、力觉、冷热觉等与接触有关的感觉。机器人触觉传感技术的研究始于20世纪70年代，在其后80年代机器人触觉传感器技术得到了快递发展，主要包括基于电、磁、超声波等方法的传感器技术，其研究内容主要包括传感器研制、触觉数据处理和主动触觉感知三部分。

3. 接近觉传感器

接近觉传感器的作用是使得机器人在移动或操作的过程中能感受到目标物体或障碍物的接近，例如移动机器人可通过接近觉传感器实现避障。从实现原理来看，接近觉传感器可分为磁感应式、光电式、静电容式、气压式、超声波式和红外线式等，接近觉是指机器人接近目标物体时的感觉，与一般的测距装置相比，其精度不高。

6.3 关节驱动与位置控制

机器人伺服系统主要由驱动器、减速器、传动机构、传感器等组成，驱动器通过移动或转动连杆来改变机器人的构型。驱动器能够对连杆进行加速和减速，并带动负载，同时自身必须质轻、经济、精确、灵敏、可靠，并便于维护。机器人常见的驱动方式有液压驱动、气压驱动和电力驱动，液压驱动响应速度快，扭矩性能好，其主要缺点是可能存在泄漏，需要液压泵等外围设备，噪声大等问题。气动驱动方式成本低、结构简单，但是难以实现精确控制，应用范围有限。

电动机是一种机电能量转换的电磁装置，将直流电能转换为机械能的称为直流电动机，将交流电能转换为机械能的称为交流电动机。目前机器人驱动系统中，应用最多的是直流伺服电动机驱动和交流伺服电动机驱动。

由于广泛采用的交流伺服电动机矢量变换控制原理与直流伺服电动机类似，本节以直流电动机为例讨论其动力学建模与控制。

6.3.1 直流电动机模型

如图 6-5 所示，直流电动机由固定的定子和旋转的转子（也称为电枢）组成，如果定子产生一个径向磁通 Φ（恒值），则在转子上会产生一个输出转矩使其旋转，输出转矩与电枢电流的关系可表示为

$$\tau_m = k_m i_m \tag{6-13}$$

式中，τ_m 是电动机输出转矩（N·m）；k_m 是转矩常数（N·m/A），i_m 是电枢电流（A）。

电动机电枢绕组等效电路如图 6-6 所示，当电动机转动时，在电枢上产生一个电压，该电压与转子的转速成正比

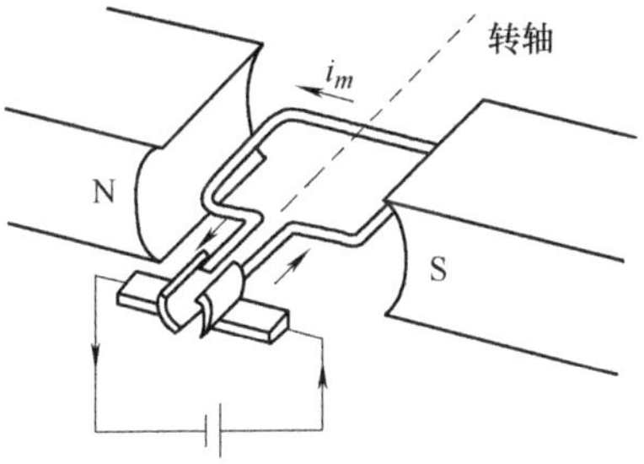

图 6-5　直流电动机工作原理

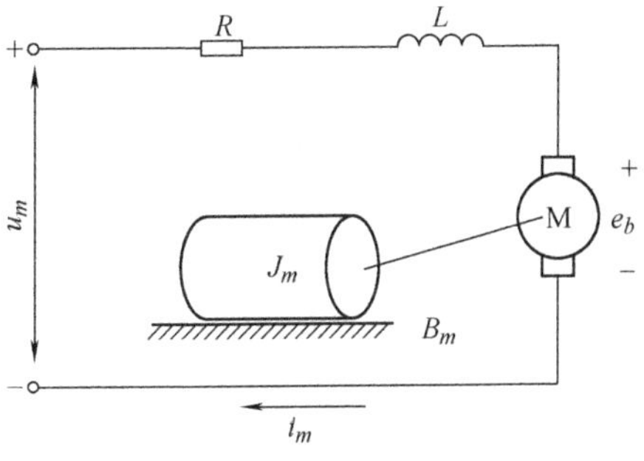

图 6-6　电动机电枢绕组等效电路

$$e_b = k_b \omega_m = k_b \frac{\mathrm{d}\theta_m}{\mathrm{d}t} \tag{6-14}$$

式中，e_b 称为反电动势（V）；ω_m 是电动机（转子）的角速度（rad/s）；θ_m 是电动机（转子）的角位移（rad）；k_b 是反电势常数。

直流永磁电动机电气部分的模型由电枢绕组的电压平衡方程描述，根据图 6-6 可得

$$u_m = L\frac{\mathrm{d}i_m}{\mathrm{d}t} + Ri_m + e_b \tag{6-15}$$

式中，u_m 是电枢电压；L 是电枢电感；R 是电枢电阻。

机器人单个关节机械传动原理图如图 6-7 所示，机器人单连杆通过齿轮减速器与电动机（驱动器）相连，图中 θ 是负载角位移，J_m 为折算到电动机轴上的等效转动惯量，B_m 为总黏性摩擦系数，J_m 和 B_m 分别表示为

$$\begin{cases} J_m = J_a + J_g + \eta^2 J_l \\ B_m = B_g + \eta^2 B_l \end{cases} \tag{6-16}$$

式中，J_a 为电动机转子转动惯量；J_g 为传动机构（齿轮）的转动惯量；J_l 为负载的转动惯量；B_g 为传动机构的阻尼系数；B_l 为负载端的阻尼系数；η 为传动比，等于传动轴与负载轴上的齿轮齿数之比。

直流永磁电动机机械部分的模型由电动机轴上的力矩平衡方程描述，根据图 6-7 可得

$$\tau_m = J_m\frac{\mathrm{d}^2\theta_m}{\mathrm{d}t^2} + B_m\frac{\mathrm{d}\theta_m}{\mathrm{d}t} \tag{6-17}$$

式中，τ_m 是电动机输出转矩。

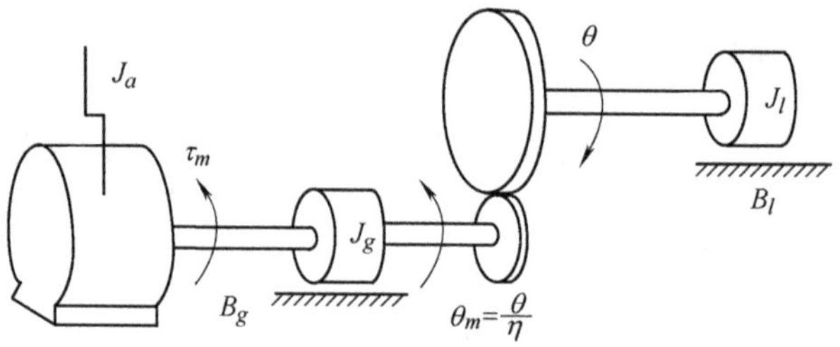

图 6-7　机器人单个关节机械传动原理图

6.3.2　单关节建模

在零初始条件下，将式（6-13）、式（6-15）和式（6-17）取拉普拉斯变换可得

$$\begin{cases} T_m(s) = k_m I_m(s) \\ U_m(s) = LsI_m(s) + RI_m(s) + k_b s\Theta_m(s) \\ T_m(s) = J_m s^2\Theta_m(s) + B_m s\Theta_m(s) \end{cases} \tag{6-18}$$

根据式（6-18）可得系统的等效动态结构图如图 6-8 所示。

图 6-8 表示了电枢电压 $U_m(s)$ 和机器人关节实际角位移 $\Theta(s)$ 之间的关系，可得系统的闭环传递函数为

$$\frac{\Theta(s)}{U_m(s)} = \frac{\eta k_m}{s[LJ_m s^2 + (LB_m + RJ_m)s + (RB_m + k_m k_b)]} \tag{6-19}$$

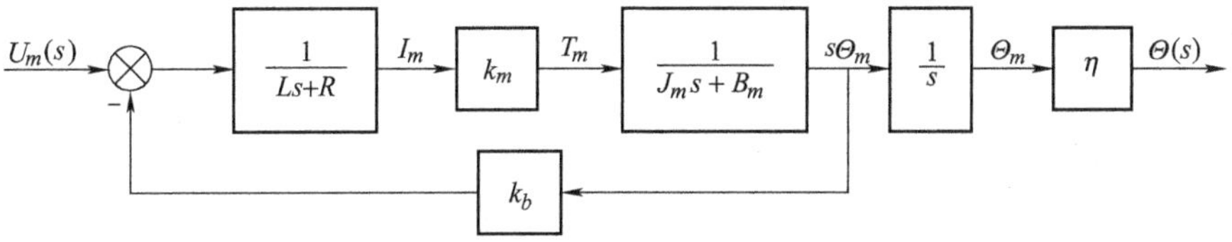

图 6-8　电动机动态结构图

6.3.3　单关节位置比例控制

对机器人单关节控制的目标是使得关节实际角位移 $\Theta(s)$ 跟踪上期望的角位移 $\Theta_d(s)$，根据关节位置伺服误差设计位置控制器，如图 6-9 所示。

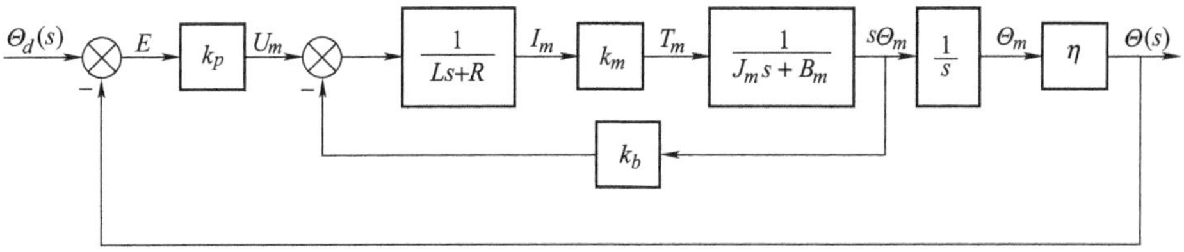

图 6-9　单关节位置控制系统结构图

图 6-9 中，E 为伺服误差，k_p 为位置反馈增益，此时有

$$\begin{cases} E(s)=\Theta_d(s)-\Theta(s) \\ U_m=k_p[\Theta_d(s)-\Theta(s)] \end{cases} \tag{6-20}$$

可得系统的开环传递函数为

$$\frac{\Theta(s)}{E(s)}=\frac{\eta k_m k_p}{s[LJ_m s^2+(LB_m+RJ_m)s+(RB_m+k_m k_b)]} \tag{6-21}$$

在实际情况下，电枢电感 L 较小，通常可以忽略不计，因此式（6-21）可简化为

$$\frac{\Theta(s)}{E(s)}=\frac{\eta k_m k_p}{s(RJ_m s+RB_m+k_m k_b)} \tag{6-22}$$

因此可求得系统的闭环传递函数为

$$\frac{\Theta(s)}{\Theta_d(s)}=\frac{\eta k_m k_p}{RJ_m s^2+(RB_m+k_m k_b)s+\eta k_m k_p} \tag{6-23}$$

由式（6-23）可看出，该单关节控制系统是一个二阶系统，为提高系统的响应速度，可以增大控制器增益 k_p，或者通过增加速度负反馈来改善系统性能，图 6-10 所示为具有速度负反馈的位置控制系统，通常可以由测速发电机来测得传动轴角速度。

图 6-10 中，k_1 为测速发电机的传递系数，k_v 为速度反馈信号放大器增益，可得系统的开环传递函数为

$$\frac{\Theta(s)}{E(s)}=\frac{\eta k_m k_p}{RJ_m s^2+(RB_m+k_m k_b+k_m k_v k_1)s} \tag{6-24}$$

闭环传递函数为

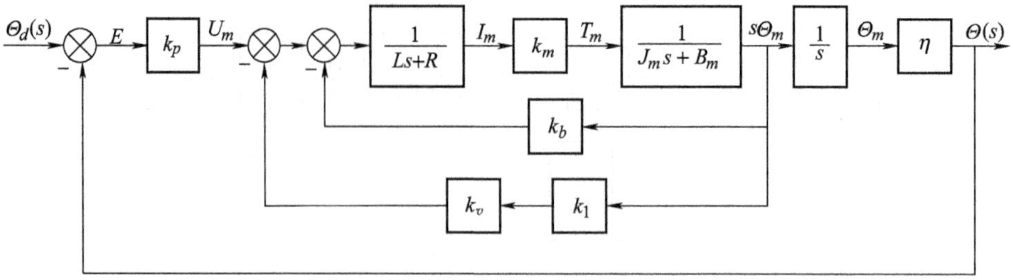

图 6-10　带速度负反馈的单关节位置控制系统结构图

$$\frac{\Theta(s)}{\Theta_d(s)}=\frac{\eta k_m k_p}{RJ_m s^2+(RB_m+k_m k_b+k_m k_v k_1)s+\eta k_m k_p} \tag{6-25}$$

下面对图 6-10 表示的二阶系统进行分析，确定控制系统参数 k_p 和 k_v。

根据式（6-25）可得该系统的闭环特征方程为

$$s^2+\frac{(RB_m+k_m k_b+k_m k_v k_1)}{RJ_m}s+\frac{\eta k_m k_p}{RJ_m}=0 \tag{6-26}$$

已知二阶系统闭环特征方程标准式为

$$s^2+2\xi\omega_n s+\omega_n^2=0 \tag{6-27}$$

式中，ξ 为系统的阻尼比；ω_n 为系统的无阻尼自然振荡频率。

将式（6-26）与式（6-27）进行对比，可得

$$\begin{cases} 2\xi\omega_n=\dfrac{(RB_m+k_m k_b+k_m k_v k_1)}{RJ_m} \\ \omega_n=\sqrt{\dfrac{\eta k_m k_p}{RJ_m}} \end{cases} \tag{6-28}$$

可求得

$$\xi=\frac{(RB_m+k_m k_b+k_m k_v k_1)}{2\sqrt{\eta k_m k_p RJ_m}} \tag{6-29}$$

在单关节控制系统建模过程中，假设减速器、轴、轴承及连杆均不可变形，而实际上这些元件的刚度有限。但是，如果在建模过程中，将这些变形和刚性的影响都考虑进去，将得到高阶的系统模型，即结构的柔性增加了系统的阶次，使得问题复杂化。

建模时可不考虑系统的结构柔性，忽略其影响的理由是，如果系统刚度极大，未建模共振的固有频率将非常高，与已建模的二阶主极点的影响相比可以忽略不计，因此，可以建立较为简单的动力学模型。

因为在建模时没有考虑系统的结构柔性，因此不能激发起这些共振模态，经验方法为，闭环系统无阻尼自然振荡频率 ω_n 必须限制在结构共振频率 ω_{res} 的一半之内，即

$$\omega_n \leqslant \frac{1}{2}\omega_{res} \tag{6-30}$$

系统结构的共振频率为

$$\omega_{res}=\sqrt{\frac{k}{J_m}} \tag{6-31}$$

式中，k 表示机器人关节的等效刚度。一般情况下，等效刚度 k 基本不变，但等效转动惯量 J_m 将随机器人关节位姿变化和手爪中负载变化而发生改变。若在已知转动惯量 J_0 时测得结构共振频率为 ω_0，则有

$$\omega_0 = \sqrt{\frac{k}{J_0}} \tag{6-32}$$

由式（6-31）和式（6-32）可得转动惯量为 J_m 时的结构共振频率为

$$\omega_{\mathrm{res}} = \omega_0\sqrt{\frac{J_0}{J_m}} \tag{6-33}$$

由式（6-28）、式（6-30）和式（6-33）可得位置反馈增益 k_p 的取值范围为

$$0 < k_p \leqslant \frac{\omega_0^2 J_0 R}{4\eta k_m} \tag{6-34}$$

下面讨论速度反馈增益 k_v 的取值范围。为保证机器人的安全运行，要防止机器人处于欠阻尼的工作状态，一般希望机器人控制系统为临界阻尼或过阻尼系统，即系统的 $\xi \geqslant 1$，由式（6-29）可得

$$RB_m + k_m k_b + k_m k_v k_1 \geqslant 2\sqrt{\eta k_m k_p R J_m} \tag{6-35}$$

将 $k_p = \dfrac{\omega_0^2 J_0 R}{4\eta k_m}$ 代入式（6-35）可得

$$k_v \geqslant \frac{\omega_0 R\sqrt{J_0 J_m} - RB_m - k_m k_b}{k_m k_1} \tag{6-36}$$

由式（6-36）可看出，速度反馈增益 k_v 的值随 J_m 的变化而变化，为简化控制器设计，并保证系统始终工作在临界阻尼或过阻尼状态，将最大的 J_m 值代入式（6-36）中计算得出 k_v，这样可保证系统在任何负载下都不会出现欠阻尼的情况。

6.3.4 交流伺服电动机与驱动

直流伺服电动机在结构上存在明显不足，由于机械接触式换向器的存在，使其机械强度不高且结构复杂，制造费时且维护工作量大。同时在运行过程中容易产生火花，不能应用于化工、矿场等周围环境中有粉尘、腐蚀性气体和易燃易爆气体的场合，也难以应用于高速及大功率场合，其发展受到了一定的限制。

交流电动机可采用交流异步电动机和交流同步电动机。目前机器人多采用永磁式交流同步电动机。其转子采用永久磁铁，同时由于采用电子换向器取代直流电动机的换向器和电刷的机械换向，无须进行电刷及换向器的维护保养工作，具有精度高、速度快、结构简单、运行可靠、坚固耐用、维护容易并且可应用于恶劣环境中等优点。交流伺服电动机的过负荷特性和低惯性更体现出交流伺服系统的优越性。

工业机器人是复杂的、有多个自由度的非线性系统，其性能在很大程度上取决于伺服驱动控制系统，相比于直流伺服系统，交流伺服系统具有更优良的控制性能，目前在机器人领域已逐渐替代直流伺服电动机。下面对交流伺服系统做一简要介绍。

1. 交流伺服系统原理

1971 年，德国 SIEMENS 公司的 Blaschke 提出了矢量控制理论，解决了交流调速的控制

问题，使得交流电动机的控制与直流电动机的控制一样方便，并达到可与直流电动机调速相媲美的性能。其基本原理是在磁场定向坐标系上，根据编码器测量的转子位置，通过 Park 变换，将定子合成矢量电流分解成产生磁通的励磁电流和产生转矩的转矩电流分量，两分量相互垂直，与指令励磁电流和转矩电流分量 I_d、I_q 比较，彼此独立进行调节，形成电流环；通过 Park 反变换和 SV-PWM 形成控制六个功率模块的 PWM 信号。同时，通过对编码器信号的测量，得到电动机实际的转速，与给定转速比较形成速度环。当然，如果对编码器信号记数，得到电动机实际的位置，则可形成位置环（图中未示出位置环）。

交流电动机的矢量控制实现了磁通和转矩的解耦控制，即控制转矩时不影响磁通，控制磁通时不影响转矩，因而大大简化了实现的难度。在永磁交流同步电动机的驱动中，通常令指令励磁电流为零，使定子合成矢量电流均为转矩电流分量，保证大的输出力矩。鉴于永磁交流同步驱动的工作原理比较复杂，这里不进行详细介绍。

永磁同步电动机交流伺服系统在技术上已完全成熟，具备优良的调速性能，可满足包括机器人、数控机床在内的各类高速高精度的高性能伺服应用要求。通常高性能伺服系统产品可根据需要选择位置、速度和力矩控制模式。图 6-11 所示为永磁交流同步电动机驱动矢量控制原理图，是基于矢量变换控制的速度控制系统。

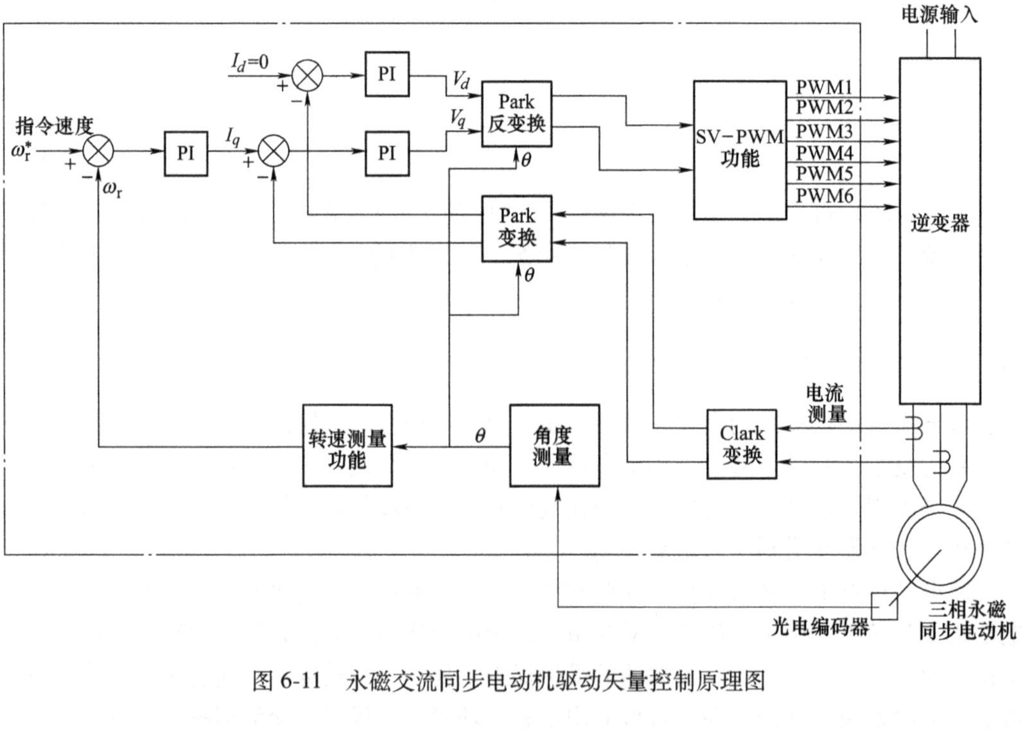

图 6-11　永磁交流同步电动机驱动矢量控制原理图

图 6-12 所示为典型永磁交流同步电动机驱动的结构图。R、S、T 为三相 AC220V 主回路电源，r、t 为控制电路的单相 AC220V 电源；U、V、W 为电动机动力线；可通过 CN1 接口给定速度指令模拟量信号、位置指令脉冲信号、开关量输入输出信号；CN3 为 RS232 通信接口；CN2 为与电动机同轴连接的编码器反馈信号。

2. 机器人用交流伺服系统的发展趋势

工业机器人要求伺服系统具有启动速度块、动态性能好、过载能力强、能频繁启停、调

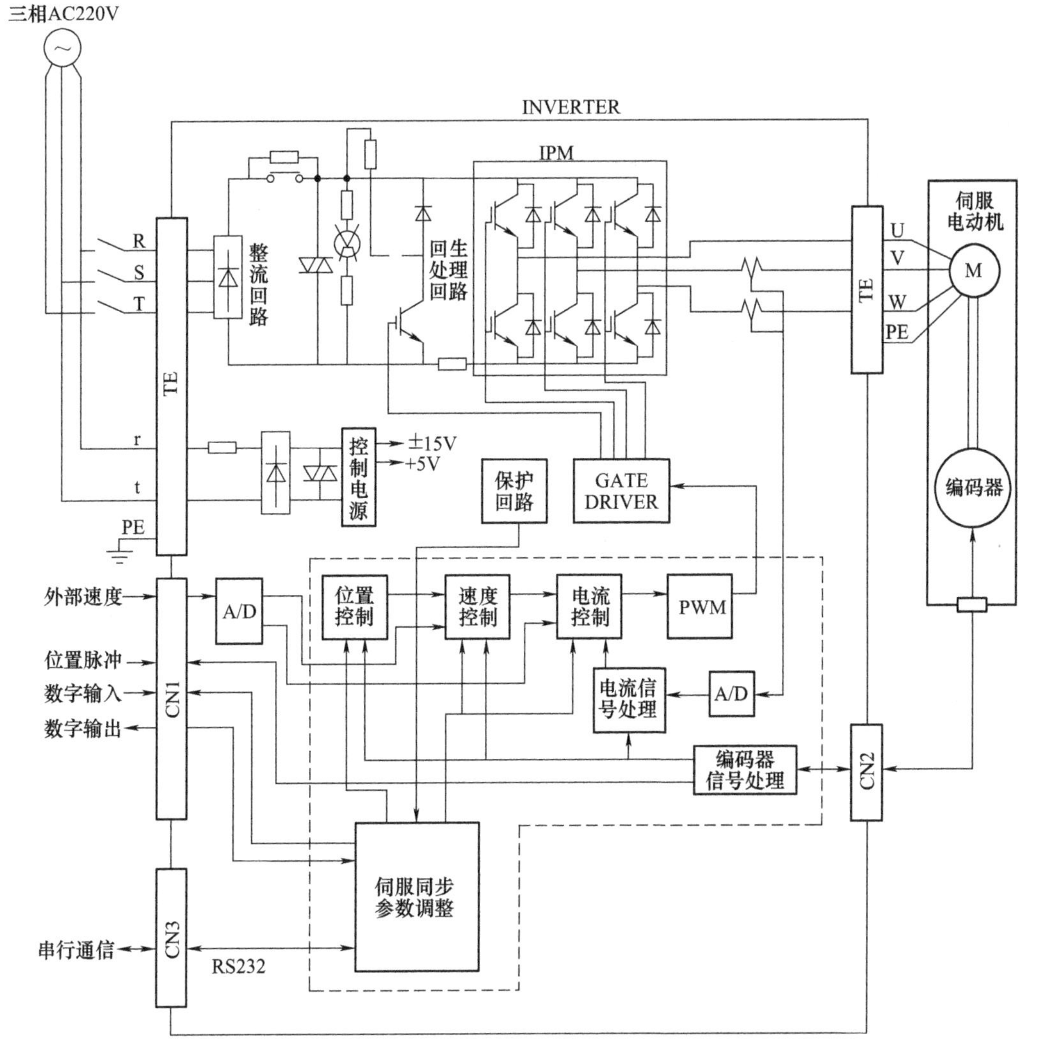

图 6-12　典型永磁交流同步电动机驱动的结构图

速范围宽并且在调速范围内平滑连续等特点。目前，机器人多采用总线型伺服控制，因此对其驱动与控制有三个要求，即控制器与伺服之间的总线通信速度快、控制器计算能力强，以及伺服精度高，高速、高精度、小型化、集成化以及网络化是伺服驱动系统的发展方向。机器人用交流伺服系统的发展趋势可归结为以下几个方面。

（1）高效率　高效率主要是指电动机本身的高效率和驱动系统的高效率，也包括逆变器驱动电路的优化、加减速运动的优化、再生制动和能量反馈等方面。

（2）高性能　采用高精度的编码器进行信息反馈；使用高性能的直驱电动机和直线电动机消除中间传递误差，实现高速化和高精度定位；应用各类前馈补偿、非线性控制等现代控制策略不断提高伺服系统的性能。

（3）一体化　机电一体化集成是伺服驱动电机技术发展的重要方向，通过机械传动部件和驱动电动机的一体化设计，可以减少机械传动部件，简化关节设计，实现电动机直接驱动。电动机、驱动、控制和通信的一体化成为当前小功率伺服系统的一个发展方向，一体化可使得这几部分从设计、制造、运行和维护都更紧密地融为一体。

(4) 通用化　通用型驱动器配置大量的参数和丰富的菜单功能，便于用户在不改变硬件配置的条件下设置成不同的工作方式，可以驱动不同类型的电动机，适用于多种场合，可以使用电动机本身配置的反馈构成半闭环控制系统，也可以通过接口与外部传感器（位置、速度、力传感器等）构成高精度全闭环控制系统。

(5) 智能化　现代交流伺服驱动器具备参数记忆、故障自诊断和分析功能，大多数先进驱动器具备负载惯量测定和自动增益调整功能，有的具备参数辨识功能，有的能进行振动抑制等。

总之，交流伺服驱动系统是机器人的关键环节，对其研究能有效提高工业机器人等机电一体化产品的性能。随着科学技术的进步，伺服驱动系统将进一步向高速、高精度、小型化、集成化和网络化方向发展。

6.4　工业机器人控制系统举例

本节简要介绍工业机器人控制系统的结构，并以 PUMA560 机器人为例，说明机器人控制系统的基本工作原理。

6.4.1　工业机器人控制系统

工业机器人控制系统如图 6-13 所示，主要由软件和硬件两部分组成。软件部分主要包括轨迹规划算法、关节控制算法以及相应的动作程序等；硬件部分主要包括各关节的伺服驱动、控制装置和检测装置，硬件各组成部分的主要功能简述如下。

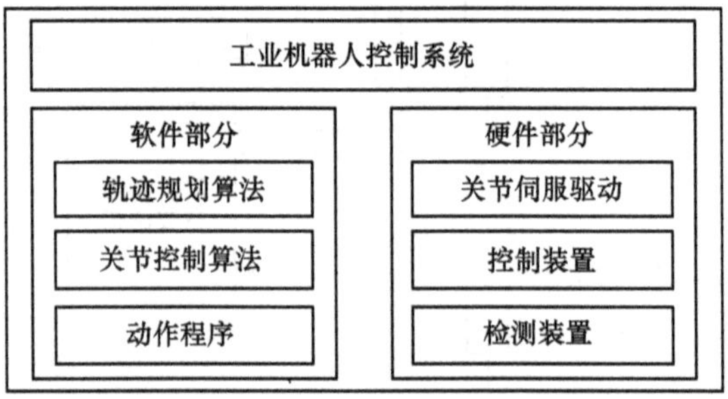

图 6-13　工业机器人控制系统组成

(1) 关节伺服驱动　伺服驱动装置是驱使执行机构运动的装置，按照控制系统发出的控制信号，借助于动力元件使机器人进行动作，它输入的是电信号，输出的是线位移、角位移量。机器人使用的驱动装置主要是电力驱动装置，也有少部分使用液压和气压驱动装置。

(2) 控制装置　控制装置根据期望轨迹、位置和速度反馈信号等信息给出控制指令，机器人控制方式有集中式控制和分散式控制两种。集中式控制由一台计算机完成机器人的控制。分散式控制采用多台计算机完成机器人的控制，如采用主机和从机两级计算机的控制方式，主机常用于完成系统的管理、通信、运动学和动力学计算，并向下级计算机发送指令；从机与机器人各个关节相对应，进行插补运算，完成伺服控制处理，实现期望的运动。

(3) 检测装置　检测装置的传感器总体上可分为两类，一类是内部传感器，即感知机器人本身的状态，如机器人关节位置、速度和加速度等，该类信息反馈至控制系统形成闭环控制。另一类是外部传感器，用于获取有关机器人作业对象和外界环境的信息，包括视觉、力觉、触觉、听觉等传感器，利用这些信息可构成所需的闭环反馈，提高控制精度。

机器人模型和控制算法复杂，对控制系统提出很高的要求。典型机器人实时控制主要分为力矩电流控制、速度位置控制、轨迹规划和人机交互四个层次，其中力矩电流控制的采样控制周期大约为62~125μs、速度环的采样控制周期大约为125~250μs，位置控制的采样控制周期大约为250~500μs，轨迹规划的采样控制周期大约为1~2ms，人机交互的采样控制周期大约为20~100ms。

6.4.2 PUMA560机器人工作原理

PUMA560机器人控制系统结构如图6-14所示，其控制器是由1台DEC LSI-11计算机和6个Rockwell 6503微处理器组成的两级控制系统。DEC LSI-11计算机作为上级主控计算机，输出指令到6个Rockwell 6503微处理器，每个微处理器采用PID控制律控制一个独立关节。两级控制器的功能与工作过程描述如下。

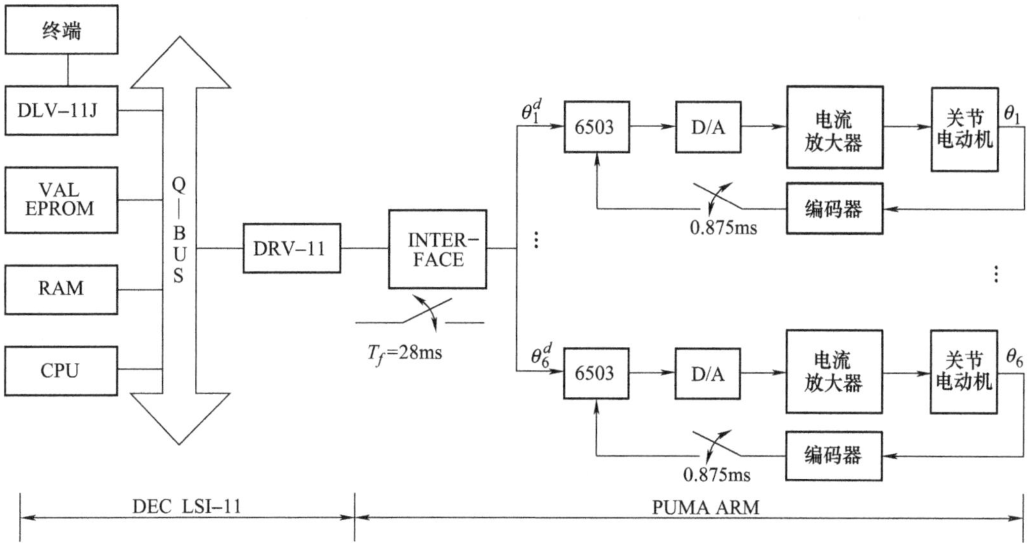

图6-14 PUMA560机器人控制系统结构

1. DEC LSI-11主控计算机

主控计算机DEC LSI-11相当于一个监控计算机，有下列两个主要功能：

1）与用户进行在线人机对话，并根据用户的VAL指令（VAL是Unimate机器人程序语言）进行子任务调度，包括向用户通报各种出错信息、对VAL指令进行分析、解释和解码。

2）与6个Rockwell 6503微处理器进行子任务协调，执行用户指令。DEC LSI-11计算机每28ms发送一个新的位置指令到关节微处理器。

总体而言，主控计算机的主要功能是对机器人动作命令进行处理，在进行运动指令编译时，DEC LSI-11计算机执行必要的逆运动学计算，进行坐标变换、轨迹规划等操作。

2. 关节控制器

每个关节有一个关节控制器，它由数字伺服板、模拟伺服板和功率放大器组成，关节控制器的核心部分是数字伺服板上的6503微处理器，每个微处理器控制一个关节，每个关节上装有一个光学增量编码器，检测关节角位移，微处理器可以读取关节的当前位置。PUMA560机器人上没有安装转速计，是通过对关节位置周期序列的差分来获得关节速度，进行速度反馈。

6503 微处理器与 DEC LSI-11 计算机之间是通过一个接口板进行通信的，接口板的作用相当于一个信号分配器，它向每个关节发送轨迹设定点的信息。关节控制器有两个伺服环，外环提供位置误差信息，由 6503 微处理器每 0.875ms 更新一次；内环由模拟器件和补偿器组成，用以微分反馈，起阻尼作用，两个伺服环的增益固定不变。

微处理器的主要功能可概括为：

1）每 28ms 接收一次来自 DEC LSI-11 计算机的轨迹设定点，然后对关节位置起点和终点之间的路径段进行插补计算，微处理器把 28ms 内关节应该运动的角度分成 32 等份，于是路径段内每一步的时间为 0.875ms。

2）更新根据关节插补设定点和编码器所得到的误差驱动信号，用 D/A 转换把误差驱动信号转换成电流信号，再把电流传送到模拟伺服板，驱动关节运动。

习　　题

1. 工业机器人控制系统和普通控制系统相比有哪些特点？

2. 图 6-15 所示为机器人控制系统框图，简述该控制系统的工作过程，描述关节位置和关节速度反馈的作用。

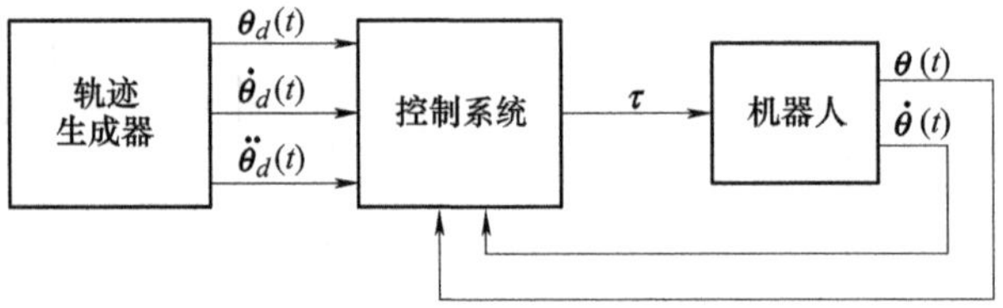

图 6-15　机器人控制系统框图

3. 常见的工业机器人内部传感器和外部传感器有哪些？

4. 如图 6-2 所示，质量为 m 的质量块连接在一个刚度为 k 的弹簧上，摩擦系数为 b，质量块零位和 x 轴正方向如图所示。假定摩擦力与质量块的速度成正比，弹簧弹性力与弹簧形变成正比，质量块（初始时静止）在位置 $x=-1$ 处被释放，求系统的运动。各参数值为 $m=1$、$b=5$、$k=6$。

第 7 章

机器人非线性控制

工业机器人属于复杂的典型非线性耦合系统，如果采用第 6 章讲述的线性控制方法，需要对机器人做一系列近似和简化处理。本章将介绍一种更高级的控制技术——非线性控制，这种控制技术无须做此类简化，直接采用非线性控制方法或通过补偿与解耦来实现对操作臂系统的控制。本章首先对非线性控制理论做简单介绍，然后介绍一种非线性系统稳定性分析方法——李雅普诺夫（Lyapunov）理论。在此基础上，介绍目前工业机器人常用的 PD 控制和基于重力补偿的 PD 控制技术，以及两种典型的非线性控制方法——非线性前馈控制和计算力矩控制。

7.1 非线性控制基础

对于一个系统来说，无论何时违背线性要求，都认为是非线性的，其控制设计问题就变得比线性系统复杂得多。前面在对操作臂进行讨论时，对其动力学模型进行了如下的一系列假设与简化：

1）把多输入多输出（MIMO）系统当成多个独立的单输入单输出（SISO）系统处理，从而将耦合的操作臂系统简化为多个单关节控制系统。

2）将关节的等效惯性矩和等效阻尼设定为常量。

3）不考虑操作臂的非线性动力学特性，采用单关节线性模型。

采用上述近似后，每个关节简化为一个质量-弹簧-阻尼系统，则 n 关节操作臂所建立的被控模型为 n 个独立的二阶常系数线性微分方程。如果被控对象非线性特性不明显，可以采用局部线性化来导出线性模型，如泰勒展开后的线性近似处理等，在工作点的邻域附近近似代表非线性方程。然而这种方法不适合大范围运动的机器人操作臂，因为很难找到一个适合所有工作区域的线性化模型。另一种方法是动态线性化方法。当操作臂运动时，其工作点也会随之变化，可以不断地在它期望轨迹位置附近进行重新线性化，该方法虽然可以得到系统的线性化模型，但系统会变成一个线性时变系统。本章将直接研究非线性系统的动力学方程，不采用上述这些线性化方法来设计控制律。

讨论非线性系统的控制问题之前，需要先了解几个概念。

定义 7.1　非线性系统　非线性系统通常指可用如下微分方程描述的动力学系统：

$$\dot{x} = f(x,\ t) \tag{7-1}$$

式中，f 为 $n\times 1$ 维的非线性矢量函数；x 为 $n\times 1$ 维的状态变量，是式（7-1）的解，在状态空间上常被称为状态轨迹或系统轨迹。

定义 7.2　时不变系统和时变系统　如果非线性系统（定义 7.1）中的函数 f 不显含时

间 t，那么这类非线性系统被称为时不变系统（自治系统），否则为时变系统（非自治系统）。下面讨论的系统均为自治系统，自治系统的动力学方程可表示为

$$\dot{x}=f(x) \tag{7-2}$$

时不变系统和时变系统的根本区别在于，时不变系统的状态轨迹是独立于初始时刻的，而时变系统的状态轨迹是严格依赖于初始时刻的。严格来说，任何系统都是时变的，时不变系统是大多数实际系统的理想简化，这种简化有助于问题的分析与求解。事实上，大多数系统的性能变化非常缓慢，因此，可以对系统做相应的时不变简化。

第 6 章的质量-弹簧-阻尼系统属于线性时不变系统，求解的是一个线性微分方程。但如果系统中的弹簧大范围运动时，此时它不是线性的，而是呈现出如图 7-1 所示的非线性，则方程的求解会比较困难。

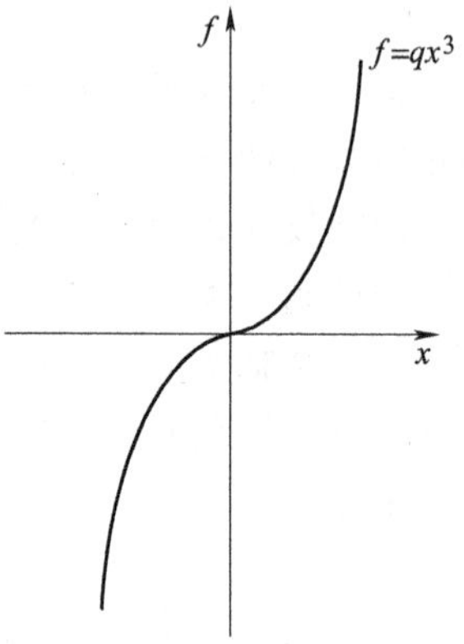

图 7-1　非线性弹簧力与位移的关系

由于出现了图 7-1 所示的非线性环节，使得质量-弹簧系统具有某种非线性特性，把系统看作准静态系统，并在每个瞬时计算出系统极点位置。分析零极点发现，质量块的运动会造成系统极点在复平面内移动，无法采用常用的线性系统极点配置方法设计固定增益使极点保持在期望的位置。因此，可以充分利用已知被控对象的非线性模型信息进行某种补偿或抵消，将非线性系统转变为线性系统，从而可以利用成熟的线性系统设计方法来设计机器人的关节运动控制器。

下面我们采用一个非线性项“补偿”或“抵消”弹簧的非线性效应，使得整个闭环系统变成线性系统。这种控制思路把控制律分解为两部分：一部分为基于非线性模型设计的补偿项，一部分为稳定化线性伺服控制器。这样从某种意义上来说，可以使得被控对象的非线性特性与设计的非线性补偿项相互“抵消”，最终形成了一个线性闭环系统，再设计线性伺服控制器，实现线性环节的稳定控制。显然，为了抵消系统中的非线性部分，需要知道准确的非线性动力学信息，这是这种方法的局限性。

例如，在图 6-2 所示的质量-弹簧-阻尼系统中，假设弹簧的非线性特性为 kx^3，试设计一个控制律，使系统保持在临界阻尼状态，且刚度为 k_{CL}。

其质量-弹簧-阻尼系统开环运动学方程为

$$m\ddot{x}+b\dot{x}+kx^3=f \tag{7-3}$$

式中，x、$\dot{x}$、$\ddot{x}$ 分别为质量块的位置、速度和加速度。

按照非线性控制律分解的思路，将系统控制器分解为两部分：

（1）设计基于模型的非线性控制器

$$f=\alpha f'+\beta \tag{7-4}$$

式中，α 和 β 是待定系数或函数。

将式（7-4）代入式（7-3），可得

$$m\ddot{x}+b\dot{x}+kx^3=\alpha f'+\beta \tag{7-5}$$

为了“抵消”系统动力学模型的原始非线性，需选择合适的 α 和 β。这里，令

$$\alpha=m$$

$$\beta=b\dot{x}+kx^3$$

这样系统就变成了一个单位质量系统的动力学方程

$$f' = \ddot{x} \tag{7-6}$$

定义 x_d 为期望位置，e 为位置误差，式（7-6）可以看作是输入为f'的一个惯性系统。对这样一个单位质量的运动系统来实施线性伺服控制就变得比较容易了。

（2）设计线性伺服控制器

引入线性前馈项 $\ddot{x}_d + k_v\dot{x}_d + k_p x_d$ 和线性反馈项 $-k_v\dot{x} - k_p x$ 来修正系统品质。则线性伺服控制部分为

$$f' = \ddot{x}_d + k_v\dot{e} + k_p e \tag{7-7}$$

其中，$e = x_d - x$。

将式（7-7）代入式（7-6），得到闭环系统误差方程为

$$\ddot{e} + k_v\dot{e} + k_p e = 0 \tag{7-8}$$

这是一个典型的二阶微分方程，选择适当的控制器增益 k_v 和 k_p，可以得到所希望的任意典型二阶系统品质，例如当 $k_v = 2\sqrt{k_p}$ 时，系统处于临界阻尼状态。该方程描述了相对于给定轨迹的误差变化规律。控制系统框图如图 7-2 所示。如果模型准确，即参数 m、b 和 k 值十分准确，同时又没有干扰及初始误差的情况下，物体将准确跟踪给定轨迹。

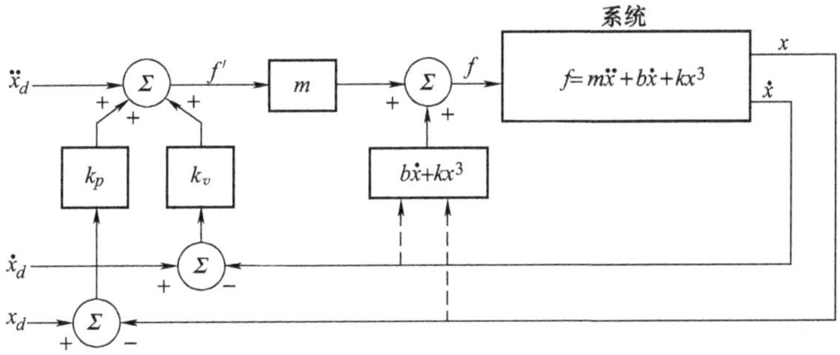

图 7-2　质量-非线性弹簧系统的非线性控制系统框图

由上面例子可以看出，针对质量-弹簧-阻尼非线性系统式（7-3），利用完整的基于模型的非线性控制器进行解耦和线性化，最后可以得到闭环系统是线性的。但这是建立在参数模型能够精确获得，且控制律式（7-4）采用的连续时间控制规律的基础上的，这样控制器才能实现完全解耦和线性化。但是由于计算机的离散计算特性，以及模型参数可能存在误差，会造成系统解耦和线性化不完全或不精确，整个闭环系统仍然是非线性的，常常难以达到理想的控制性能。特别是机器人系统属于复杂的多输入多输出非线性时变系统，其精确模型难以获得，对此类系统的稳定性和性能分析需要借助下面将要阐述的李雅普诺夫稳定性理论进行分析。

7.2　李雅普诺夫稳定性理论

稳定性是系统正常工作的首要条件，它描述初始条件下系统方程的解是否收敛，而与输入作用无关。经典控制理论中已经建立了代数判据、奈奎斯特判据、对数判据、根轨迹判据来判断线性定常系统的稳定性，但不适用于未经解耦和线性化的非线性系统和时变系统。李雅普诺夫稳定性理论采用状态变量描述，不仅适用于单变量、线性、定常系统，而且适用于

多变量、非线性、时变系统。下面讨论基于李雅普诺夫意义下的相关概念和设计。

7.2.1 稳定性基本概念

稳定性是控制系统最基本的性质。系统稳定是保证系统能够正常工作的首要条件。

所谓稳定性是指控制系统偏离平衡状态后，自动恢复到平衡状态的能力。当系统受到扰动后，其状态偏离了平衡状态，当其扰动被撤销后，如果系统的输出响应经过足够长的时间后，最终能够回到原来的平衡状态，则称此系统是稳定的；反之，如果系统的输出响应逐渐增加趋于无穷，或者进入振荡状态，则称系统是不稳定的。

讨论稳定性需要用到以下几个概念。

定义 7.3 平衡点 状态 x^* 被称为系统（定义 7.1）的平衡点是指一旦系统状态等于 x^*，那么它就一直等于 x^*，平衡点可表示为

$$f(x^*)=0 \tag{7-9}$$

因此，通过求解方程可以获得系统的平衡点。因为总可以通过设置新的变量 $y=x-x^*$ 进行平移变换为平衡点是原点的系统 $\dot{x}=f(y+x^*)$，因此通常只讨论原点 $x=0$ 的稳定性问题。

定义 7.4 稳定性 对于任意的 $R>0$，存在 $r>0$ 和 $t\geqslant 0$，如果 $\|x(0)\|<r$ 总能使得 $\|x(t)\|<R$ 成立，那么平衡点 $x=0$ 就被称为稳定的，否则该平衡点就是不稳定的。

可以写为：$\forall R>0,\ \exists r>0,\ x(0)\in B_r \Rightarrow \forall t\geqslant 0,\ x(t)\in B_R$

稳定（这里指李雅普诺夫意义下的稳定）表示只要系统的初始状态与原点足够接近，则系统轨迹也可以任意接近原点。系统的稳定性又可分为三种情形，渐近稳定性、临界稳定性和不稳定。如图 7-3 所示。

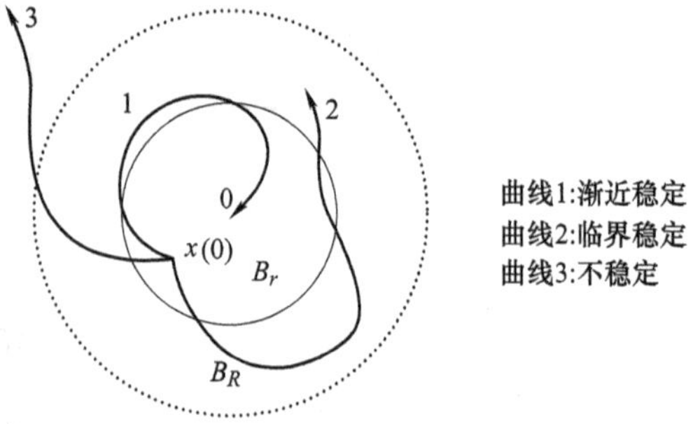

图 7-3 稳定性概念

定义 7.5 渐近稳定性 对于一个稳定的平衡点，如果存在 $r>0$，当 $\|x(0)\|<r$ 时，$x(t)\to 0$，$t\to\infty$，则平衡点 0 称为渐近稳定的。

由 $r>0$ 所确定的球域 B_r 常被称为吸引域（Domain of attraction）。平衡点的吸引域是指这类最大的球域。一个平衡点是李雅普诺夫稳定的，但不满足渐近稳定的条件，则这样的平衡点被称为条件（有限）稳定平衡点。

定义 7.6 全局稳定性 如果对于任意的初始状态，上述的渐近稳定性仍然成立，那么这样的平衡点就被称为全局渐近稳定的。注意，对线性时不变系统，渐近稳定总是全局指数收敛的，不稳定总是指数发散的。

7.2.2 李雅普诺夫直接法

李雅普诺夫方法是一种对线性和非线性系统都适用的稳定性分析方法。李雅普诺夫稳定性理论分为李雅普诺夫间接法和李雅普诺夫直接法。李雅普诺夫间接法是利用求解线性系统微分方程来判断系统稳定性，求解的复杂性造成其应用受到了很大限制；李雅普诺夫直接法则通过构造李雅普诺夫函数来判断系统稳定性，避免了求解系统的微分方程，从而获得了广

泛应用。

客观世界中，如果物理系统的能量是耗散的，不管该系统是线性的还是非线性的，其能量随时间的变化率是负值，对于每一个偏离系统平衡的状态，能量会沿某一系统轨迹下降直至最小值点（平衡点）达到平衡状态。

下面仍以7.1节的质量-弹簧-阻尼系统为例，采用 kx^3 来描述弹簧的非线性特性，分析非线性系统的稳定性。

$$m\ddot{x} + b\dot{x} + kx^3 = 0 \tag{7-10}$$

式中，x、$\dot{x}$，$\ddot{x}$ 分别为质量块的位置、速度和加速度。

系统总能量为系统的动能和势能之和

$$V(x,\ \dot{x}) = \frac{1}{2}m\dot{x}^2 + \int kx^3 \mathrm{d}x \tag{7-11}$$

式中，$\frac{1}{2}m\dot{x}^2$ 为质量块的动能；$\frac{1}{4}kx^4$ 为储存在弹簧中的势能。

可以看出，系统总能量 V 是非负的。

将式（7-11）对时间求导可得

$$\dot{V}(x,\ \dot{x}) = m\dot{x}\ddot{x} + kx^3\dot{x} = -b\dot{x}^2 \tag{7-12}$$

式（7-12）总是非正的，说明系统的能量总是在耗散，因此当系统受到干扰，将不断释放能量直到静止状态。在零能量状态下，分析式（7-11），得出其可能的静止位置为 $x=0$，也就是式（7-10）在任何初始能量条件下最终都将稳定在平衡点。由此可以得出，无论系统处于任何初始状态，只要系统的能量是耗散的，其最终必定会达到平衡点。这就是李雅普诺夫直接法判别系统稳定性的物理依据。

这种基于能量分析的稳定性证明方法是一种具有一般性意义的方法，该方法是以19世纪的俄国数学家李雅普诺夫的名字命名，称为李雅普诺夫稳定性分析方法或李雅普诺夫直接法。该方法的实质就是一种通过构造类似于“能量”的函数（李雅普诺夫函数）来直接研究系统的稳定性问题。

李雅普诺夫直接法的总能量与7.1节定义的稳定性之间存在必然的联系，包括：零能量对应着平衡点（$x=0$，$\dot{x}=0$）、渐近稳定性意味着系统的能量收敛到零，不稳定对应系统能量增长而不是耗散。这种对应关系表明，标量形式的能量大小间接反映系统状态的大小，也表明了系统的稳定性可通过系统的能量变化来表征。然而，李雅普诺夫直接法只能用于判别系统稳定性，一般不能提供有关系统过渡过程或动态性能的任何信息，也就是说，判定了系统虽然是稳定的，但它的动态性能有可能并不令人满意。

李雅普诺夫直接法是为数不多的能够直接用于判别非线性系统稳定性的方法之一。用于确定微分方程式（7-1）所描述的非线性系统的稳定性。由于实际系统的多样性、复杂性，很难用一般意义上的能量来描述各种系统的变化，李雅普诺夫定义了一个广义能量函数，即李雅普诺夫函数 $V(x)$，通过 $V(x)$、$\dot{V}(x)$ 来判断系统稳定性，如能构造出系统的李雅普诺夫函数，就能判断系统的稳定性。

定义7.7 正定函数 一个连续标量函数 $V(x)$ 被称为局部正定，当且仅当 $V(0)=0$ 和在一个原点的邻域（球域 B_R）内，若 $x \neq 0$，则 $V(x)>0$。如果该函数在整个状态空间内都具有上述性质，那么其就被称为全局正定。图 7-4 所示为一个一般正定函数的几何意义。

上述正定函数的定义隐含着函数 V 有唯一的平衡点 0，实际上，对于给定在某个球域内有唯一一个最小值的函数，总能通过加减一个常数而构造一个局部正定的函数。例如 $V(x)=x_1^2+x_2^2-1$，是一个有下界的且在原点有唯一最小值的连续函数，可以通过加 1 使函数成为一个正定的函数，通过加减常数变换后的函数与原函数具有相同的导数。

定义 7.8 李雅普诺夫函数 如果在一个球域 $B_R=\{x \subset \mathbf{R}^n,\ \|x\|<R\}$ 内，一个一阶偏导连续的标量函数 $V(x)$ 是正定的，并且其沿着系统 $\dot{x}=f(x)$ 的状态轨迹的导数是半负定的，即 $\dot{V}(x)\leqslant 0$，那么 $V(x)$ 被称为系统 $\dot{x}=f(x)$ 的李雅普诺夫函数。图 7-5 所示为李雅普诺夫函数的几何意义，$V(x_1,\ x_2)$ 总是向更小的地方（碗底）运动。

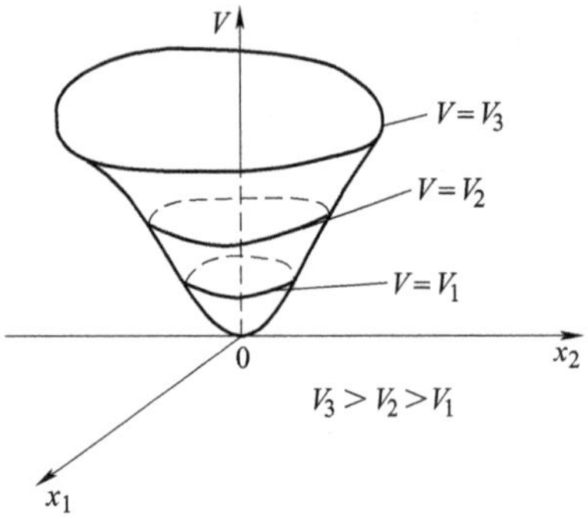

图 7-4　正定函数的几何意义

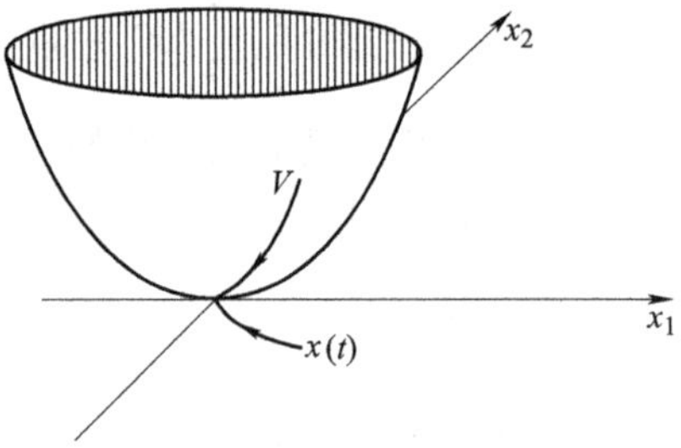

图 7-5　李雅普诺夫函数的几何意义

由定义 7.7 可看出，一个连续的标量函数是李雅普诺夫函数，必须满足两个条件：即函数本身是正定的，函数对时间的导数是半负定的。

定理 7.1 李雅普诺夫局部（Local）稳定性定理 对于给定的系统 $\dot{x}=f(x)$，在一个球域 B_R 内，如果存在一个连续一阶部分微分标量函数 $V(x)$，使得：

(1) $V(x)$ 在 B_R 内局部正定；

(2) $\dot{V}(x)$ 在 B_R 内局部半负定，

则系统的平衡点是稳定的。

如果 $\dot{V}(x)$ 在球域 B_R 内是局部负定的，那么，系统的平衡点是渐近稳定的。其中 B_R 常被称为稳定吸引域。

注意到前述定理仅适用于稳定点附近的局部稳定性分析。而保证全局稳定性的条件不但要将球域 B_R 放大到整个状态空间，还要附加一个条件，即 $V(x)$ 必须保证径向无界，即：

当 $\|x\|\to\infty$ 时，$V(x)\to\infty$。

定理 7.2 李雅普诺夫全局（Global）稳定性定理 假定存在一个关于系统状态的连续一阶可微标量函数 $V(x)$，满足：

(1) $V(x)$ 正定；

(2) $V(x)$ 径向无界（或正则）；

(3) $\dot{V}(x)$ 负定，

则系统的原点是全局渐近稳定的。

必须指出的是，李雅普诺夫稳定性定理仅是系统稳定的一个充分条件。即：若对于某系统，选择一个正定的李雅普诺夫候选函数，不满足 $\dot{V}(x)$ 为（半）负定的条件，则不能判定系统稳定或不稳定，仅能认为该候选李雅普诺夫函数不合适，需要重新选择一个李雅普诺夫函数来进行系统稳定性的分析。

对于系统的稳定性分析来说，渐近稳定性是一个重要的性质。但是，应用李雅普诺夫直接法进行系统稳定性分析时，却不容易得到渐近稳定性的结论，因为渐近稳定性要求候选李雅普诺夫函数的微分为负定（$\dot{V}(x)<0$），而大多数情况下，仅能得到 $\dot{V}(x)\leqslant 0$。因此需要讨论 $\dot{V}(x)=0$ 时的情况，以便确定所研究的系统是渐近稳定的，还是“黏”在 $V(x)$ 以外的某个地方。La Salle 不变性原理则成功地解决了该问题。

La Salle 不变性原理的核心是不变集，即平衡点概念的推广。

定义 7.9 不变集　一个子集 G 被称为某一个动力学系统的不变集，是指当且仅当从该子集 G 内某点出发的系统状态轨迹都始终保持在该子集 G 内。

根据定义 7.9 可以看出，系统的平衡点是一个不变集，吸引域也是一个不变集。

类似于李雅普诺夫直接法，La Salle 不变性原理也包括局部不变性原理和全局不变性原理。

推论 7.1　考虑时不变系统 $\dot{x}=f(x)$，$V(x)$ 为 C^1 光滑的标量函数，假设在含原点的某个邻域 Ω 内：

（1）$V(x)$ 局部正定；

（2）$\dot{V}(x)$ 为半负定；

（3）由 $\dot{V}(x)=0$ 所确定的子集仅包含式（7-2）所示系统轨迹的原点，

则该原点是渐近稳定的，并且，Ω 内由 $V(x)<l$ 定义的最大 Ω_l 就是该平衡点的稳定吸引域。

定理 7.3La Salle 全局不变性原理　考虑时不变系统 $\dot{x}=f(x)$，$V(x)$ 为 C^1 光滑的标量函数，假设：

（1）当 $\|x\|\to\infty$，$V(x)\to\infty$；

（2）在整个状态空间，$\dot{V}(x)\leqslant 0$，

设 R 为所有由 $\dot{V}(x)=0$ 确定的点集，M 为 R 内的最大不变集，那么，当 $t\to\infty$时，$\dot{x}=f(x)$ 的所有解都趋向于 M。

当利用上述 La Salle 全局不变性原理确定系统的渐近稳定性时，即要证明当 $t\to\infty$时，$x(t)\to 0$，需要证明 R 内的最大不变集就是原点。这一般可以通过反证法来证明除原点外，再无任何解能够存在于 R 内。

［例 7-1］　图 7-6 所示 V 函数的正定性判断：

$V_1(x)$ 为局部正定，但非全局正定；$V_2(x)$ 为全局正定，且径向无界；

$V_3(x)$ 为全局正定，但非径向无界；$V_4(x)$ 为全局正定，且径向无界。

［例 7-2］　判断函数 $V_1(x_1, x_2)=x_1^2+x_2^2$，$V_2(x_1, x_2)=(x_1+x_2)^2$，$V_3(x_1, x_2)=(x_1+x_2)^2+\alpha x_1^2$（这里 $\alpha>0$）的正定性。

显然，V_1为正定函数；V_2为半正定函数，当 $x_1=-x_2$ 时，$V_2=0$；V_3为正定函数。

［例 7-3］　对于矢量线性系统

$$\dot{\boldsymbol{x}}=-\boldsymbol{A}\boldsymbol{x}$$

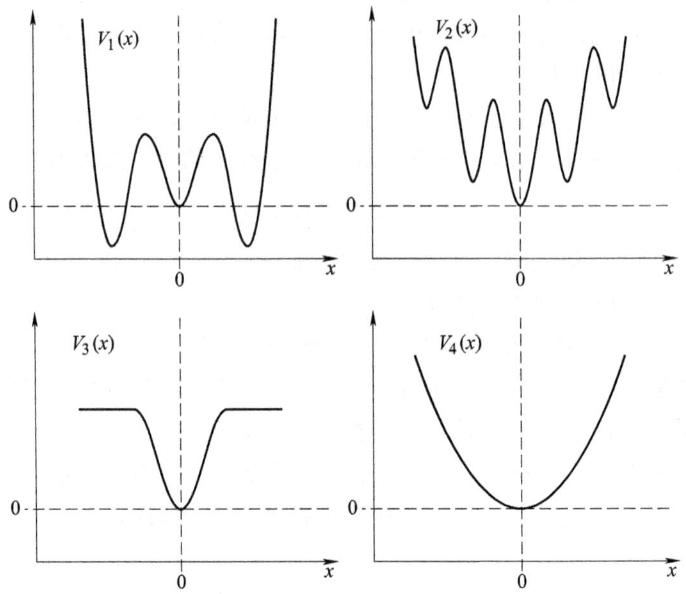

图 7-6　不同 V 函数的正定性

式中，$\boldsymbol{A}$ 是 $m \times m$ 的正定矩阵。可取李雅普诺夫函数为

$$\boldsymbol{V}(\boldsymbol{x}) = \frac{\boldsymbol{x}^{\mathrm{T}}\boldsymbol{x}}{2}$$

显然，此函数处处连续，且为正定函数，微分可得

$$\dot{V}(\boldsymbol{x}) = \boldsymbol{x}^{\mathrm{T}}\dot{\boldsymbol{x}} = \boldsymbol{x}^{\mathrm{T}}(-\boldsymbol{A}\boldsymbol{x}) = -\boldsymbol{x}^{\mathrm{T}}\boldsymbol{A}\boldsymbol{x}$$

由于 $\boldsymbol{A}$ 是正定的，因此 $\dot{V}(\boldsymbol{x})$ 为非正的，又由于 $\dot{V}(\boldsymbol{x})=0$ 处的唯一解为 $x=0$，由 La Salle 不变性原理可知，系统是渐近稳定的。

[例 7-4]　对于一单位质量-弹簧-阻尼组成的机械系统，有

$$\ddot{x} + b(\dot{x}) + k(x) = 0$$

其中，弹簧和阻尼作用都可以表示为非线性的，位于第一、三象限的连续函数 $b(\dot{x})$ 和 $k(x)$（见图 7-7），且满足下列条件：

$$\begin{cases} \dot{x}b(\dot{x}) > 0, & \dot{x} \neq 0 \\ xk(x) > 0, & x \neq 0 \end{cases}$$

构造李雅普诺夫函数

$$V(x,\ \dot{x}) = \frac{\dot{x}^2}{2} + \int_0^x k(\lambda)\,\mathrm{d}\lambda$$

从而得到

$$\dot{V}(x,\ \dot{x}) = \dot{x}\ddot{x} + k(x)\dot{x} = -\dot{x}b(\dot{x}) - k(x)\dot{x} + k(x)\dot{x} = -\dot{x}b(\dot{x}) \leqslant 0$$

因此，$\dot{V}(x,\ \dot{x})$ 是半负定的。为了判断系统是否是渐近稳定的，还必须保证当 $t \to \infty$ 时，系统的所有解 $x(t) \to 0$，因此需要讨论 $\dot{V}(x)=0$ 时，

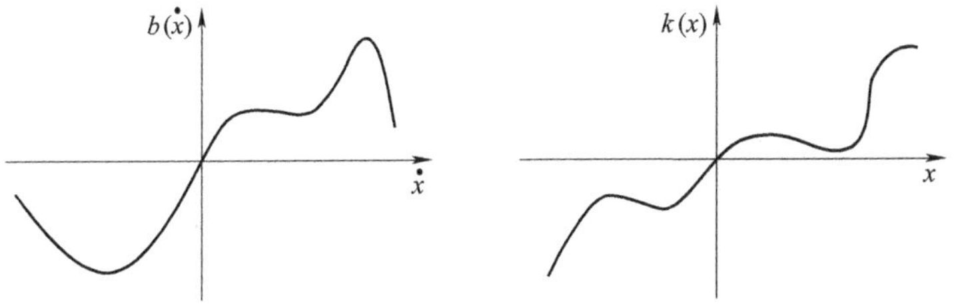

图 7-7　函数 $b(\dot{x})$ 和 $k(x)$ 的示意图

$$\dot{x}b(\dot{x}) = 0 \Leftrightarrow \dot{x} = 0$$

而由 $\dot{x} = 0$ 可得 $\ddot{x} = -k(x)$。这意味着当 $x \neq 0$ 时，其是非零的，因此系统不可能停在 $x = 0$ 以外的任何一个点。由 $\dot{V} = 0$ 定义的 R，包含的最大不变集 M 只包含一个点，即 $x = 0$，$\dot{x} = 0$。由 La Salle 不变性原理可知，系统的原点是局部渐近稳定的。

如果 $|x| \to \infty$ 时，$\int_0^x k(\lambda)\mathrm{d}\lambda$ 是无界的，那么，V 是径向无界的。由全局不变集定理可知原点是全局渐近稳定点。

7.3　PD 位置控制

本节主要介绍非线性机器人系统的渐近稳定位置控制问题，即对于任意给定的期望位置 θ_d，通过图 7-8 所示的控制结构，设计控制律：

$$\tau = \tau(\theta, \dot{\theta}, \ddot{\theta}, \theta_d, D(\theta), H(\theta, \dot{\theta}), G(\theta))$$

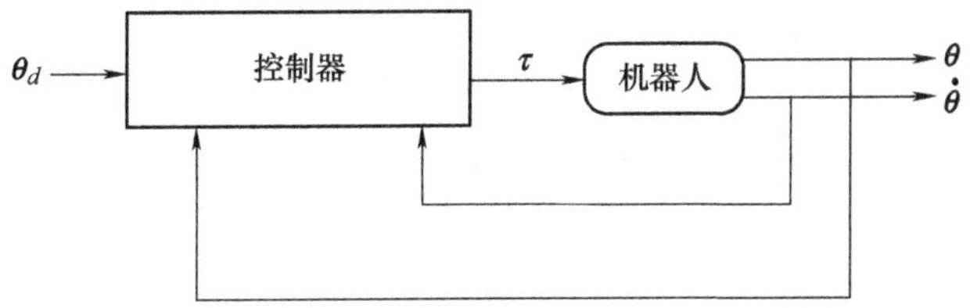

图 7-8　位置闭环控制系统结构

机器人系统能够从初始位置 $(\boldsymbol{\theta}(0), \dot{\boldsymbol{\theta}}(0))$ 渐近稳定地达到期望位置，即

$$\lim_{t\to\infty}\boldsymbol{\theta}(t) = \boldsymbol{\theta}_d$$

本节首先介绍机器人动力学模型的基本特性，然后对不包含重力项 $\boldsymbol{G}(\boldsymbol{\theta})$ 的操作臂实现了 PD 稳定控制，再对存在重力项 $\boldsymbol{G}(\boldsymbol{\theta})$ 的操作臂设计了重力补偿的 PD 控制器。同时，基于李雅普诺夫理论分析了系统稳定性。

n 自由度非线性工业机器人系统的动力学模型可表示为

$$\boldsymbol{\tau} = \boldsymbol{D}(\boldsymbol{\theta})\ddot{\boldsymbol{\theta}} + \boldsymbol{H}(\boldsymbol{\theta}, \dot{\boldsymbol{\theta}})\dot{\boldsymbol{\theta}} + \boldsymbol{G}(\boldsymbol{\theta}) \tag{7-13}$$

式中，各项含义与式（5-43）相同。研究机器人操作臂控制问题，需要用到如下动力学特性（证明略）：$\dot{\boldsymbol{D}}(\boldsymbol{\theta}) - 2\boldsymbol{H}(\boldsymbol{\theta}, \dot{\boldsymbol{\theta}})$ 为反对称矩阵，即 $\boldsymbol{\zeta}^{\mathrm{T}}(\dot{\boldsymbol{D}}(\boldsymbol{\theta}) - 2\boldsymbol{H}(\boldsymbol{\theta}, \dot{\boldsymbol{\theta}}))\boldsymbol{\zeta} = 0$，$\forall \zeta \in \mathbf{R}^n$。

PID 作为最经典的线性控制方法，算法简单，实时性高，目前广泛应用于工业控制中。

PID 控制原理结构图如图 7-9 所示，控制算法如下：

$$u(t) = k_p e + k_i \int_0^t e(\tau)\mathrm{d}\tau + k_d \dot{e} \tag{7-14}$$

式中，e 为偏差量，k_p 为比例增益；k_i 为积分控制增益；k_d 为微分控制增益。

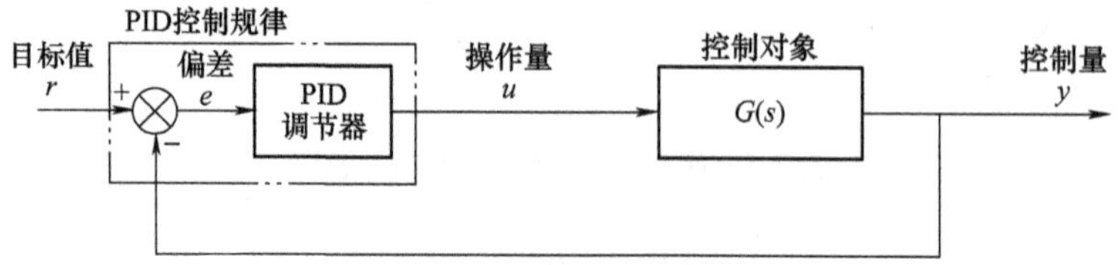

图 7-9　PID 控制原理结构图

PID 控制各分量的作用：

P 是指比例控制，也称比例增益。其作用是偏差量 e 一出现就能及时调节，调节作用同偏差量是成比例的。k_p 增大有利于减小静差，但 k_p 增加太大，通常将导致系统超调增大或趋于不稳定。

I 是指积分控制。积分控制主要目的在于消除稳态误差，积分控制器就是要将偏差随时间不断累积，只要偏差存在，积分控制器就会起作用，直到偏差为 0。但由于积分控制器是对偏差的不断累积，容易造成调节作用过强，产生振荡。

D 是指微分控制。根据偏差的变化速度进行调节，因此能提前给出较大的调节作用，大大减小了系统的动态偏差量及调节过程时间。但微分作用过强，又会使调节作用过强，引起系统超调和振荡。

目前，大多数机器人均采用上述不依赖精确动力学模型的关节独立 PID 控制（或其变形）。由于是多变量控制，$\boldsymbol{k}_p$、$\boldsymbol{k}_i$、$\boldsymbol{k}_d$均为对角阵，这意味着各轴力矩控制只与自身有关。P 控制和 PD 控制属于 PID 控制的一种，广泛应用于工业机器人控制中。图 7-10 和图 7-11 所示分别为常见的 P 与 PD 控制结构图，当采用位置定位控制，控制量 $\boldsymbol{\theta}_d$ 为恒定量时，则 $\dot{\boldsymbol{\theta}}_d = \boldsymbol{0}$，两者相同。当 $\dot{\boldsymbol{\theta}}_d \neq 0$ 时，为跟踪问题，这里仅讨论定位问题。

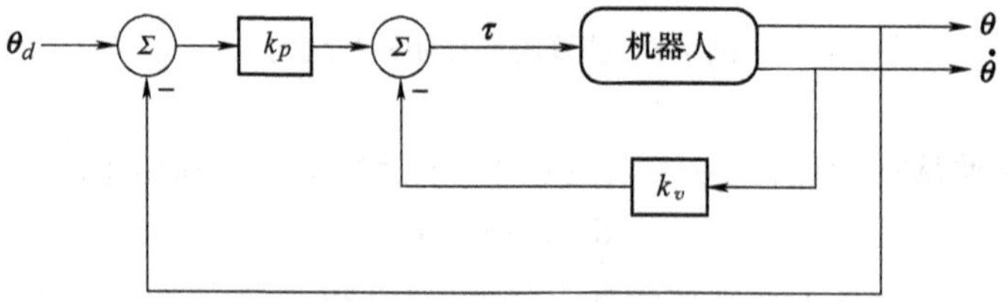

图 7-10　机器人关节 P 控制结构图

当忽略重力时（例如太空机器人在失重状态时），机器人动力学模型中不含重力项，此时方程为

$$\boldsymbol{\tau} = \boldsymbol{D}(\boldsymbol{\theta})\ddot{\boldsymbol{\theta}} + \boldsymbol{H}(\boldsymbol{\theta}, \dot{\boldsymbol{\theta}})\dot{\boldsymbol{\theta}} \tag{7-15}$$

设计 PD 控制律为

$$\boldsymbol{\tau} = \boldsymbol{k}_p \boldsymbol{e} + \boldsymbol{k}_v \dot{\boldsymbol{e}} \tag{7-16}$$

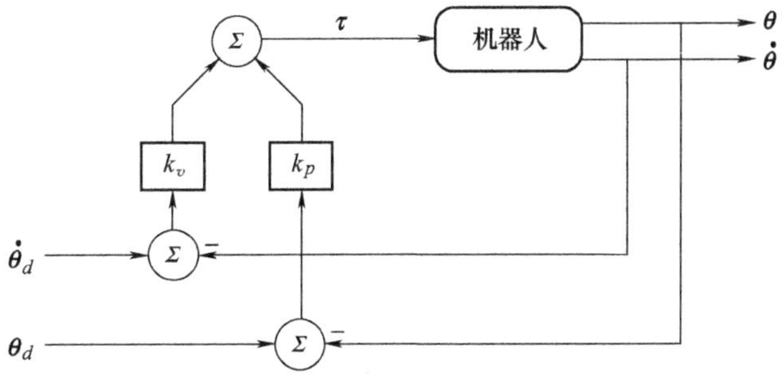

图 7-11　机器人关节 PD 控制结构图

式中，$\boldsymbol{k}_p$、$\boldsymbol{k}_v \in \mathbf{R}^{n\times n}$ 是正定对角阵，称为位置增益和速度增益；矢量 $\boldsymbol{\theta}_d$、$\dot{\boldsymbol{\theta}}_d \in \mathbf{R}^n$ 表示期望的关节位置和速度；$\boldsymbol{e}=\boldsymbol{\theta}_d-\boldsymbol{\theta}\in\mathbf{R}^n$ 表示位置误差，$\dot{\boldsymbol{e}}=\dot{\boldsymbol{\theta}}_d-\dot{\boldsymbol{\theta}}\in\mathbf{R}^n$ 表示速度误差。

将 PD 控制律式（7-16）代入式（7-15）得

$$\boldsymbol{D}(\boldsymbol{\theta})\ddot{\boldsymbol{\theta}}+\boldsymbol{H}(\boldsymbol{\theta},\ \dot{\boldsymbol{\theta}})\dot{\boldsymbol{\theta}}=\boldsymbol{k}_p\boldsymbol{e}+\boldsymbol{k}_v\dot{\boldsymbol{e}} \tag{7-17}$$

为简化讨论，对机器人的定位控制而言，其期望位置矢量 $\boldsymbol{\theta}_\text{d}$ 为常矢量，此时 $\dot{\boldsymbol{\theta}}_d=\ddot{\boldsymbol{\theta}}_d\equiv\mathbf{0}$，则 $\ddot{\boldsymbol{\theta}}=\ddot{\boldsymbol{\theta}}-\ddot{\boldsymbol{\theta}}_d$，$\dot{\boldsymbol{\theta}}=\dot{\boldsymbol{\theta}}-\dot{\boldsymbol{\theta}}_d$。式（7-17）可写为

$$\boldsymbol{D}(\boldsymbol{\theta})(\ddot{\boldsymbol{\theta}}_d-\ddot{\boldsymbol{\theta}})+\boldsymbol{H}(\boldsymbol{\theta},\ \dot{\boldsymbol{\theta}})(\dot{\boldsymbol{\theta}}_d-\dot{\boldsymbol{\theta}})+\boldsymbol{k}_p\boldsymbol{e}+\boldsymbol{k}_v\dot{\boldsymbol{e}}=\mathbf{0}$$

闭环系统误差方程为

$$\boldsymbol{D}(\boldsymbol{\theta})\ddot{\boldsymbol{e}}+(\boldsymbol{H}(\boldsymbol{\theta},\ \dot{\boldsymbol{\theta}})+\boldsymbol{k}_v)\dot{\boldsymbol{e}}+\boldsymbol{k}_p\boldsymbol{e}=\mathbf{0} \tag{7-18}$$

下面进行稳定性分析。

构建李雅普诺夫函数

$$V=\frac{1}{2}\dot{\boldsymbol{e}}^\mathrm{T}\boldsymbol{D}(\boldsymbol{\theta})\dot{\boldsymbol{e}}+\frac{1}{2}\boldsymbol{e}^\mathrm{T}\boldsymbol{k}_p\boldsymbol{e} \tag{7-19}$$

由 $\boldsymbol{D}(\boldsymbol{\theta})$ 及 $\boldsymbol{k}_p$ 的正定性可知，V 是全局正定的。

对式（7-19）两边微分得

$$\dot{V}=\dot{\boldsymbol{e}}^\mathrm{T}\boldsymbol{D}(\boldsymbol{\theta})\ddot{\boldsymbol{e}}+\frac{1}{2}\dot{\boldsymbol{e}}^\mathrm{T}\dot{\boldsymbol{D}}(\boldsymbol{\theta})\dot{\boldsymbol{e}}+\boldsymbol{e}^\mathrm{T}\boldsymbol{k}_p\boldsymbol{e} \tag{7-20}$$

由机器人动力学特性 $\dot{\boldsymbol{D}}(\boldsymbol{\theta})-2\boldsymbol{H}(\boldsymbol{\theta},\ \dot{\boldsymbol{\theta}})$ 为斜对称矩阵可知 $\dot{\boldsymbol{e}}^\mathrm{T}\dot{\boldsymbol{D}}(\boldsymbol{\theta})\dot{\boldsymbol{e}}=2\dot{\boldsymbol{e}}^\mathrm{T}\boldsymbol{H}(\boldsymbol{\theta},\ \dot{\boldsymbol{\theta}})\dot{\boldsymbol{e}}$，则

$$\begin{aligned}\dot{\boldsymbol{V}}&=\dot{\boldsymbol{e}}^\mathrm{T}\boldsymbol{D}(\boldsymbol{\theta})\ddot{\boldsymbol{e}}+\dot{\boldsymbol{e}}^\mathrm{T}\boldsymbol{H}(\boldsymbol{\theta},\ \dot{\boldsymbol{\theta}})\dot{\boldsymbol{e}}+\dot{\boldsymbol{e}}^\mathrm{T}\boldsymbol{k}_p\boldsymbol{e}\\&=\dot{\boldsymbol{e}}^\mathrm{T}(\boldsymbol{D}(\boldsymbol{\theta})\ddot{\boldsymbol{e}}+\boldsymbol{H}(\boldsymbol{\theta},\ \dot{\boldsymbol{\theta}})\dot{\boldsymbol{e}}+\boldsymbol{k}_p\boldsymbol{e})\end{aligned}$$

代入闭环系统误差方程式（7-18）得

$$\dot{V}=-\dot{\boldsymbol{e}}^\mathrm{T}\boldsymbol{k}_v\dot{\boldsymbol{e}}\leqslant 0 \tag{7-21}$$

由于 $\boldsymbol{k}_v$ 正定，$\dot{V}\leqslant 0$，即是半负定的，能量是耗散的。当 $\dot{V}=0$ 时，有 $\dot{\boldsymbol{\theta}}=\mathbf{0}$ 和 $\ddot{\boldsymbol{\theta}}=\mathbf{0}$，即 $\dot{\boldsymbol{e}}\equiv\mathbf{0}$，$\ddot{\boldsymbol{e}}\equiv 0$。在此情况下，由误差方程式（7-18）可得 $\boldsymbol{k}_p\boldsymbol{e}=\mathbf{0}$，由于 $\boldsymbol{k}_p$ 是可逆的，则 $\boldsymbol{e}=\mathbf{0}$。由 La Salle 定理可知，$(\boldsymbol{e},\ \dot{\boldsymbol{e}})=(\mathbf{0},\ \mathbf{0})$ 是系统全局渐近稳定的平衡点，即从任意初始条

件（θ_0，$\dot{\theta}_0$）出发，均有 $\boldsymbol{\theta} \to \boldsymbol{\theta}_d$，$\dot{\boldsymbol{\theta}} \to \mathbf{0}$。

当考虑重力影响时，机器人动力学模型为式（7-8），此时采用单独 PD 控制难以获得满意的控制效果。分析如下：

将 PD 控制律式（7-16）代入得

$$\boldsymbol{D}(\boldsymbol{\theta})\ddot{\boldsymbol{\theta}} + \boldsymbol{H}(\boldsymbol{\theta}, \dot{\boldsymbol{\theta}})\dot{\boldsymbol{\theta}} + \boldsymbol{G}(\boldsymbol{\theta}) = \boldsymbol{k}_p\boldsymbol{e} + \boldsymbol{k}_v\dot{\boldsymbol{e}} \tag{7-22}$$

此时闭环系统误差方程为

$$\boldsymbol{D}(\boldsymbol{\theta})\ddot{\boldsymbol{e}} + \boldsymbol{H}(\boldsymbol{\theta}, \dot{\boldsymbol{\theta}})\boldsymbol{e} - \boldsymbol{G}(\boldsymbol{\theta}) + \boldsymbol{k}_p\boldsymbol{e} + \boldsymbol{k}_v\dot{\boldsymbol{e}} = \mathbf{0} \tag{7-23}$$

构建同样的李雅普诺夫函数

$$V = \frac{1}{2}\dot{\boldsymbol{e}}^{\mathrm{T}}\boldsymbol{D}(\boldsymbol{\theta})\dot{\boldsymbol{e}} + \frac{1}{2}\boldsymbol{e}^{\mathrm{T}}\boldsymbol{k}_p\boldsymbol{e} \tag{7-24}$$

则两边微分后整理得

$$\dot{V} = \dot{\boldsymbol{e}}^{\mathrm{T}}\boldsymbol{G}(\boldsymbol{\theta}) - \dot{\boldsymbol{e}}^{\mathrm{T}}\boldsymbol{k}_v\dot{\boldsymbol{e}} \tag{7-25}$$

显然，由于重力项的存在，无法获得 $\dot{V} \leqslant 0$。如果“抵消”了非线性重力项，那么在理论上就可以实现操作臂的稳定控制。根据这一思路，下面介绍一种基于重力补偿的非线性控制方法，具体控制系统框图如图 7-12 所示。

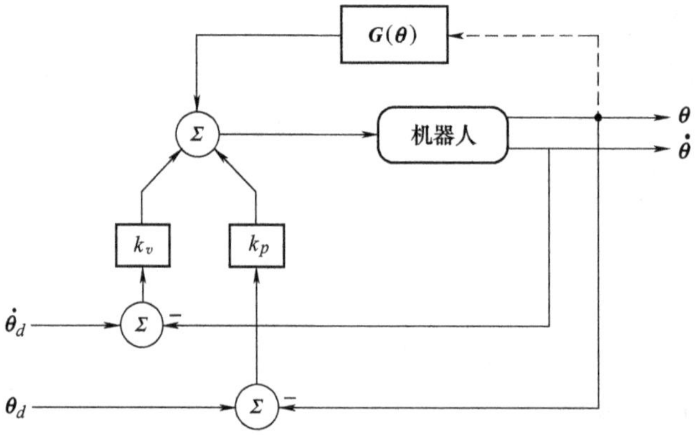

图 7-12　基于重力补偿的 PD 控制图

设计基于重力补偿的 PD 控制律为

$$\boldsymbol{\tau} = \boldsymbol{G}(\boldsymbol{\theta}) + \boldsymbol{k}_p\boldsymbol{e} + \boldsymbol{k}_v\dot{\boldsymbol{e}} \tag{7-26}$$

将控制律式（7-26）代入机器人动力学模型式（7-8），则

$$\boldsymbol{D}(\boldsymbol{\theta})\ddot{\boldsymbol{\theta}} + \boldsymbol{H}(\boldsymbol{\theta}, \dot{\boldsymbol{\theta}})\dot{\boldsymbol{\theta}} = \boldsymbol{k}_p\boldsymbol{e} + \boldsymbol{k}_v\dot{\boldsymbol{e}} \tag{7-27}$$

闭环系统误差方程为

$$\boldsymbol{D}(\boldsymbol{\theta})\ddot{\boldsymbol{e}} + \boldsymbol{H}(\boldsymbol{\theta}, \dot{\boldsymbol{\theta}})\dot{\boldsymbol{e}} + \boldsymbol{k}_p\boldsymbol{e} + \boldsymbol{k}_v\dot{\boldsymbol{e}} = \mathbf{0} \tag{7-28}$$

该误差方程式（7-28）和独立 PD 控制获得的误差方程式（7-18）是相同的。整个稳定性证明过程同独立 PD 控制，可以证明系统是全局渐近稳定的。

基于重力补偿的 PD 控制采用的是控制律分解的方法，控制律包含两个部分，分别为基于模型的非线性控制律和线性伺服控制器，这要求非线性模型 $\boldsymbol{G}(\boldsymbol{\theta})$ 必须精确获得。以上推导有力地显示了只要 $\boldsymbol{k}_p$ 和 $\boldsymbol{k}_v$ 为正定矩阵，任何机械臂平衡姿态都是全局渐近稳定的，它说明了当前工业机器人最常采用的 PD 控制策略可以在一定程度上满足控制的要求。

7.4 操作臂的非线性跟踪控制

本节研究非线性机器人系统的渐近稳定轨迹跟踪控制问题。可以这样来理解机器人轨迹跟踪的含义，考虑一个 n 自由度的非线性机器人操作臂，给定有界矢量函数 $\boldsymbol{\theta}_d$、$\dot{\boldsymbol{\theta}}_d$、$\ddot{\boldsymbol{\theta}}_d$ 作为期望轨迹，要求找到一个矢量函数 $\boldsymbol{\tau}$，使得操作臂系统能够从初始位置（$\boldsymbol{\theta}(0)$，$\dot{\boldsymbol{\theta}}(0)$）渐近稳定地跟踪期望轨迹（$\boldsymbol{\theta}_d(t)$，$\dot{\boldsymbol{\theta}}_d(t)$）。其控制结构如图 7-13 所示。

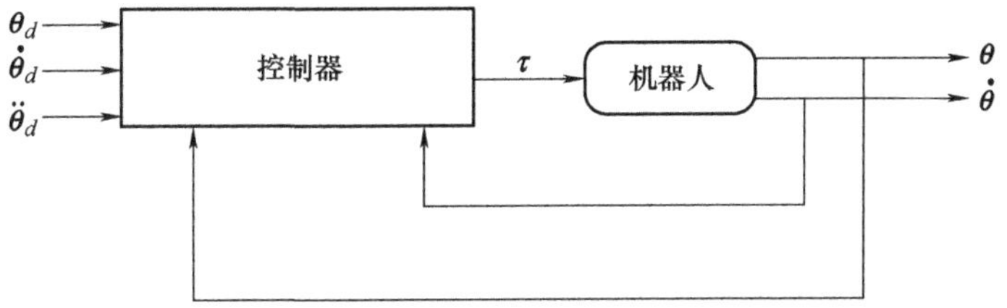

图 7-13　机器人轨迹跟踪闭环控制图

作为机械臂非线性控制典型算法，本节重点介绍两种控制方法：前馈 PD 控制与计算力矩控制。两种方法的共同点均是采用基于模型的线性解耦来实现非线性补偿，同时采用伺服回路来实现误差系统的动态稳定。该思想对于非线性控制具有重要意义。

7.4.1 前馈 PD 控制

1. 独立前馈控制

由机器人操作臂的动力学方程 $\boldsymbol{\tau}=\boldsymbol{D}(\boldsymbol{\theta})\ddot{\boldsymbol{\theta}}+\boldsymbol{H}(\boldsymbol{\theta},\dot{\boldsymbol{\theta}})\dot{\boldsymbol{\theta}}+\boldsymbol{G}(\boldsymbol{\theta})$ 可知，如果希望机器人关节实际位置 $\boldsymbol{\theta}$ 和速度 $\dot{\boldsymbol{\theta}}$ 等于关节期望位置 $\boldsymbol{\theta}_d$ 和速度 $\dot{\boldsymbol{\theta}}_d$，则将方程中的 $\boldsymbol{\theta}$ 和 $\dot{\boldsymbol{\theta}}$ 用 $\boldsymbol{\theta}_d$ 和 $\dot{\boldsymbol{\theta}}_d$ 替换来计算力矩 $\boldsymbol{\tau}$ 似乎是可行的，这就是前馈控制的思想，即理想控制律为

$$\boldsymbol{\tau}=\boldsymbol{D}(\boldsymbol{\theta}_d)\ddot{\boldsymbol{\theta}}_d+\boldsymbol{H}(\boldsymbol{\theta}_d,\dot{\boldsymbol{\theta}}_d)\dot{\boldsymbol{\theta}}_d+\boldsymbol{G}(\boldsymbol{\theta}_d) \tag{7-29}$$

由式（7-29）可看出，$\boldsymbol{\tau}$ 不依赖于机器人关节的实际位置 $\boldsymbol{\theta}$ 和速度 $\dot{\boldsymbol{\theta}}$，也就是说，这是一个开环逆控制，该控制器也不包括任何需要设计的参数。在不考虑外界扰动的情况下，与其他开环控制策略一样，该方法需要知道机器人精确的动力学模型 $\boldsymbol{D}(\boldsymbol{\theta})$、$\boldsymbol{H}(\boldsymbol{\theta}$、$\dot{\boldsymbol{\theta}})$ 和 $\boldsymbol{G}(\boldsymbol{\theta})$，因此，前馈控制是基于模型的控制方法，具体控制系统结构框图如图 7-14 所示。在实际应用中，如机器人重复地进行某一项工作，则可以根据已知的 $\boldsymbol{\theta}_d$、$\dot{\boldsymbol{\theta}}_d$、$\ddot{\boldsymbol{\theta}}_d$ 离线计算出 $\boldsymbol{D}(\boldsymbol{\theta}_d)$、$\boldsymbol{H}(\boldsymbol{\theta}_d,\dot{\boldsymbol{\theta}}_d)$ 和 $\boldsymbol{G}(\boldsymbol{\theta}_d)$，进而由式（7-29）方便地计算出力矩 $\boldsymbol{\tau}$。

将控制器方程式（7-29）代入机器人动力学方程，得

$$\boldsymbol{D}(\boldsymbol{\theta})\ddot{\boldsymbol{\theta}}+\boldsymbol{H}(\boldsymbol{\theta},\dot{\boldsymbol{\theta}})\dot{\boldsymbol{\theta}}+\boldsymbol{G}(\boldsymbol{\theta})=\boldsymbol{D}(\boldsymbol{\theta}_d)\ddot{\boldsymbol{\theta}}_d+\boldsymbol{H}(\boldsymbol{\theta}_d,\dot{\boldsymbol{\theta}}_d)\dot{\boldsymbol{\theta}}_d+\boldsymbol{G}(\boldsymbol{\theta}_d) \tag{7-30}$$

令 $\boldsymbol{e}=\boldsymbol{\theta}_d-\boldsymbol{\theta}$，式（7-30）可以用状态变量 $\begin{pmatrix}\boldsymbol{e}\\ \dot{\boldsymbol{e}}\end{pmatrix}$ 写为

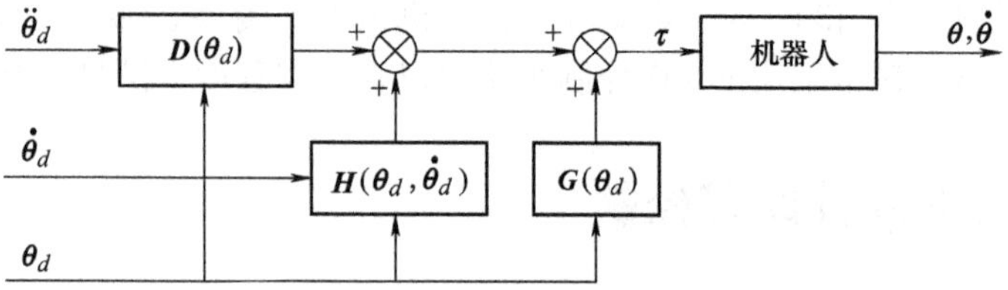

图 7-14　机器人前馈控制系统结构框图

$$\frac{\mathrm{d}}{\mathrm{d}t}\begin{pmatrix} e \\ \dot{e} \end{pmatrix} = \begin{pmatrix} \dot{e} \\ -D^{-1}[(D_d - D)\ddot{\theta}_d + H_d\dot{\theta}_d - H\dot{\theta} + G_d - G] \end{pmatrix} \tag{7-31}$$

式中，$D = D(\theta)$，$D_d = D(\theta_d)$，$H = H(\theta,\dot{\theta})$，$H_d = H(\theta_d,\dot{\theta}_d)$，$G = G(\theta)$，$G_d = G(\theta_d)$

这种开环控制策略存在明显的缺点，如：非常依赖模型的精度，对参数和结构不确定的系统鲁棒性差，在有外界扰动的情况下控制性能严重下降等。这样的控制器在实际应用中没有实际价值。

2. 传统前馈 PD 控制

通常情况下，常将前馈控制与一些控制方法相结合，如前馈控制与 PD 控制相结合的控制方法，实现对操作臂的控制：

$$\begin{cases} \tau = \tau_{\text{feedforward}} + \tau_{\text{PD}} \\ \tau_{\text{feedforward}} = D(\theta_d)\ddot{\theta}_d + H(\theta_d,\ \dot{\theta}_d)\dot{\theta}_d + G(\theta_d) \\ \tau_{\text{PD}} = k_p e + k_v \dot{e} \end{cases} \tag{7-32}$$

式中，k_p、k_v 为位置和速度的对称正定增益矩阵，式（7-32）利用关节反馈 θ、$\dot{\theta}$ 去计算位置误差和速度误差，是一个闭环控制器。

PD 前馈控制可看成是 PD 加重力补偿控制的一般化，图 7-15 所示为 PD 前馈控制系统结构框图。系统中前馈控制用来补偿非线性动力模型，这种基于模型的前馈力矩补偿部分在伺服回路之外，采样速度可以放慢，不需要以关节伺服驱动内部的采样频率进行复杂费时的前馈计算。而在伺服回路内部，只需进行误差与反馈增益相乘的简单运算，可以实现高速的采样频率快速运算，确保关节伺服驱动的性能。

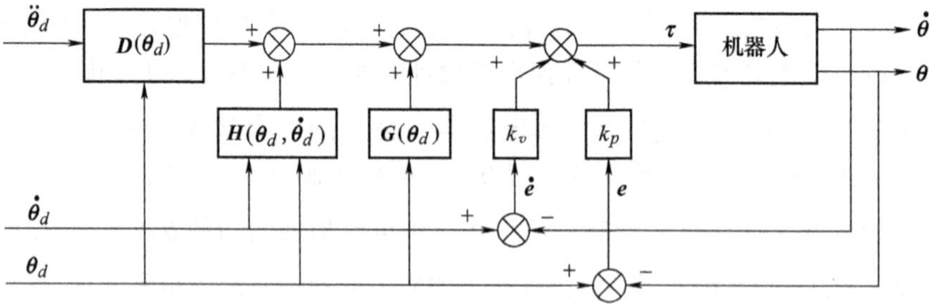

图 7-15　PD 前馈控制系统结构框图

将控制律式（7-32）代入机器人动力学方程可得闭环系统方程为

$$\boldsymbol{D}(\boldsymbol{\theta})\ddot{\boldsymbol{\theta}}+\boldsymbol{H}(\boldsymbol{\theta},\ \dot{\boldsymbol{\theta}})\dot{\boldsymbol{\theta}}+\boldsymbol{G}(\boldsymbol{\theta})=\boldsymbol{D}(\boldsymbol{\theta}_d)\ddot{\boldsymbol{\theta}}_d+\boldsymbol{H}(\boldsymbol{\theta}_d,\ \dot{\boldsymbol{\theta}}_d)\dot{\boldsymbol{\theta}}_d+\boldsymbol{G}(\boldsymbol{\theta}_d)+\boldsymbol{k}_p\boldsymbol{e}+\boldsymbol{k}_v\dot{\boldsymbol{e}} \tag{7-33}$$

整理后，可以得到如下闭环系统误差方程：

$$\boldsymbol{D}(\boldsymbol{\theta})\ddot{e}+(\boldsymbol{H}(\boldsymbol{\theta},\ \dot{\boldsymbol{\theta}})+\boldsymbol{k}_v)\dot{e}+\boldsymbol{k}_p\boldsymbol{e}+\Delta=0$$

式中，$\boldsymbol{\Delta}=\hat{\boldsymbol{D}}\ddot{\boldsymbol{\theta}}_d+\hat{\boldsymbol{H}}\dot{\boldsymbol{\theta}}_d+\hat{\boldsymbol{G}}$

其中，

$$\hat{\boldsymbol{D}}=\boldsymbol{D}(\boldsymbol{\theta}_d)-\boldsymbol{D}(\boldsymbol{\theta})$$

$$\hat{\boldsymbol{H}}=\boldsymbol{H}(\boldsymbol{\theta}_d,\ \dot{\boldsymbol{\theta}}_d)-\boldsymbol{H}(\boldsymbol{\theta},\ \dot{\boldsymbol{\theta}})$$

$$\hat{\boldsymbol{G}}=\boldsymbol{G}(\boldsymbol{\theta}_d)-\boldsymbol{G}(\boldsymbol{\theta})$$

上述$\boldsymbol{\Delta}$为系统模型中的不确定性集合，由于$\boldsymbol{\Delta}\neq\boldsymbol{0}$，图中所示的控制方式实际上依然不能达到完全解耦。即使不考虑$\boldsymbol{\Delta}$的因素，随着机械臂的运动，上述系统的极点仍在变化，比例微分系数设计时需较为保守。但值得注意的是，图7-15所示的系统中，前馈补偿量是预期路径的函数，其值可在运动之前离线计算并保存在存储器中。运行过程中，可将预先计算好的力矩函数值和时变增益从存储器中读出，可减少实时运算量，达到很高的控制速率。这里相关分析从略。

3. 改进的前馈PD控制

由于$\boldsymbol{\Delta}$的存在，前面的控制方式无法实现完全解耦。为了解决这个问题，一种改进的前馈（Improved-feedforward）PD控制被提出，具体控制系统框图如图7-16所示。

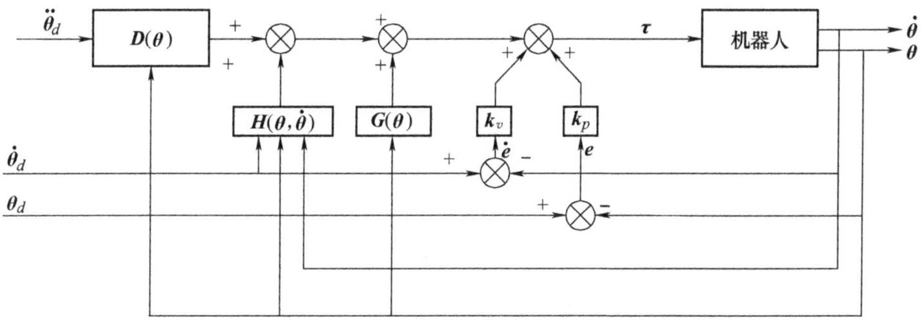

图7-16　改进的前馈PD控制系统结构框图

$$\boldsymbol{\tau}=\boldsymbol{\tau}_{i\text{-feedforward}}+\boldsymbol{\tau}_{\mathrm{PD}}$$

$$\boldsymbol{\tau}_{i\text{-feedforward}}=\boldsymbol{D}(\boldsymbol{\theta})\ddot{\boldsymbol{\theta}}_d+\boldsymbol{H}(\boldsymbol{\theta},\ \dot{\boldsymbol{\theta}})\dot{\boldsymbol{\theta}}_d+\boldsymbol{G}(\boldsymbol{\theta}) \tag{7-33}$$

$$\boldsymbol{\tau}_{\mathrm{PD}}=\boldsymbol{k}_p\boldsymbol{e}+\boldsymbol{k}_v\dot{\boldsymbol{e}}$$

将控制律式（7-33）代入机器人动力学方程可得闭环系统方程为

$$\boldsymbol{D}(\boldsymbol{\theta})\ddot{\boldsymbol{\theta}}+\boldsymbol{H}(\boldsymbol{\theta},\ \dot{\boldsymbol{\theta}})\dot{\boldsymbol{\theta}}+\boldsymbol{G}(\boldsymbol{\theta})=\boldsymbol{D}(\boldsymbol{\theta})\ddot{\boldsymbol{\theta}}_d+\boldsymbol{H}(\boldsymbol{\theta},\ \dot{\boldsymbol{\theta}})\dot{\boldsymbol{\theta}}_d+\boldsymbol{G}(\boldsymbol{\theta})+\boldsymbol{k}_p\boldsymbol{e}+\boldsymbol{k}_v\dot{\boldsymbol{e}}$$

整理后，可以得到闭环系统误差方程

$$\boldsymbol{D}(\boldsymbol{\theta})\ddot{e}+(\boldsymbol{H}(\boldsymbol{\theta},\ \dot{\boldsymbol{\theta}})+\boldsymbol{k}_v)\dot{e}+\boldsymbol{k}_p\boldsymbol{e}=\boldsymbol{0}$$

构建李雅普诺夫函数

$$V=\frac{1}{2}\dot{\boldsymbol{e}}^{\mathrm{T}}\boldsymbol{D}(\boldsymbol{\theta})\dot{\boldsymbol{e}}+\frac{1}{2}\boldsymbol{e}^{\mathrm{T}}\boldsymbol{k}_p\boldsymbol{e}$$

$$\dot{V}=\dot{\boldsymbol{e}}^{\mathrm{T}}\boldsymbol{D}(\boldsymbol{\theta})\ddot{\boldsymbol{e}}+\frac{1}{2}\dot{\boldsymbol{e}}^{\mathrm{T}}\dot{\boldsymbol{D}}(\boldsymbol{\theta})\dot{\boldsymbol{e}}+\boldsymbol{e}^{\mathrm{T}}\boldsymbol{k}_p\dot{\boldsymbol{e}}=-\dot{\boldsymbol{e}}^{\mathrm{T}}\boldsymbol{k}_v\dot{\boldsymbol{e}}\leqslant 0$$

在这里，虽然 $\boldsymbol{\theta}_d(t)$ 是时间的函数，系统为非自治系统，不能使用 La Salle 定理，但通过定义更复杂的李雅普诺夫函数可以证明系统为全局渐近稳定（证明略）。采用这种改进的前馈 PD 控制，其动态模型由于采用反馈实时计算，无法离线获取，因此计算量明显变大，但能够保证系统原点的全局一致渐近稳定。

需要指出的是，上述前馈 PD 控制算法均未考虑模型的误差问题。

7.4.2 计算力矩控制

计算力矩控制也是完全基于模型的方法，又称为逆动力学方法，是非线性系统反馈线性化方法应用到二阶非线性系统的特例，这种方法的基本思想是利用已知的机器人模型，线性化机器人各关节动力学模型，并去除关节之间的耦合，使得机器人各个关节可采用线性控制策略。

计算力矩控制法的基本思路是先在控制回路中引入一个非线性补偿，使机器人转化为一个更容易控制的线性定常系统。具体来说，首先引入控制：

$$\boldsymbol{\tau}=\boldsymbol{D}(\boldsymbol{\theta})\boldsymbol{u}+\boldsymbol{H}(\boldsymbol{\theta},\ \dot{\boldsymbol{\theta}})\dot{\boldsymbol{\theta}}+\boldsymbol{G}(\boldsymbol{\theta}) \tag{7-34}$$

将式（7-34）代入机器人系统模型式（7-13）可得

$$\boldsymbol{D}(\boldsymbol{\theta})\ddot{\boldsymbol{\theta}}+\boldsymbol{H}(\boldsymbol{\theta},\ \dot{\boldsymbol{\theta}})\dot{\boldsymbol{\theta}}+\boldsymbol{G}(\boldsymbol{\theta})=\boldsymbol{D}(\boldsymbol{\theta})\boldsymbol{u}+\boldsymbol{H}(\boldsymbol{\theta},\ \dot{\boldsymbol{\theta}})\dot{\boldsymbol{\theta}}+\boldsymbol{G}(\boldsymbol{\theta}) \tag{7-35}$$

由于 $\boldsymbol{D}(\boldsymbol{\theta})$ 是正定矩阵，也是可逆的，式（7-35）两边同时乘以 $\boldsymbol{D}^{-1}(\boldsymbol{\theta})$，消去非线性项，可得如下等价的线性定常系统：

$$\ddot{\boldsymbol{\theta}}=\boldsymbol{u} \tag{7-36}$$

机器人控制中，可通过机器人关节上安装的传感器获得关节位置信号和速度信号，速度信号也可以通过位置信号的微分得到。一般情况下，控制器设计中不利用关节加速度信号，因为加速度计通常对噪声太敏感。因此，在已知期望轨迹的基础上，引入如下的控制律：

$$\boldsymbol{u}=\ddot{\boldsymbol{\theta}}_d+\boldsymbol{k}_v\dot{\boldsymbol{e}}+\boldsymbol{k}_p\boldsymbol{e} \tag{7-37}$$

式中，$\boldsymbol{k}_v$ 和 $\boldsymbol{k}_p$ 都是对称正定矩阵。

由此，可以得出计算力矩法控制律为

$$\boldsymbol{\tau}=\boldsymbol{D}(\boldsymbol{\theta})[\ddot{\boldsymbol{\theta}}_d+\boldsymbol{k}_v\dot{\boldsymbol{e}}+\boldsymbol{k}_p\boldsymbol{e}]+\boldsymbol{H}(\boldsymbol{\theta},\ \dot{\boldsymbol{\theta}})\dot{\boldsymbol{\theta}}+\boldsymbol{G}(\boldsymbol{\theta}) \tag{7-38}$$

因为 PD 控制器的比例与微分系数需乘 $\boldsymbol{D}(\boldsymbol{\theta})$，与 $\boldsymbol{\theta}$ 相关，因此，本质上不是普通线性控制器。

基于模型的控制部分在伺服回路之中，此环路中的信号在每个伺服时钟到来时通过黑箱一次。如果将采样频率选为 200Hz，那么操作臂的动态模型必须以此速率计算。计算力矩控制利用了两个反馈回路：基于机械手动力学模型的内回路和处理跟踪误差的外回路。内回路函数是为了得到线性、解耦的输入输出关系，而外回路是为了稳定整个系统。因为外回路为线性定常系统，控制器设计可以简化。图 7-17 所示为机器人系统计算力矩控制结构框图。

将式（7-38）表示的控制量 $\boldsymbol{\tau}$ 代入机器人模型式（7-13）中可得闭环方程为

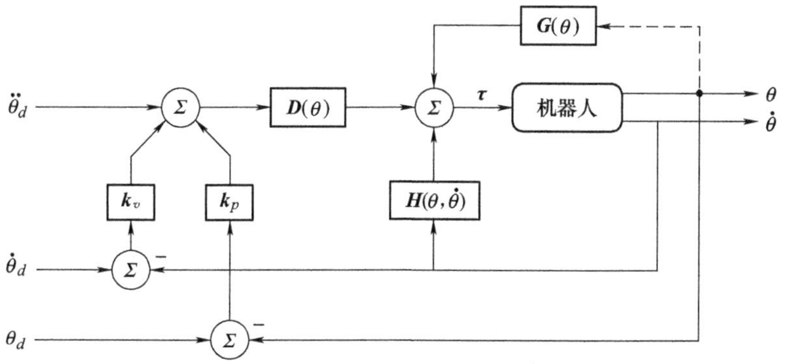

图 7-17　机器人系统计算力矩控制结构框图

$$D(\boldsymbol{\theta})(\ddot{\boldsymbol{\theta}}_d + \boldsymbol{k}_v\dot{\boldsymbol{e}} + \boldsymbol{k}_p\boldsymbol{e}) = D(\boldsymbol{\theta})\ddot{\boldsymbol{\theta}} \tag{7-39}$$

由于$\boldsymbol{D}(\boldsymbol{\theta})$是正定矩阵，也是可逆的，式（7-39）两边同时乘以$\boldsymbol{D}^{-1}(\boldsymbol{\theta})$可得

$$\ddot{\boldsymbol{e}} + \boldsymbol{k}_v\dot{\boldsymbol{e}} + \boldsymbol{k}_p\boldsymbol{e} = \boldsymbol{0} \tag{7-40}$$

由此可见，由计算力矩所得的控制律与前面所讲的线性解耦控制律相似，其误差方程是一个典型的二阶线性微分方程，其特征根具有负实部，通过设定控制正定增益矩阵$\boldsymbol{k}_v$和$\boldsymbol{k}_p$，可以使闭环系统呈现任何期望的二阶系统特性，其位置误差收敛到零的速度与增益值有关。

为了进一步了解李雅普诺夫方法的应用，利用李雅普诺夫直接法来分析闭环方程在平衡点即原点的稳定性。

假设常数ε满足：

$$\lambda_{\min}\{\boldsymbol{k}_v\} > \varepsilon > 0 \tag{7-41}$$

给定一个任意的非零矢量$\boldsymbol{x} \in \mathbf{R}^n$，用$\boldsymbol{x}^{\mathrm{T}}\boldsymbol{x}$乘以式（7-41）可得

$$\lambda_{\min}\{\boldsymbol{k}_v\}\boldsymbol{x}^{\mathrm{T}}\boldsymbol{x} > \varepsilon\boldsymbol{x}^{\mathrm{T}}\boldsymbol{x} > 0 \tag{7-42}$$

式中，$\boldsymbol{k}_v$是对称矩阵，$\boldsymbol{x}^{\mathrm{T}}\boldsymbol{k}_v\boldsymbol{x} > \boldsymbol{\lambda}_{\min}\{\boldsymbol{k}_v\}\boldsymbol{x}^{\mathrm{T}}\boldsymbol{x}$。因此，$\boldsymbol{x}^{\mathrm{T}}(\boldsymbol{k}_v - \varepsilon\boldsymbol{I})\boldsymbol{x} > 0$。这表明$\boldsymbol{k}_v - \varepsilon\boldsymbol{I}$是一个正定矩阵，即$\boldsymbol{k}_v - \varepsilon\boldsymbol{I} > 0$。在此基础上，又因为$\boldsymbol{k}_p$是正定的，因此有

$$\boldsymbol{k}_p + \varepsilon\boldsymbol{k}_v - \varepsilon^2\boldsymbol{I} > 0 \tag{7-43}$$

考虑如下的李雅普诺夫候选函数：

$$\begin{aligned} V(\boldsymbol{e},\ \dot{\boldsymbol{e}}) &= \frac{1}{2}(\dot{\boldsymbol{e}} + \varepsilon\boldsymbol{e})^{\mathrm{T}}(\dot{\boldsymbol{e}} + \varepsilon\boldsymbol{e}) + \frac{1}{2}\boldsymbol{e}^{\mathrm{T}}(\boldsymbol{k}_p + \varepsilon\boldsymbol{k}_v - \varepsilon^2\boldsymbol{I})\boldsymbol{e} \\ &= \frac{1}{2}\dot{\boldsymbol{e}}^{\mathrm{T}}\dot{\boldsymbol{e}} + \frac{1}{2}\boldsymbol{e}^{\mathrm{T}}(\boldsymbol{k}_p + \varepsilon\boldsymbol{k}_v)\boldsymbol{e} + \varepsilon\boldsymbol{e}^{\mathrm{T}}\dot{\boldsymbol{e}} \end{aligned} \tag{7-44}$$

可以看出，式（7-44）是全局正定的，两边微分可得

$$\dot{V}(\boldsymbol{e},\ \dot{\boldsymbol{e}}) = \ddot{\boldsymbol{e}}^{\mathrm{T}}\dot{\boldsymbol{e}} + \boldsymbol{e}^{\mathrm{T}}(\boldsymbol{k}_p + \varepsilon\boldsymbol{k}_v)\dot{\boldsymbol{e}} + \varepsilon\dot{\boldsymbol{e}}^{\mathrm{T}}\dot{\boldsymbol{e}} + \varepsilon\boldsymbol{e}^{\mathrm{T}}\ddot{\boldsymbol{e}} \tag{7-45}$$

进一步将式（7-40）代入上式，可得

$$\dot{V}(\boldsymbol{e},\ \dot{\boldsymbol{e}}) = -\dot{\boldsymbol{e}}^{\mathrm{T}}(\boldsymbol{k}_v - \varepsilon\boldsymbol{I})\dot{\boldsymbol{e}} - \varepsilon\boldsymbol{e}^{\mathrm{T}}\boldsymbol{k}_p\boldsymbol{e} \tag{7-46}$$

由已知条件可知，$\dot{V}$是全局负定的，因此系统为全局渐近稳定，且$(\boldsymbol{e}^{\mathrm{T}},\ \dot{\boldsymbol{e}}^{\mathrm{T}})^{\mathrm{T}} = 0$是$\dot{V} = 0$的唯一解。由 La Salle 原理可知闭环系统是全局一致渐近稳定的，即

$$
\begin{cases}
\lim\limits_{t\to\infty}\dot{\boldsymbol{e}}(t)=\mathbf{0}\\
\lim\limits_{t\to\infty}\boldsymbol{e}(t)=\mathbf{0}
\end{cases}
\tag{7-47}
$$

由式（7-47）可看出，实现了机器人的轨迹跟踪控制目标。

在实际机器人控制中，$\boldsymbol{k}_p$和$\boldsymbol{k}_v$通常选择对角矩阵，这意味各轴控制解耦。

计算力矩法是典型的考虑机器人动力学特性的动态控制方法，是机器人轨迹跟踪控制中最重要的方法之一。这种控制方案的实现需要计算惯性矩阵$\boldsymbol{D}(\boldsymbol{\theta})$、科氏力与离心力项$\boldsymbol{H}(\boldsymbol{\theta},\dot{\boldsymbol{\theta}})$、重力项$\boldsymbol{G}(\theta)$。与前馈控制的预先离线计算不同，因为控制是以当前系统状态的非线性反馈为基础的，因而这些项必须在线计算。计算力矩法用一个非线性补偿使复杂的非线性强耦合机器人系统实现了全局线性化并解耦，这种思想对于非线性控制理论中反馈全局线性化理论的发展起了很大的推动作用。

上述这些典型的非线性控制方法的设计均基于系统动力学模型的结构和参数准确已知的前提下，且算法运算要能实时完成，实际上，这些条件很难满足。从工程的观点来看，由于模型的不确定性以及外界干扰等，这种基于模型的线性解耦技术难以实现完全补偿，还需要一些更加复杂的非线性控制技术来解决该类问题，这正是机器人控制的难点所在。

习　题

1. 针对一个某非线性系统，选择一个正定的李雅普诺夫候选函数，但发现其不满足$\dot{V}(x)$为（半）负定的条件，能否判定系统不稳定？为什么？请简述。

2. 简述PID控制各分量的控制作用。

3. 利用α、β分解控制器，针对系统$\tau=16\theta\dot{\theta}+7\ddot{\theta}-8\dot{\theta}^4+1$，给出非线性控制方程。

4. 试分析独立前馈控制、传统前馈PD控制和改进的前馈PD控制各自的设计思想是什么。

5. 简述计算力矩控制中的解耦原理与伺服控制。

第 8 章 机器人的力控制

前面章节中所描述的机械臂是假设其末端执行器与外界环境不相接触的运动。此时，在位置控制下，机器人会严格按照预先设定的位置轨迹进行运动。若机器人运动过程中遇到阻拦，导致机器人的位置跟踪误差变大，此时机器人会加大输出力矩去尽可能跟踪预设轨迹，最终导致机器人与障碍物作用力异常加大。例如：机器人用无限硬的刀在无限硬的桌子上切薄纸时，一点点误差就会导致要么切不到纸，要么损坏刀或桌子；用机器人抓住门的把手开门，由于门的制造和安装误差导致的转动轨迹误差，可能损坏门或机械臂。此时，希望机械臂与环境接触表现出一定的柔性。因此，当机械臂的末端执行器与外界环境相接触时，为受限运动控制，即单独用位置控制是无法满足要求的，需要在要求沿着固定轨迹运动的同时，还要对与环境的接触力进行控制（力控制）。这种机器人对外表现出来的柔顺性（低刚度特性）分为被动式和主动式柔顺，被动式柔顺通常由机械装置完成；主动式柔顺通过采用适当的控制方法来改变各关节的伺服刚度，使机器人的末端表现出一定的柔顺性。本章主要讨论主动式柔顺，包括力/位置混合控制和阻抗控制两类。

力控制就是要实现机械臂在一些受到位置约束的自由度上实现与环境之间接触力的控制，如用机械臂去完成擦玻璃的任务，不仅要求末端在玻璃表面上严格沿着轨迹进行控制，更重要的是对垂直玻璃表面精确的力控制。本章将介绍通过力/位置混合控制来实现对机械臂的力和位置同时控制，使机械臂能够顺利地完成抓取易碎物品、擦拭玻璃、零件打磨、装配等任务。

8.1 质量-弹簧系统力控制

操作臂末端手爪与环境接触会产生相互作用的力，此时，需要考虑环境的接触力模型，通常接触力模型可等效为质量-弹簧系统，此时就相当于研究单自由度质量系统的控制问题，同时具有多个自由度的操作臂可等效为多个独立质量系统的控制问题。因此，操作臂末端手爪与环境接触的力控制问题就简化为“质量-弹簧”的力控制问题。

下面介绍典型单自由度质量-弹簧系统的力反馈控制。

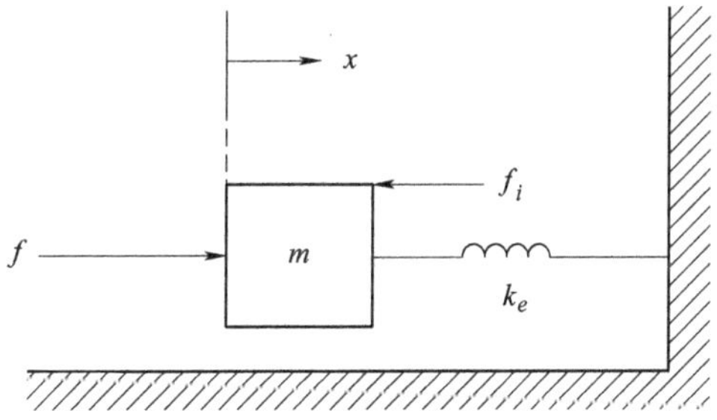

图 8-1　质量-弹簧系统

图 8-1 所示物体质量为 m，弹簧表示被控模型与环境的相互作用，环境刚度（即弹簧的弹性系数）为 k_e；f_i 表示机械摩擦或传动阻力造成的干扰力；f 表示控制力。设 f_e 为作用在外界环境或者施加在弹簧上的实际力。则

$$f_e = k_e x \tag{8-1}$$

该物理系统的动力学方程为

$$f = m\ddot{x} + k_e x + f_i \tag{8-2}$$

由式（8-1）和式（8-2），可得系统模型为

$$f = mk_e^{-1}\ddot{f}_e + f_e + f_i \tag{8-3}$$

采用第 7 章非线性控制基础的控制律分解方法。令 $f = \alpha f' + \beta$，选定

$$\begin{cases} \alpha = mk_e^{-1} \\ \beta = f_e + f_i \end{cases} \tag{8-4}$$

系统（式 8-3）转换成一个仅由单位质量构成、无干扰的二阶系统。

令 f_d 为期望力，$e_f = f_d - f_e$ 为期望力 f_d 与实际环境接触力 f_e 之间的误差。利用计算力矩法设计控制律为

$$\begin{cases} f = \alpha f' + \beta \\ f' = \ddot{f}_d + k_v \dot{e}_f + k_p e_f \end{cases} \tag{8-5}$$

由式（8-5）和式（8-3）得闭环系统误差方程为

$$\dot{e}_f + k_v \dot{e}_f + k_p e_f = 0 \tag{8-6}$$

由于干扰 f_i 的未知不确定性，如果忽略式（8-5）中的未知项 f_i，则伺服控制律为

$$f = \alpha(\ddot{f}_d + k_v \dot{e}_f + k_p e_f) + f_e \tag{8-7}$$

由系统模型式（8-3）和控制律式（8-7），且稳态情况下令各阶导数项为零，可得由干扰力引起的稳态误差为

$$e_f = \frac{f_i}{\lambda} \tag{8-8}$$

式中，$\lambda = mk_e^{-1}k_p$ 称为有效力反馈增益。

对控制律式（8-7）进行改进。用期望力 f_d 取代式（8-7）的最后一项实际环境接触力 f_e，即用力的前馈取代力的反馈，则控制律为

$$f = \alpha(\ddot{f}_d + k_v \dot{e}_f + k_p e_f) + f_d \tag{8-9}$$

此时，可得由干扰力引起的稳态误差为

$$e_f = \frac{f_i}{1 + \lambda} \tag{8-10}$$

由于环境的刚度 k_e 通常很大，λ 很小，因此式（8-10）的误差远小于式（8-8）的误差。采用控制律式（8-9）的闭环系统框图如图 8-2 所示。

在实际工程应用中，还需要考虑实际应用情况。首先，接触力的轨迹通常都是一个常数量，即恒力控制，很少会出现被控力为任意时间函数。因此，控制系统中的导数项 $\dot{f}_d = \ddot{f}_d = 0$。其次，在工程实际中检测出的力噪声很大，如果将检测出的力 f_e 采用数值微分的方法 $\dot{f}_e$，将导致系统噪声被放大。根据 $f_e = k_e x$，而物体的移动速度 $\dot{x}$ 是容易精确测量的，则可采用 $\dot{f}_e = k_e \dot{x}$ 来计算环境力的导数。

通过这种比较实际的技术处理，控制律式（8-9）可以写为

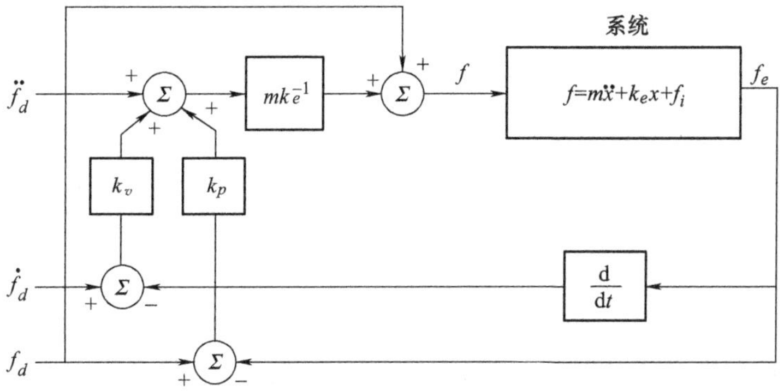

图 8-2　质量-弹簧力控制的系统框图

$$f = m(k_e^{-1}k_p e_f - k_v\dot{x}) + f_d \tag{8-11}$$

相应的控制系统框图如图 8-3 所示。

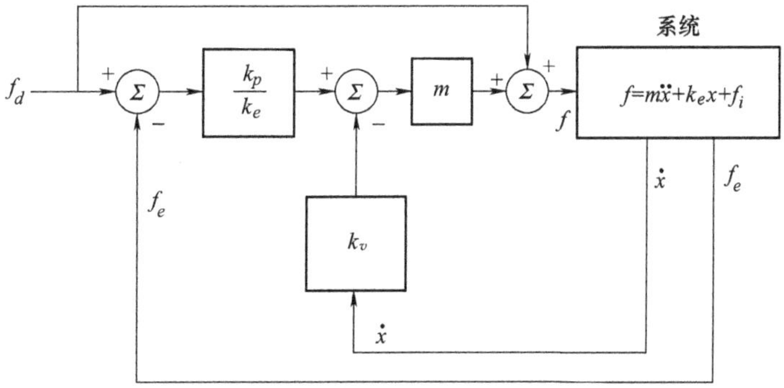

图 8-3　实际工程中的质量-弹簧力控制系统框图

图 8-3 所示的力伺服系统中，环境刚度 k_e 通常难以准确获得，且是时变的。可以把 k_e 的变化看作是系统扰动，为了保证控制系统鲁棒性，需要选择合适的增益系数，改善由给定信号 f_d 与反馈信号 f_e 构成的闭环控制系统性能。上述质量-弹簧系统本质上就是简单的力反馈显式闭环控制系统。

8.2　约束运动

1. 约束坐标系

在许多应用中，并不是所有方向都需要控制接触力。例如机器人打磨，需要控制的是 z 方向的压力为恒定，而对于 x、y 方向进行位置控制。这就需要将任务空间一分为二，分别运用不同的控制策略，区分在哪些方向进行力控制，哪些方向进行位置控制。

一般来说，机器人操作臂的任务可以分解为多个子任务。为了更好地分析任务，就要给这些子任务定义一种新的坐标系，这种坐标系不是以关节坐标系或者末端坐标系描述的，而是以约束坐标系 $\{C\}$ 描述的，或者叫作柔顺坐标系、任务坐标系。对于每一个子任务都具有法线方向的位置约束以及正切于广义平面的力约束。这两种约束将机械手末端可能运动的自由度分解为两个正交集合，分别进行三个轴的力控制（包括力 f 和力矩 n，共 6 个变量）与三个轴的位姿控制（包括位置 v 和姿态 ω，共 6 个变量）。

2. 自然约束与人工约束

自然约束与人工约束是机械手受到的两种约束。自然约束是由物体的几何特性或任务结构特性等引起的对机械手的约束，例如机械手擦拭玻璃表面时，手臂无法穿过该表面，即存在自然约束。如果表面的摩擦力为零，则机械臂不能任意施加与表面相切的力，即存在自然约束。自然约束与期望运动的力或轨迹运动无关。

人工约束是一种人为施加的约束，又称为附加约束，是按照自然约束确定的期望运动与力来定义的，这些约束也可以出现在表面的法向或者切线上。与自然约束不同的是，人工力约束在沿表面的法向，人工位置约束在表面的切线上，这保证了它们之间的一致性。

如图 8-4 所示，以机械手爪夹持粉笔在黑板上写字为例。当粉笔与黑板表面相接触时，粉笔在 z 方向上受到位置限制，存在自然约束，无法沿 z 轴向黑板表面内继续运动，因此 $v_z = 0$；假定粉笔与黑板表面不存在摩擦力 f，表面切向为零的两个自然约束分别为 $f_x = 0$ 与 $f_y = 0$，可以人为地规定沿 x、y 轴方向的运动为 v_{dx} 与 v_{dy}，进而施加轨迹控制。同时，在粉笔和黑板的接触处不受到力矩作用，三个轴上转动力矩的自然约束分别为 $\tau_x = 0$，$\tau_y = 0$ 和 $\tau_z = 0$，则可以人为施加力控制。为了完成上述写字任务，人工约束为粉笔在黑板表面的运动轨迹以及它们之间的作用力。

由上可见，人工约束条件必须和自然约束条件相适应，对于一个给定的自由度不能对力和位置同时进行控制，而是根据自然约束或者人工约束来对某个自由度的位置或力进行选择控制，因此自然约束和人工约束的条件数相等，它们等于约束空间的自由度数。

3. 运动与约束关系

力位置控制的第一步是确定自然约束和人工约束的形式及其与运动之间的关系。举例说明，对一个末端执行器为转动曲柄的操作任务进行约束分析，其任务几何构形为约束坐标系的一轴与空转轴共线，其他轴与曲柄共线，具体如图 8-5 所示。

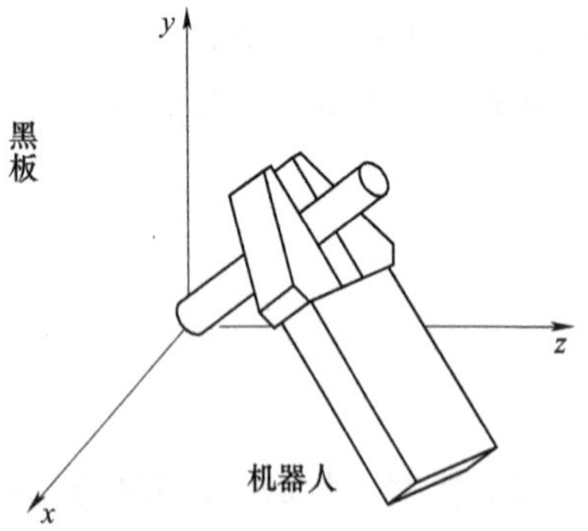

图 8-4 机械手黑板写字

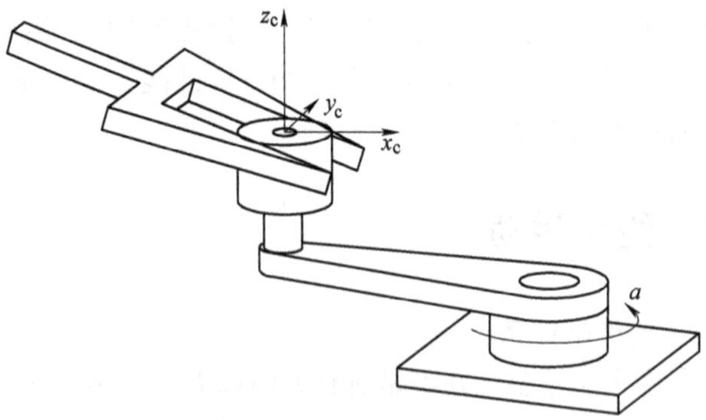

图 8-5 机械手转动曲柄

自然约束不允许产生沿 x_c、z_c 方向的任意线速度和沿 x_c、y_c 方向的任意角速度，也不允许产生沿 y_c 方向的任意力和沿 z_c 方向的任意力矩。因此，人工约束允许指定沿 x_c、z_c 方向的力和沿 x_c、y_c 方向的力矩，以及沿 y_c 方向的线速度和沿 z_c 方向的角速度。

由此，自然约束条件和人工约束条件的表达式分别为

$$
\text{自然约束}\begin{cases} v_x = 0 \\ v_z = 0 \\ \omega_x = 0 \\ \omega_y = 0 \\ f_y = 0 \\ n_z = 0 \end{cases}, \quad \text{人工约束}\begin{cases} v_y = \alpha \\ \omega_z = \alpha \\ f_x = 0 \\ f_z = 0 \\ n_x = 0 \\ n_y = 0 \end{cases}
$$

在执行任务的整个过程中，两组约束保持不变，在各被控子空间根据自然约束的变化，调用人工约束条件，并且由控制系统实施。具体对于该任务来说，被控力子空间的维数为 $m = 4$，而被控速度子空间的维数为 $6 - m = 2$。变换矩阵 $\boldsymbol{S}_f$ 和 $\boldsymbol{S}_v$ 可表达为

$$
\boldsymbol{S}_f = \begin{pmatrix} 1 & 0 & 0 & 0 \\ 0 & 0 & 0 & 0 \\ 0 & 1 & 0 & 0 \\ 0 & 0 & 1 & 0 \\ 0 & 0 & 0 & 1 \\ 0 & 0 & 0 & 0 \end{pmatrix}, \quad \boldsymbol{S}_v = \begin{pmatrix} 0 & 0 \\ 1 & 0 \\ 0 & 0 \\ 0 & 0 \\ 0 & 0 \\ 0 & 1 \end{pmatrix}
$$

在约束坐标系中，这些矩阵内元素保持为常数，然而相对于参考坐标系、基坐标系或末端执行器坐标系时，这些矩阵是时变的，这是因为在执行任务的过程中，约束坐标系是相对另外两个坐标系运动的，需要通过坐标转换来描述。

8.3 力/位置混合控制

1981 年，雷伯特（Raibert）与克雷格（Craig）提出了经典的力/位置混合控制方法（R-C 控制器）。通过设定力控制空间与位置控制空间为互补子空间，在约束子空间内，分别实现相应的位置控制与力控制，然后综合实现对机械臂末端的力与位置的混合柔顺控制。

机械臂力/位置控制根据接触力与位置的正交原理来对机械臂末端的力和位置进行控制。在笛卡儿坐标系中对机械臂末端的运动进行分解，在存在自然力约束的方向上进行操作臂的位置控制；在存在自然位置约束的方向上进行操作臂的力控制。利用 8.2 节的力反馈控制，根据期望力与接触力的偏差进行闭环控制，使得机械臂末端的作用力达到期望的值。

1. 直角坐标机器人力/位置混合控制

针对三自由度直角坐标机器人在 x-y-z 空间内进行力/位置混合控制研究。假设关节运动方向与约束坐标系 $\{C\}$ 的轴线方向完全一致，即两个关节的轴线分别沿 x、y 和 z 方向。为简单起见，设每一个连杆质量为 m，滑动摩擦力为零，末端执行器与刚性为 k_e 的表面接触。显然，在 Cy 方向需要力控制，而在 Cx、Cz 方向进行位置控制，如图 8-6 所示。

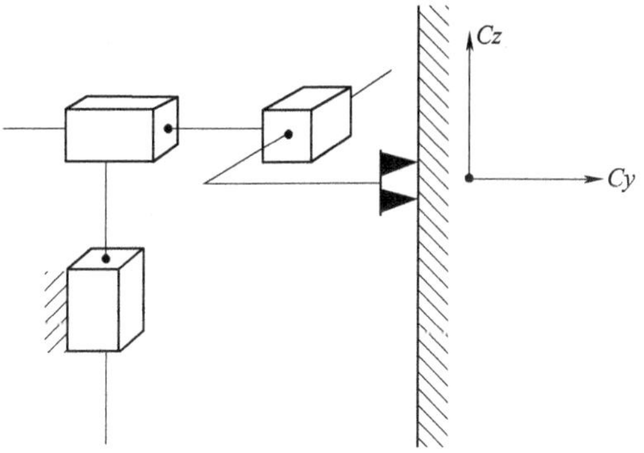

图 8-6　三自由度直角坐标操作臂

力/位置混合控制的第一步通过设置矩阵

$\boldsymbol{S}$ 来选择力控制环和位置控制环；第二步根据传感器反馈的力信息和位置信息来完成力回路和位置回路上的闭环控制；最后在约束情况下进行力和轨迹的同时控制，将最终的控制输入分配到各个关节。

图 8-7 所示为笛卡儿直角坐标机器人力/位置混合控制系统框图，该混合控制系统由位置控制律和力控制律来实现力和位置的反馈跟踪。采用变换矩阵 $\boldsymbol{S}$ 和 $\boldsymbol{S}'$ 来决定采用哪种控制模式，从而实现对每个自由度的位置控制或力控制。$\boldsymbol{S}$ 为对角矩阵，对角线上的元素非 0 即 1。对于位置控制来说，矩阵 $\boldsymbol{S}$ 中元素为 1 的位置在矩阵 $\boldsymbol{S}'$ 中对应元素为 0。对于力控制，矩阵 $\boldsymbol{S}$ 中元素为 0 的位置在 $\boldsymbol{S}'$ 中对应元素为 1。这样，矩阵 $\boldsymbol{S}$ 和 $\boldsymbol{S}'$ 就形成了一个互锁开关，用来确定约束空间下每一个自由度的控制方式。

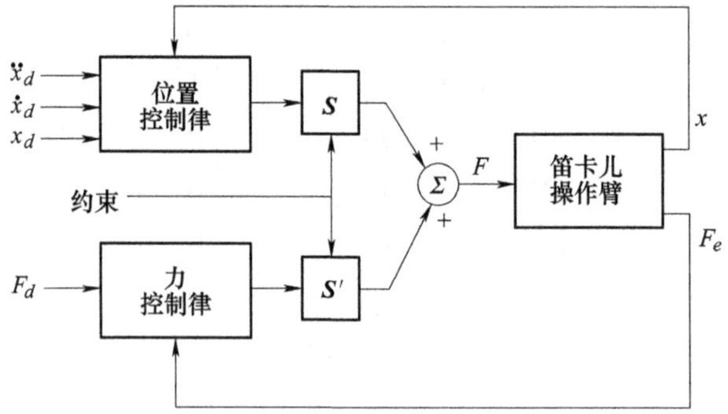

图 8-7 笛卡儿直角坐标机器人力/位置混合控制系统框图

对于三自由度关节机器人，其矩阵 $\boldsymbol{S}$ 应该有 3 个分量受到限定。根据其任务描述，在 Cx、Cz 方向实施位置伺服控制，所以矩阵 $\boldsymbol{S}$ 中对应元素为 1，实现该方向上的轨迹控制；在 Cy 方向实施力伺服控制，位置轨迹将被忽略，则 $\boldsymbol{S}'$ 对角线方向上的 0 和 1 元素与矩阵 $\boldsymbol{S}$ 的相反。因此

$$\boldsymbol{S}=\begin{pmatrix}1&0&0\\0&0&0\\0&0&1\end{pmatrix},\quad \boldsymbol{S}'=\begin{pmatrix}0&0&0\\0&1&0\\0&0&0\end{pmatrix}$$

对于机器人操作臂的力/位置混合控制系统，位置反馈主要是利用机械手臂安装的编码器来检测关节角位移求解出机械手臂终端位移，完成位置反馈；力反馈通常是利用安装在机械手臂末端关节与执行器之间的力/力矩传感器（腕力传感器）来检测末端执行器 6 个方向的力/力矩，并且与期望值比较，完成力反馈控制，从而实现机器人操作臂相互正交的位置和力同时控制。

力检测有多种方法。例如：关节电动机电流检测、关节扭矩传感器检测、腕力传感器检测等。图 8-8 所示为一种典型腕力传感器的结构示意图。

2. 一般机器人力/位置混合控制

图 8-9 所示为接触状态的两个极端情况。在图 8-9a 中，操作臂在自由空间移动，所有约束力为零，六个自由度的操作臂可以在六个自由度方向上实现任意位姿，但是在任何方向上均无法施加力，这种情况属于一般机器人的轨迹跟踪或者位置控制问题。图 8-9b 所示为操作臂末端执行器紧贴墙面运动的极端情况。在这种情况下，操作臂无法沿垂直墙面方向施加

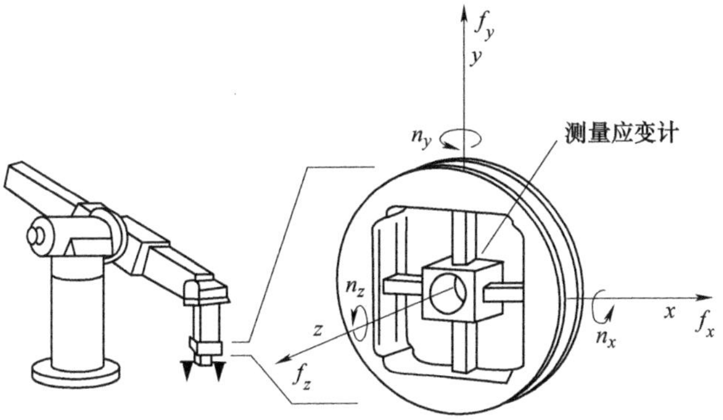

图 8-8　一种典型腕力传感器的结构示意图

位置控制，但可以施加力控制。同样，操作臂无法沿墙面方向施加力控制，但可以施加位置控制。

图 8-9 所示的混合控制任务延续了直角坐标控制的概念，即将笛卡儿坐标操作臂的力/位置混合控制方法推广到一般操作臂。基本思想是采用笛卡儿坐标操作臂的工作空间动力学模型，把实际操作臂的组合系统和计算模型变换成一系列独立的、解耦的单位质量系统，一旦完成解耦和线性化，就可以应用前面章节所介绍的方法来进行控制。

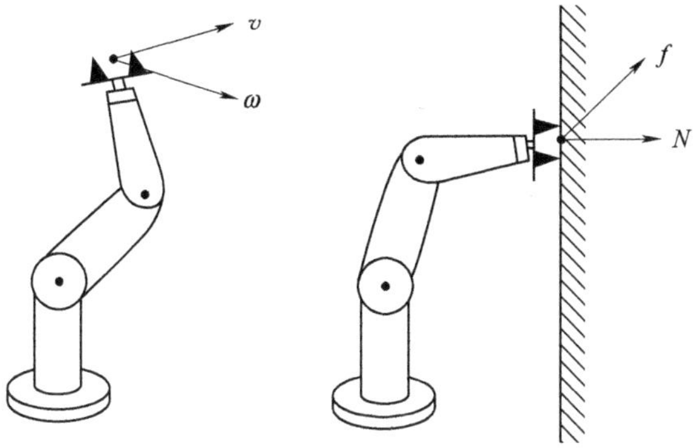

图 8-9　一般操作臂两种极端接触状态

笛卡儿空间下操作臂动力学方程与关节坐标系下类似，可写为

$$\boldsymbol{F} = \boldsymbol{M}_x(\theta)\ddot{x} + \boldsymbol{V}_x(\theta,\ \dot{\theta}) + \boldsymbol{G}_x(\theta)$$

式中，$\boldsymbol{F}$ 为末端的力矢量；$\boldsymbol{x}$ 为末端的位姿；$\boldsymbol{M}_x$ 为惯性矩阵；$\boldsymbol{V}_x$ 为速度项矢量；$\boldsymbol{G}_x$ 为重力项矢量。所有上述量均为笛卡儿空间下的量。

图 8-10 所示为笛卡儿坐标系操作臂的解耦形式。显然，通过这种解耦计算，操作臂将呈现为一系列解耦的单位质量系统。对于这种混合控制策略，笛卡儿坐标的工作空间动力学方程和雅可比矩阵都应在约束坐标系 $\{C\}$ 中描述。

对于操作臂控制系统来说，根据任务描述所建立的约束坐标系与混合控制器解耦方法所采用的笛卡儿坐标是一致的，因此只需要将这二者结合就可以推广到一般的力/位置混合控制器。图 8-11 所示为一般操作臂的力/位置混合解耦控制方法。需要注意的是，这里的动力

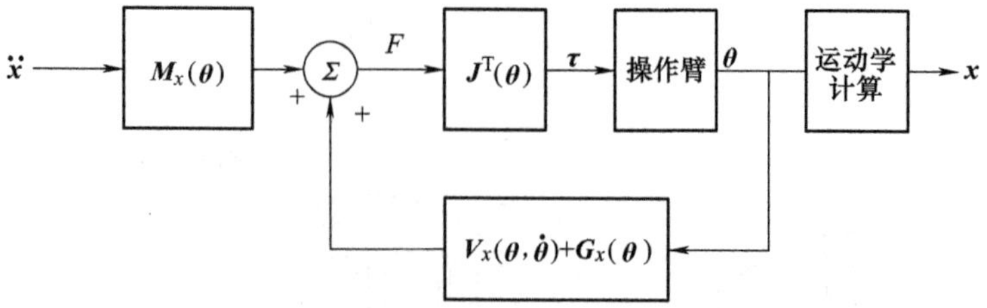

图 8-10 笛卡儿坐标系操作臂的解耦

学方程为工作空间动力学方程，而非关节空间。这就要求运动学方程中包含工作空间坐标系的坐标变换，所检测的力也要变换到工作空间中。

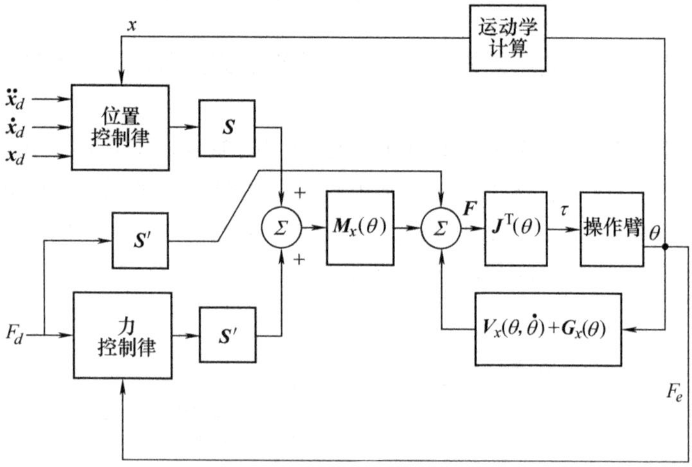

图 8-11 一般操作臂的力/位置混合解耦控制方法

8.4 阻抗控制

Hogan 在 1985 年提出阻抗控制（也称隐性力控制）。阻抗控制不直接控制机械臂末端与环境接触力，通过分析力与位置的动态关系，将力控制和位置控制综合考虑，实现柔顺控制。以下做一简单介绍。

末端刚度取决于关节伺服刚度、关节传动和连杆刚度。显然，可以通过适当方法，比如调整伺服增益，调节关节伺服刚度，从而取得适当的末端柔性。

图 8-12 中 $\delta \boldsymbol{x}$、$\boldsymbol{k}_p$、$\boldsymbol{F}$ 都是在笛卡儿空间描述的。$\boldsymbol{F}=\boldsymbol{k}_p\boldsymbol{\delta}x$ 描述了想要得到的末端弹簧刚度特性，是 6 × 6 的预期刚度矩阵（对角阵），分别对应三个线性和三个扭转刚度。$\boldsymbol{\tau}$ 为 6 个关节力矩。容易得到

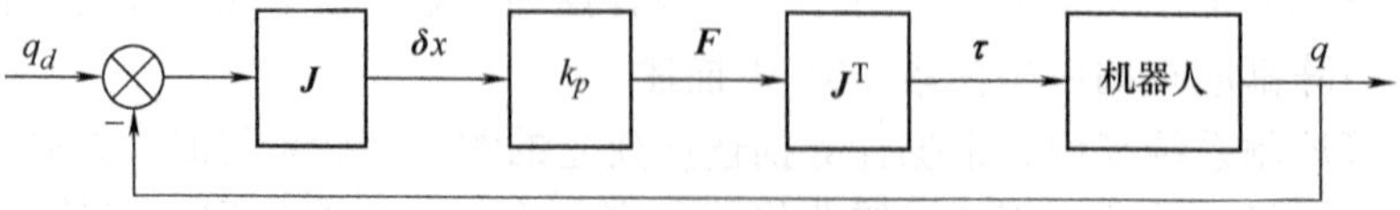

图 8-12 主动刚性位置控制

$$\boldsymbol{\tau} = \boldsymbol{J}^{\mathrm{T}}(q)\boldsymbol{k}_p\boldsymbol{J}(q)\boldsymbol{\delta} q = \boldsymbol{k}_q\boldsymbol{\delta} q \tag{8-12}$$

式中，$\boldsymbol{k}_q = \boldsymbol{J}^{\mathrm{T}}(q)\boldsymbol{k}_p\boldsymbol{J}(q)$ 为关节刚度矩阵，它描述了关节力矩和关节误差的关系。因此，只要把想要得到 $\boldsymbol{k}_p$ 矩阵代入式（8-12），即可得到相应的弹簧刚度特性。

需要注意的是，$\boldsymbol{k}_q$ 不是对角阵，这意味着 τ_i 不仅与 δq_i 有关，还与 $\delta q_j(i \neq j)$ 相关。同时注意，雅可比矩阵是 q 的函数，即关节刚度矩阵与 q 相关。

第一种阻抗控制可以看作是上述位置控制的拓展，是通过控制力与位置的动力学关系，而不是直接控制力和位置。例如，下述一种主动阻抗控制即是上述增加了阻尼的控制，其控制策略为

$$\boldsymbol{\tau} = \boldsymbol{J}^{\mathrm{T}}(q)\boldsymbol{k}_p\boldsymbol{J}(q)(q_d - q) + \boldsymbol{k}_v(\dot{q}_d - \dot{q}) \tag{8-13}$$

此控制策略在笛卡儿空间的描述为

$$\boldsymbol{F} = \boldsymbol{J}^{\mathrm{T}}(q)[\boldsymbol{k}_p(\boldsymbol{x}_d - \boldsymbol{x}) + \boldsymbol{k}_d(\dot{\boldsymbol{x}}_d - \dot{\boldsymbol{x}})] \tag{8-14}$$

式中，$\boldsymbol{J}$ 为雅可比矩阵，$\boldsymbol{k}_d = \boldsymbol{J}^{-T}(q)\boldsymbol{k}_v$。由此可见，$\boldsymbol{k}_p$ 与 $\boldsymbol{k}_v$ 可以看作是笛卡儿空间中希望得到的刚度和阻尼。这相当于在机器人末端添加了一个理想刚度的弹簧。

另一种阻抗控制通过测量环境力的大小，并调节目标阻抗模型，达到力的柔顺反馈运动控制。如图 8-13 所示，$\boldsymbol{M}$、$\boldsymbol{B}$、$\boldsymbol{k}$ 为目标阻抗模型的惯性矩阵、阻尼矩阵和刚度矩阵。x_d 和 F_c 为给定运动轨迹和给定力的大小。

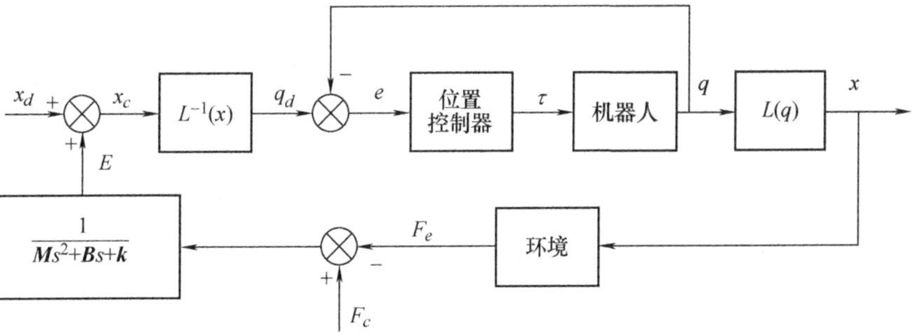

图 8-13　机器人阻抗控制系统框图

图 8-13 所示的控制原理为：当机械臂自由运动时，末端与环境未接触时，$F_c = F_e = 0$，$E = 0$，此时，机器人将做精确的位置跟踪控制。当末端与环境接触时，设此时初始位置为 x_c，则有

$$x_d = x_c$$

此时，力误差 $F_c - F_e$ 成为阻抗模型的驱动信号，实现力的伺服控制。同时，根据阻抗模型形成位置调节误差 E 修改运动轨迹。此时，E 信号成为位置环的驱动信号实现位置闭环控制。其阻抗模型为

$$E_f = \boldsymbol{M}(\ddot{x}_c - \ddot{x}_d) + B(\dot{x}_c - \dot{x}_d) + k(x_c - x_d) \tag{8-15}$$

$$E_f = F_c - F_e,\ E = x_c - x_d$$

此时，实际接触力为

$$F_e = k_e(x - x_s)$$

式中，k_e 为环境刚度。系统稳定时，$F_e \to F_c$，且

$$x_c = x_d + \frac{F_c}{k_e}$$

8.5 力控实例

以图 8-14 所示两连杆机器人为控制对象，分别采用阻抗控制与力/位置混合控制两种基本方法对机械臂力控制系统进行仿真。

机械臂连杆长度设为 $l_1 = l_2 = 1\text{m}$，在工作空间中末端的理想跟踪轨迹取 $x_c = \cos\pi t$、$y_c = \sin\pi t$，为一个半径为 1，圆心为（0，0）的圆，接触环境表面的位置设在 $x_e = 0.5$ 处，且在 x 轴向上的期望接触力为 $F_d = 10\text{N}$。

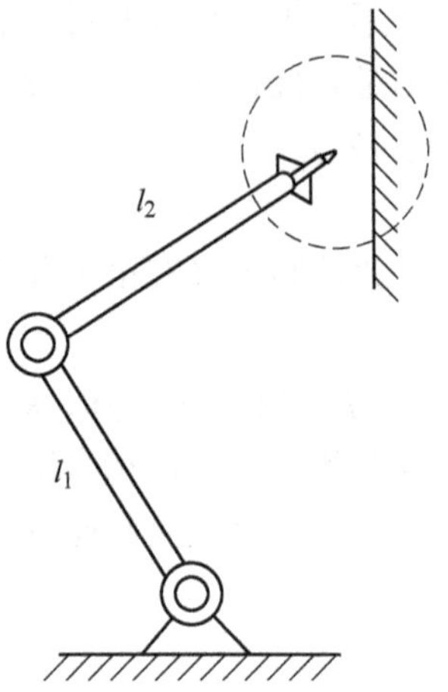

图 8-14　两连杆机器人

8.5.1 力/位置混合控制实例

根据图 8-6 所示力/位置混合控制结构图，力伺服采用 PID 控制器，其 PID 参数分别选取 $k_p = 80$、$k_i = 2$、$k_d = 10$。位置伺服采取 PD 控制器，其 PD 参数取 $k_p = 19000$、$k_d = 1500$。仿真实验结果如图 8-15～图 8-18 所示。

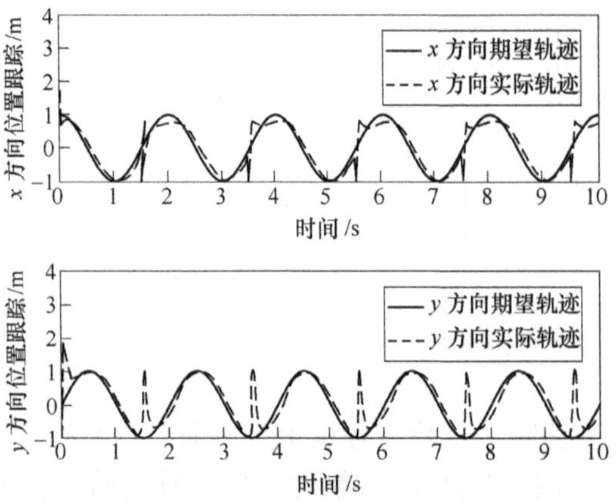

图 8-15　末端关节的位置跟踪

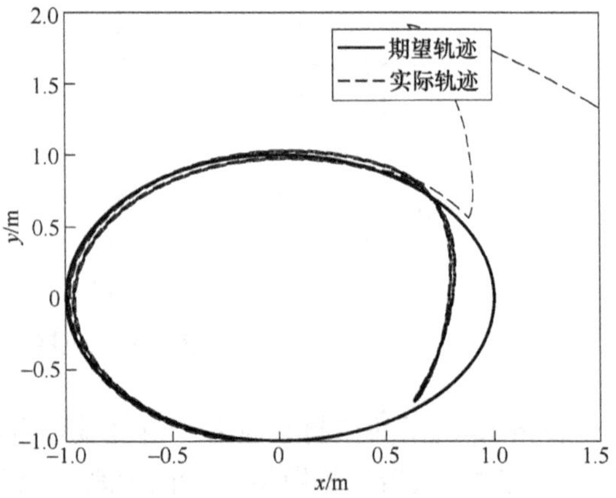

图 8-16　末端实际运动轨迹

8.5.2 阻抗控制实例

当机器人操作臂的末端与环境相接触时，操作臂上会多出一个环境作用给它的一个约束，建立起的模型可以简化为一个线性的弹簧阻尼系统，如图 8-19 所示。

其动力学模型可用如下的微分方程来描述：

$$\boldsymbol{M}_d(\ddot{x}_d - \ddot{x}) + \boldsymbol{B}_d(\dot{x}_d - \dot{x}) + \boldsymbol{k}_d(x_d - x) = \boldsymbol{F}_e \tag{8-16}$$

式中，$\boldsymbol{M}_d$、$\boldsymbol{B}_d$、$\boldsymbol{k}_d$ 是半正定的矩阵，分别代表了阻抗系统在工作空间中不同方向的期望惯量、期望阻尼和期望刚度；x_d 是操作臂末端的期望指令轨迹；x 是操作臂末端接触位置的实际轨迹；$\boldsymbol{F}_e$ 为操作臂末端与环境间的实际接触力，它与位置误差 $x_d - x$ 有关。

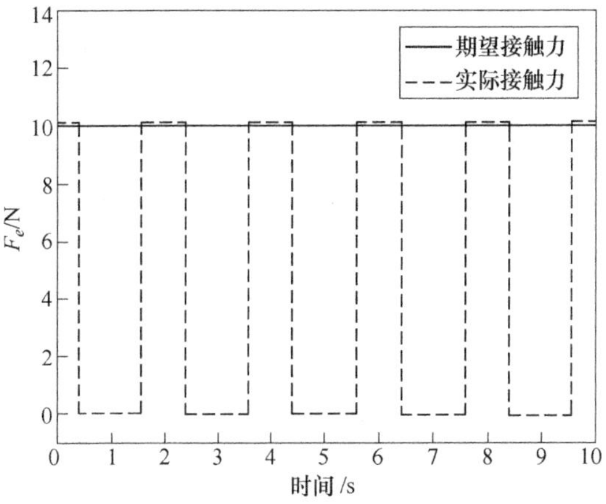

图 8-17　末端接触力跟踪

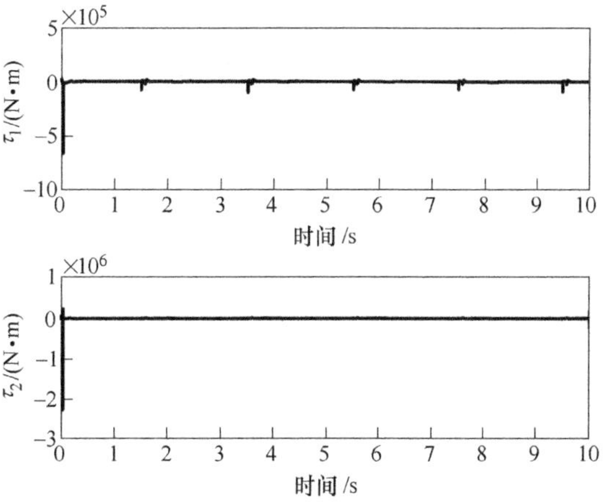

图 8-18　关节实际控制输入

阻抗控制的目标是使实际轨迹 x 能够跟踪期望阻抗轨迹 x_c，x_c 是由操作臂末端产生期望阻抗力 F_c 时的理想轨迹。

$$\boldsymbol{M}_d(\ddot{x}_c-\ddot{x})+\boldsymbol{B}_d(\dot{x}_c-\dot{x})+\boldsymbol{k}_d(x_c-x)=\boldsymbol{F}_c \tag{8-17}$$

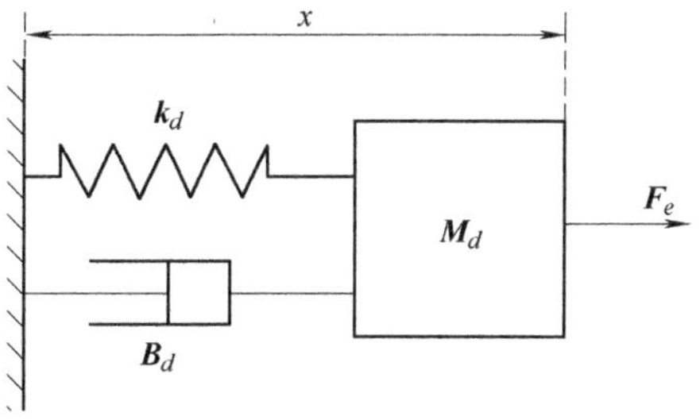

图 8-19　弹簧阻尼系统

由式（8-16）和式（8-17）可得阻抗控制模型为

$$\boldsymbol{M}_d(\ddot{x}_c-\ddot{x}_d)+\boldsymbol{B}_d(\dot{x}_c-\dot{x}_d)+\boldsymbol{k}_d(x_c-x_d)=\boldsymbol{F}_c-\boldsymbol{F}_e \tag{8-18}$$

令 $e_x=x_c-x_d$，$\boldsymbol{e}_F=\boldsymbol{F}_c-\boldsymbol{F}_e$，式（8-18）可写为

$$\boldsymbol{M}_d\ddot{e}_x+\boldsymbol{B}_d\dot{e}_x+\boldsymbol{k}_de_x=\boldsymbol{e}_F$$

采用拉普拉斯变换得

$$\boldsymbol{M}_ds^2E(s)+\boldsymbol{B}_dsE(s)+\boldsymbol{k}_dE(s)=\boldsymbol{e}_F$$

整理得

$$E(s)=\frac{\boldsymbol{e}_F}{\boldsymbol{M}_ds^2+\boldsymbol{B}_ds+\boldsymbol{k}_d}$$

则机器人操作臂的位置阻抗控制系统原理图如图 8-20 所示。

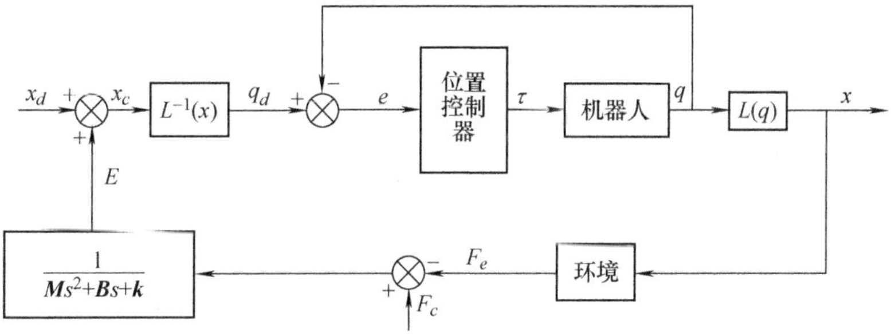

图 8-20　机器人操作臂的位置阻抗控制系统原理图

图 8-20 所示的控制原理为：当机械臂末端与外部环境相接触时，力误差 $\boldsymbol{e}_F$ 成为阻抗模型的驱动信号，实现力的伺服控制；同时，根据阻抗模型来调节位置误差 E 修改运动轨迹，实现位置控制。

阻抗系数选择：$M = \text{diag}(1.0)$、$B = \text{diag}(10)$ 与 $k = \text{diag}(200)$，分别为质量、阻尼和刚度系数矩阵；位置控制器中 PD 参数设置：$k_p = \text{diag}(15)$、$k_d = \text{diag}(10)$，实验结果如图 8-21～图 8-24 所示。

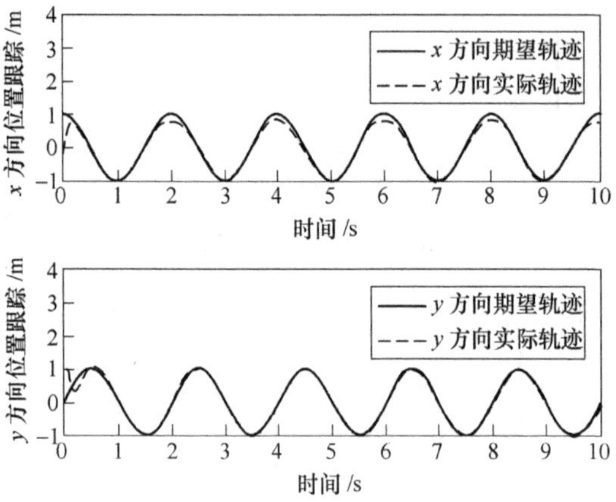

图 8-21　末端关节的位置跟踪

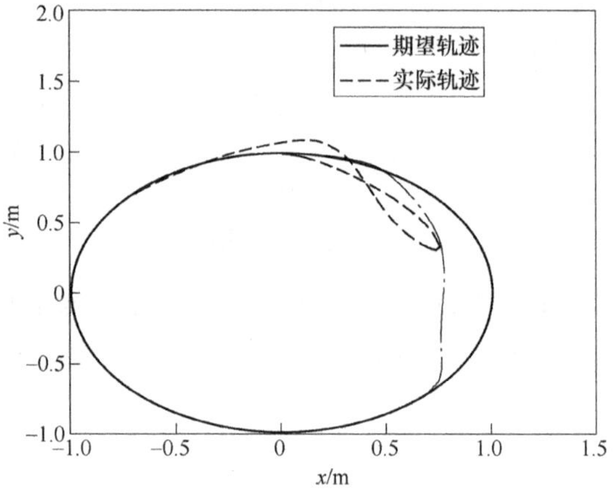

图 8-22　对末端轨迹的跟踪

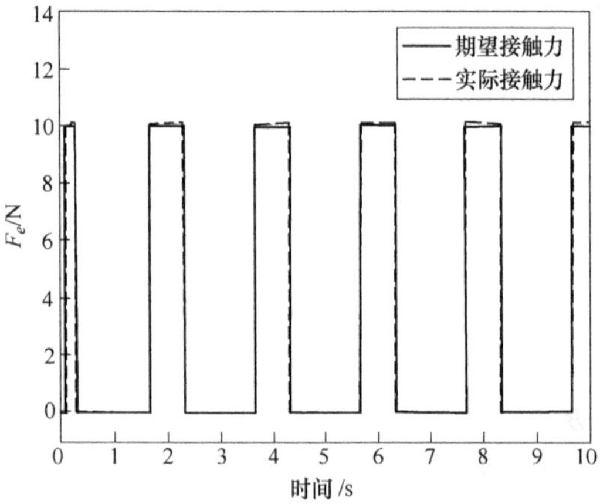

图 8-23　末端接触力跟踪

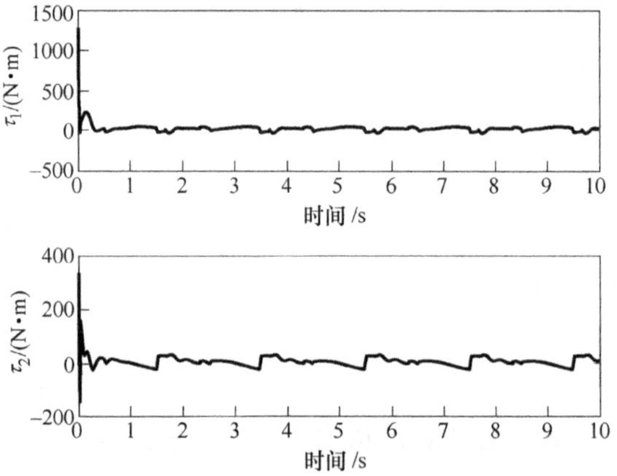

图 8-24　关节实际控制输入

习　题

1. 何为自然约束与人工约束？

2. 请给出用操作臂拔掉香槟瓶塞这一任务的自然约束和人工约束。可以做出必要的合理假设。用简图表示 $\{C\}$ 的定义。

3. 分别写出图 8-25 所示的拧螺钉操作时，以及螺钉进入螺钉孔下行时的自然约束与人工约束的表达式。

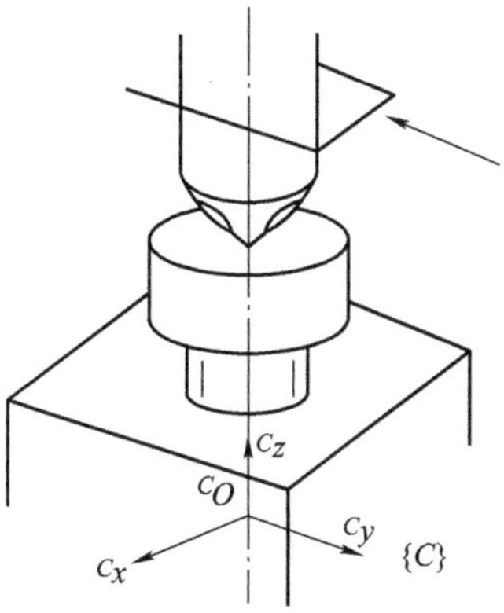

图 8-25　拧螺钉操作

4. 已知

$$
{}^{A}_{B}\boldsymbol{T}=\begin{pmatrix} 0.866 & -0.500 & 0.000 & 10.0 \\ 0.500 & 0.866 & 0.000 & 0.0 \\ 0.000 & 0.000 & 1.000 & 5.0 \\ 0 & 0 & 0 & 1 \end{pmatrix}
$$

如果坐标系 $\{A\}$ 原点处的力-力矩矢量为

$$
\begin{pmatrix} 0.0 \\ 2.0 \\ -3.0 \\ 0.0 \\ 0.0 \\ 4.0 \end{pmatrix}
$$

求以坐标系 $\{B\}$ 原点为参考点的 6×1 力-力矩矢量。

第9章 机器人视觉

9.1 机器人视觉概述

视觉是生物获取外界信息的重要途径，是自然界生物获取信息最有效的手段，是生物智能的核心组成之一。人类80%的信息都是依靠视觉获取的。人们通过对生物视觉系统的研究，模仿制作机器视觉系统，为机器安装“眼睛”，使得机器能够通过视觉获取外界信息。计算机视觉是通过摄像机获取环境场景图像，转换为计算机处理的数字信号，由计算机平台进行视觉信息处理。在计算机视觉中，视觉传感、视觉信息处理、理解和认知等环节分开，一方面简化了类生物视觉系统复杂的相互作用体系结构，同时便于现有计算机平台的实现。机器视觉是在计算机视觉的基础上发展起来的。如果说计算机视觉侧重在对图像信息的处理，那么机器视觉则是利用计算机视觉现有的技术，着重于对图像的获取，同时利用计算机强大的处理技术来对所采集的信息进行处理和分析，最终得到结果。这使得机器视觉技术广泛应用于农业生产、工业制造、医疗仪器、智能交通、航空航天等领域。

机器人视觉是机器视觉在机器人应用领域中的分支。对于机器人来说，视觉能帮助机器人识别工件并且准确地确定工件在工作范围内三维空间的位置。机器人视觉可以看作是从三维世界的图像中提取、表征和解释信息的过程。对于机器人视觉系统的任务包括可以捕获相关数据，并且随着对象的运动，能够更新信息。机器人视觉需要利用摄像硬件和计算机算法的组合，处理来自三维世界的视觉数据。例如，一个二维摄像头可以检测机器人拾取的对象。复杂的情况，可能是使用三维立体相机引导机器人将轮子安装到移动的车辆上。没有视觉，机器人基本上是盲目的。虽然对一些机器人任务没有视觉不是问题，但对于小批量多样化的应用而言，机器人视觉就显得非常必要了。

机器人视觉与机器视觉紧密相关，却又不等同于机器视觉。机器视觉由计算机视觉而来，是指工业上利用视觉进行自动检测、过程控制和机器人引导，是计算机视觉在工业中的应用。但通常不包含机器人作为机械执行机构，例如零部件的质量检测，序列号读取等。而机器人视觉系统将机器人作为执行机构，并且将机器人技术的各个方面融入系统的研究当中，例如运动学，参考坐标系标定等。视觉伺服只能称为机器人视觉而不是机器视觉，它通过由视觉传感器检测到的机器人位置的反馈来控制机器人的运动。可以说，机器视觉的部分功能是机器人视觉实现的基础。

9.1.1 视觉系统

图 9-1 所示为典型的视觉系统。被测物在工作平面上，摄像机和镜头在工作平面的可见范围内采集被测物的图像。这时被测物体需要合适的标准或定制光源照明。摄像机通过与计算机的接口将采集到的图像传至计算机，接口设备驱动程序将图像放置到计算机内存。摄像机与计算机的接口包括 IEEE1394、USB 或以太网等标准接口。计算机的主要功能是进行机器视觉图像处理，经过视觉处理之后的结果通过指令的形式发送给机械执行机构。机械执行机构收到指令后，执行后续动作来完成既定目标。

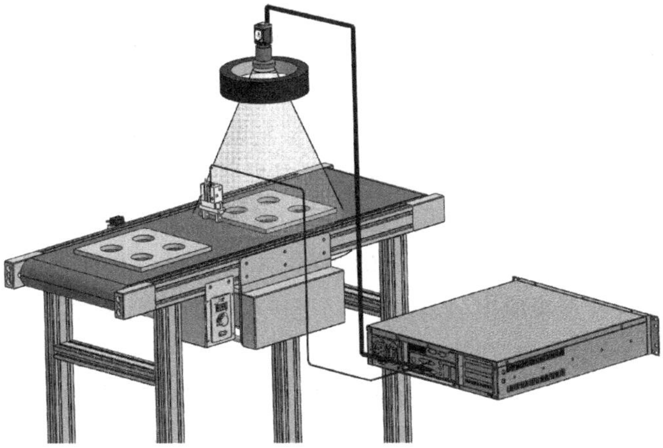

图 9-1　典型的视觉系统

视觉采集系统包括照明、镜头、摄像机和通信接口。照明使得被测物的基本特征可见，镜头使得在传感器上得到清晰的图像，传感器将图像转换为视频信号，通过摄像机与计算机的接口，视频信号被接收并放置到计算机内存进行处理。

视觉处理可以通过不同的物理平台来实施，包括基于 PC 的系统、专为三维或多相机二维应用设计的视觉控制器、独立式视觉系统、简单的视觉传感器。

基于 PC 的系统能与相机直接连接，并且提供各种可配置的机器视觉应用软件，支持各种开发软件和图形编程环境，比较适合复杂的应用开发。

视觉控制器能够提供基于 PC 的系统所提供的高性能和灵活性等优势，但比 PC 系统更能适应工厂严苛环境的考验，并且配置应用更加简单便捷，开发时间和成本比较合理。

独立式视觉系统也称为智能视觉传感器，是一种高度集成化、智能化的嵌入式视觉传感器。它取代了 PC 平台的视觉系统，智能传感器将图像传感器、数字处理器、通信模块及其他外围设备集成在一起，成为一个能独立完成图像采集、分析处理、信息传输一体化的视觉传感器设备。这类系统中有些还集成了光源、镜头和通信接口，不仅体积小巧，而且价格实惠，能够方便地被安装在整个工厂车间，并且连接到视觉区域网络中。智能视觉传感器一体化的设计，可降低系统的复杂度，并提高可靠性。同时系统尺寸大大缩小，拓宽了视觉技术的应用领域。

9.1.2 视觉传感器

视觉传感器是使用光学元件和成像设备获取外部环境图像信息的仪器，作用是将通过镜头聚焦于像平面的光线生成图像。视觉传感器包含镜头、信号处理器、通信接口以及最核心的部分——图像传感器。图像传感器的主要作用是将光子转换成电子，通常使用的图像传感器主要有电荷耦合装置 CCD（Charged-Coupled Device）和互补金属氧化物半导体 CMOS（Compleentary Metal-Oxide Semiconductor）两种。两者的主要区别是从芯片中读出数据的方式不同。

CCD 传感器由一行光线敏感的光电探测器组成，光电探测器一般为光栅晶体管或光电二极管。光电探测器是将光子转为电子并将电子转为电流的设备。曝光时光电探测器累积电荷，通过转移门电路，电荷被转移到串行读出寄存器，并通过电荷转换器和放大器读出。对于线性传感器，光电探测器通常为光电二极管。CCD 传感器分为线扫描和面扫描传感器。在面扫描传感器中，电荷是一行一行按顺序地转移到读出寄存器。

CMOS 传感器通常采用光电二极管作为光电探测器，与 CCD 不同的是，光电二极管中的电荷不是顺序读出，而是每一行都可以通过行和列选择电路直接选择并读出。每个像素有自己的独立放大器，可以实现比 CCD 更高的帧率。CMOS 可以在传感器上实现并行模/数转换，而且可以在每个像素上集成模/数转换电路进一步提高读出速度。

视觉传感器是整个机器视觉系统信息的直接来源，由一个或两个图像传感器组成，有时还要配以光投影设备或其他辅助设备，其主要功能是获取足够的机器视觉系统要处理的原始图像，通常用图像分辨率来描述视觉传感器的性能。

视觉传感器将相机的图像采集功能与计算机的处理能力相结合，能够对元件或产品的位置、质量和完整性做出决策。视觉传感器包含一个软件工具库，可执行不同类型的检测，甚至可以通过所采集的单一图像执行多种类型的检测。视觉传感器可以处理每个目标的多个检测点，还可以通过图案、特征和颜色来检测目标。视觉传感器首先定位图像中的元件，然后寻找该元件上的具体特征，以执行检测。视觉传感器通常无须编程，并通过使用方便的视觉软件界面引导用户完成配置。大多数视觉传感器都提供内置以太网通信，能集成到较大型的系统，与其他系统交换数据，传输检测结果以触发后续的检测或机械执行阶段。

视觉传感器与视觉系统有许多共同的部件，包括照明、镜头、图像传感器、控制器、视觉处理工具和通信接口。合适的机器视觉解决方案的选择通常取决于应用需求，包括开发环境、功能、架构和成本。在有些情况下，视觉传感器和视觉系统都能满足操作需求，不同的型号可满足不同的价格和性能要求。视觉传感器在先进的视觉算法、独立的工业级硬件及高速图像采集和处理方面与机器视觉系统相似。它们都能够执行检测，但它们是为执行不同的任务而设计的。机器视觉系统可以执行引导和对位、光学字符识别、代码读取及计量和测量，而视觉传感器则是专门为确定元件的存在和缺失设计的，提供简单的通过和未通过结果，并且具有易用性和快速部署的特性，因此，视觉传感器比视觉系统更经济实惠，需要更少的专业知识来运行。

9.2 视觉算法与图像处理

图像采集系统的主要作用是将一幅幅的图像传送给计算机，虽然这些硬件设备能在机器视觉过程的不同环节起到重要作用，但它们并不会真正地“看”，也就是说，它们并不能提取出图像中人们感兴趣的信息。这与人类的视觉过程类似，没有眼睛不能看东西，但即使有了眼睛，如果没有大脑将看见的事物进行分析理解，人们也不能做到真正意义上的“看”。因此，在图像数据被传送到计算机后，对这些图像数据的处理才是机器视觉的关键所在。视觉算法主要是指对采集的图像信号的处理方法，常用的算法有图像增强、灰度值变换、几何变换、图像分割、特征提取、形态学处理和边缘提取等。在深入研究机器视觉算法前，还必须了解机器视觉应用中涉及的基本数据结构。

9.2.1 数据结构

在机器视觉里，图像是基本的数据结构，它所包含的数据通常是由图像采集设备传送到计算机的内存中的。一个像素可以看成对能量的采样结果，此能量是在曝光过程中由传感器上一个感光单元所累积得到的，它累积了在传感器光谱响应范围内的所有光能。黑白摄像机会返回每个像素所对应的一个能量采样结果，这些结果组成了一幅单通道灰度值图像。而彩色摄像机则返回每个像素对应的三个采样结果，组成了一幅三通道图像。直观来看，数字图像可以简单地看作一个二维数组，每一个元素具有一个特定的坐标 (r, c) 和幅值 $g(r, c)$，这些元素就称为图像的像素，如图 9-2 所示。

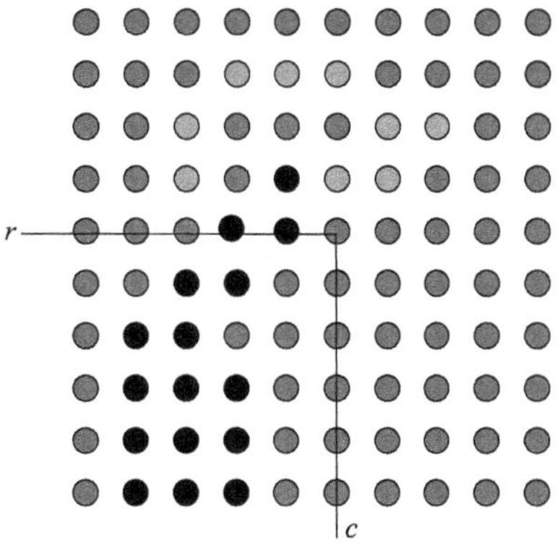

图 9-2 图像像素的坐标

图像采样设备不但在空间坐标上把图像离散化，而且把灰度值离散化到某一个固定的灰度级范围内。将图像的连续灰度值转换为离散的等价量的过程是量化。多数情况下，灰度值被量化为 8 位，则所有灰度值的集合为 $G_8 = \{0, 1, \cdots, 255\}$。一般来说，如果用 b 位来表示像素的灰度值，一个单通道图像可以视为某个函数 $f: R \rightarrow G_b$，此处，$R = \{1, 2, \cdots, h\} \times \{1, 2, \cdots, w\}$，是离散二维平面的一个矩形子集，$h$ 是矩形的高，w 是矩形的宽，$G_b = \{0, 1, \cdots, 2^b - 1\}$ 是位深 b 时的灰度值集合。

9.2.2 灰度值变换

调整图像灰度值的一个原因是图像对比度太低。灰度值变换可以看作一种点处理，也就是变换后的灰度值仅仅依赖于输入图像上同一位置的原始值：$t_{r,c} = f(g_{r,c})$。这里，f 是表示进行灰度值变换的函数。最重要的灰度值变换是灰度值线性比例缩放：$f(g) = ag + b$。当 $|a|>1$ 时，对比度增加；当 $|a|<1$ 时，对比度降低。当 $a<0$ 时，灰度值反转。当 $b>0$ 时，亮度增加；$b<0$ 时，亮度降低。线性灰度值变换的参数必须根据不同的应用以及不同的照明进行合理选择。一种基于当前图像灰度值自动确定参数 a 和 b 的方法可以覆盖灰度值集合。当前图像中的最小灰度值和最大灰度值分别为 g_{min} 和 g_{max}，则 $a = 255/(g_{max} - g_{min})$ 且 $b =$

$-ag_{\min}$ 时转换后的输出灰度值可以覆盖 G_8 的最大取值范围。这种变换可以理解为灰度值的归一化处理。

另一种灰度值变换方法是直方图均衡化法。灰度直方图显示每一种灰度值在图像中出现的频率。用 n 表示在图像中的像素点总数，n_i 表示图像中灰度值是 i 的像素点的总数，则归一化的灰度直方图在 G_b 域的离散函数为

$$h_i = \frac{n_i}{n} \tag{9-1}$$

归一化的灰度累积直方图可以表示为

$$c_i = \sum_{j=0}^{i} \frac{n_j}{n} \tag{9-2}$$

它与灰度值的概率分布相对应。对于灰度等级为 L 的图像，通过灰度累积直方图进行如式（9-3）所示的变换，将灰度值是 i 的像素映射到输出图像，对应像素点的灰度值由 i 变为 k_i，从而对图像进行灰度值均衡化。该过程表示为

$$k_i = (L - 1)c_i \tag{9-3}$$

[例 9-1] 假设一幅大小为 64×64 的图像，灰度等级为 8，灰度值分布如表 9-1 所示，对图像进行灰度直方图均衡化。

表 9-1 灰度等级为 8 的 64×64 大小的图像的灰度分布

灰度等级	0	1	2	3	4	5	6	7
像素个数	790	1023	850	656	329	245	122	81
灰度直方图（h_i）	0.19	0.25	0.21	0.16	0.08	0.06	0.03	0.02

解：直方图均衡化可以利用式（9-3）得到。例如：

$$k_0 = 7h_0 = 1.33$$

$$k_1 = 7\sum_{j=0}^{1} h_j = 7(h_0 + h_1) = 3.08 \text{ 同样，有}$$

$$k_2 = 4.55，k_3 = 5.67，k_4 = 6.23，k_5 = 6.65，k_6 = 6.86，k_7 = 7$$

对这些映射后的灰度值取整，得到

$$k_0 \to 1，k_1 \to 3，k_2 \to 5，k_3 \to 6，k_4 \to 6，k_5 \to 7，k_6 \to 7，k_7 \to 7$$

这样，输入图像中灰度值为 0 的像素灰度值变为 1，灰度值为 1 的像素灰度值变为 3，灰度值为 2 的像素灰度值变为 5，灰度值为 3 的像素灰度值变为 6，灰度值为 4 的像素灰度值变为 6，灰度值为 5 的像素灰度值变为 7，灰度值为 6 的像素灰度值变为 7，灰度值为 7 的像素灰度值不变。

均衡后的图像灰度级减少了，但是灰度直方图分布更加均匀，灰度级的动态范围更高，从而增强了对比度，如图 9-3 所示。

9.2.3 图像平滑

每幅图像都包含某种程度的噪声。噪声是由多种原因造成的灰度值的随机变化，例如由于光子通量的随机性而产生的噪声。在多数情况下，图像中的噪声必须通过图像平滑处理进行抑制。

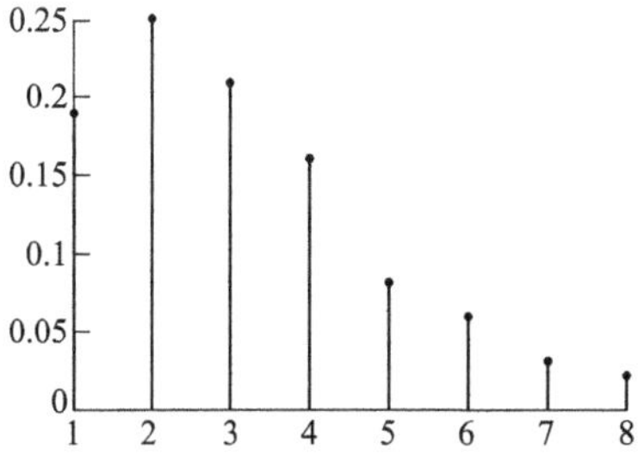

a) 原始直方图

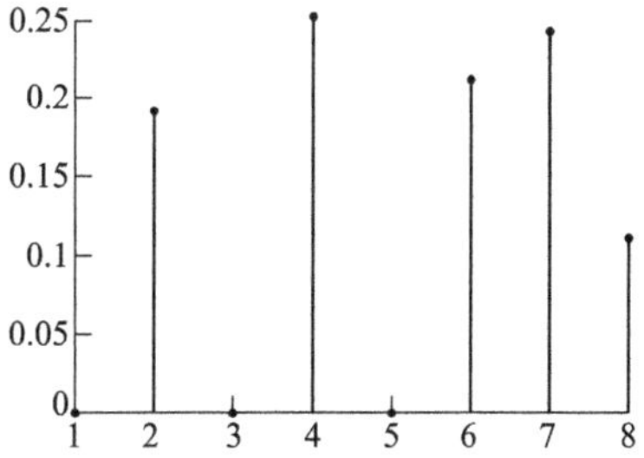

b) 均衡后的直方图

图 9-3　灰度直方图

一般来说，噪声被视为一种叠加在灰度值上的平稳随机过程，则真正的像素灰度值为 $\hat{g}_{r,c}=g_{r,c}+n_{r,c}$，其中 $n_{r,c}$为叠加在每个像素值上均值为 0、方差为 σ^2 的随机变量。平稳是指噪声与图像上像素的位置无关，即噪声对每个像素都是同分布。

噪声抑制能被视为随机估计问题，也就是说，用实测到的包含噪声的像素值 $\hat{g}_{r,c}$来估计像素值的真值 $g_{r,c}$。一个最明显的降噪方法就是采集同一场景的多幅图像并对这些图像进行平均。由于多幅图像是在不同时间采集的，我们将它称为时域平均法。时域平均值的计算方法为

$$g_{r,c}=\frac{1}{n}\sum_{i=1}^{n}\hat{g}_{r,c;i} \tag{9-4}$$

式中，$\hat{g}_{r,c;i}$代表第 i 幅图像上位置（r，c）处的灰度值。由概率论的知识可以知道，平均值 $g_{r,c}$ 的方差降低到原来的 $1/n$，噪声的标准差相应地降低到原来的 $1/\sqrt{n}$。时域平均法的缺点之一就是必须采集多幅图像才能进行噪声抑制。因此，大多数情况下，需要其他的降噪方法。理想情况下，仅仅在一幅图像上就可以对灰度值的真值进行估计。如果随机过程是遍历的，时域平均法就可以被空域平均法代替。假设图像是遍历的随机过程，那么空间均值可以通过像素数是 $(2n+1)(2m+1)$ 的一个窗口（或掩码）按如下方法计算：

$$g_{r,c}=\frac{1}{(2n+1)(2m+1)}\sum_{i=-n}^{n}\sum_{j=-m}^{m}\hat{g}_{r-i,c-j} \tag{9-5}$$

此空间平均操作也称为均值滤波。

但是，空间平均法平滑后的边缘不如时域平均法的锐利。这是因为，一般而言，图像并不是遍历的。只有在图中亮度一致的区域才是遍历的。因此，空间均值滤波使得图像的边缘变得模糊。对于图像来说，均值滤波器可表示为

$$h_{r,c}=\begin{cases}\dfrac{1}{(2n+1)(2m+1)}, & |r|\leqslant n \wedge |c|\leqslant m\\ 0, & \text{其他}\end{cases} \tag{9-6}$$

尽管均值滤波器提供了不错的结果，但它还不是最适宜的平滑滤波器。因为，均值滤波器的频率响应不是旋转对称的，或者各向异性的。这意味着倾斜方向上的结构与水平或垂直方向上的结构在应用同一滤波器时会经历不一样的平滑处理。在所有平滑滤波器中，高斯滤波器是最理想的平滑滤波器。理想平滑滤波器的自然准则，第一就是滤波器应该是线性可分的，第二是各向同性的，第三是平滑程度可控的。高斯滤波器是唯一符合全部自然准则的滤

波器。二维高斯滤波器可表示为

$$g_{r,c}=\frac{1}{2\pi\sigma^2}e^{-\frac{r^2+c^2}{2\sigma^2}} \tag{9-7}$$

以上讨论的都是空间域的线性滤波器，同样能抑制噪声的还有一种非线性滤波器——中值滤波器。中值被定义为这样一个值，在样本概率分布中50%的值要小于此值而另外50%的值要大于此值。如果样本包含 n 个值 $g_i(i=0, 1, \cdots, n-1)$，我们以升序对 g_i 进行排序后得到新的序列 s_i，那么 g_i 的中值 median（g_i）$=s_{n/2}$。这样，通过计算当前窗口内覆盖像素的中值而不是平均值就得到一个中值滤波器。用 W 表示窗口，此时中值滤波器可以表示为

$$g_{r,c}=\underset{(i,j)\in W}{\text{median}}\,\hat{g}_{r-i,c-j} \tag{9-8}$$

中值滤波器是不可分的。与线性滤波器不同的是，中值滤波器能保留边缘的锐利程度。但是，使用中值滤波器时，处理后图像所包含的边缘位置是否会产生变化，变化程度是多少并不能预先估计到。而且，同线性滤波器相比，也不能估计出中值滤波器抑制噪声的程度。因此，对于高精度的测量任务，仍应采用高斯滤波器。

[例9-2] 下表所示为一幅图的像素值，使用大小为 3 × 3 的掩膜窗口分别对它进行平均值滤波和中值滤波。

1	7	3	4	2
1	1	5	4	0
2	3	7	5	3
1	5	7	5	6
1	6	0	6	7

解：平均值滤波将图像中的像素替换为以该像素为中心的3×3邻域的平均灰度，则3×3的掩膜为。

$\frac{1}{9}\times$

1	1	1
1	1	1
1	1	1

如果采取保留边界的策略，平均值滤波结果为

1	7	3	4	2
1	3	4	3	0
2	4	5	5	3
1	3	5	5	6
1	6	0	6	7

同样，采取保留边界的策略，中值滤波结果为

1	7	3	4	2
1	3	4	4	0
2	3	5	5	3
1	3	5	6	6
1	6	0	6	7

9.2.4 傅里叶变换

许多用于图像处理和分析的过程都基于频率域或者空间域。在空间域中，操作的对象是

单个像素。在频率域处理中，不再使用单个像素信息，而是对整幅图像的频率进行处理。虽然二者处理方式不同，但它们之间相互关联，在不同情况下有各自的应用。傅里叶变换能将函数从空间域转换到频率域，傅里叶逆变换则是将函数从频率域转换到空间域。

一维函数 $h(x)$ 的傅里叶变换是将位置在 x 的函数 $h(x)$ 转换为频率 f 的函数 $H(f)$ 。变换公式为

$$H(f) = \int_{-\infty}^{+\infty} h(x)\mathrm{e}^{2\pi i f x}\mathrm{d}x \tag{9-9}$$

从频率域到空间域的傅里叶逆变换为

$$h(x) = \int_{-\infty}^{+\infty} H(f)\mathrm{e}^{-2\pi i f x}\mathrm{d}f \tag{9-10}$$

$H(f)$ 通常是复数，精确描述了不同频率复指数函数的叠加，叠加相同频率的正弦波和余弦波即得到一个相位移动的正弦波。

对于二维连续函数，傅里叶变换及其逆变换为

$$H(u,v) = \int_{-\infty}^{+\infty}\int_{-\infty}^{+\infty} h(r,c)\mathrm{e}^{2\pi i(ur+vc)}\mathrm{d}r\mathrm{d}c \tag{9-11}$$

$$h(r,c) = \int_{-\infty}^{+\infty}\int_{-\infty}^{+\infty} H(u,v)\mathrm{e}^{-2\pi i(ur+vc)}\mathrm{d}u\mathrm{d}v \tag{9-12}$$

在数字图像处理中，我们关心的是二维离散函数的傅里叶变换，假设 $h(r,\ c)$ 是图像函数，$H(u,\ v)$ 表示图像中每个像素的周期数。它的二维傅里叶变换及其逆变换为

$$H(u,v) = \sum_{r=0}^{M-1}\sum_{c=0}^{N-1} h(r,c)\mathrm{e}^{2\pi i(ur/M+vc/N)} \tag{9-13}$$

$$h(r,c) = \frac{1}{MN}\sum_{u=0}^{M-1}\sum_{v=0}^{N-1} H(u,v)\mathrm{e}^{-2\pi i(ur/M+vc/N)} \tag{9-14}$$

在傅里叶变换的众多特性中，最有趣的一个性质是在空间域的卷积等价于在频率域的相乘。因此，通过将图像及使用的滤波器变换到频率域，将两者在频率域的结果相乘，再将乘积转换回空间域就实现了空间域的卷积操作，也就实现了空间域的滤波。

均值滤波器的傅里叶变换结果为

$$H(u,v) = \frac{1}{(2n+1)(2m+1)}\mathrm{sinc}(2n+1)u \cdot \mathrm{sinc}(2m+1)v \tag{9-15}$$

同理，高斯滤波器的傅里叶变换结果为

$$H(u,v) = \mathrm{e}^{-2\pi^2\sigma^2(u^2+v^2)} \tag{9-16}$$

可见，高斯滤波器的傅里叶变换还是一个高斯函数，只是方差变成了自身的倒数。以上两种滤波器自身的尺寸增加，那么滤波器的频率响应将变窄。一般来说，空间域和频率域的对应关系为

$$h(x/a) \Leftrightarrow |a|H(af) \tag{9-17}$$

9.2.5 几何变换

在许多应用中，并不能保证被测物在图像中总是处于同样的位置和方向。所以，检测算法需要能应对位置的变化。首先要解决的问题就是检测出被测物的位置和方向，即位姿，并将它调整到标准的位姿，再进行检测。因此，我们将探讨一些常用的几何图像变换方法。

1. 仿射变换

如果在测量装置上物体的位置和旋转角度不能保持恒定，我们必须对物体进行平移和旋转角度的修正，这时使用到的变换称为仿射变换。仿射变换是一种线性变换，指平面内的平移、旋转及缩放。线性变换可用如下齐次坐标来描述：

$$\begin{pmatrix} \tilde{r} \\ \tilde{c} \\ 1 \end{pmatrix} = \begin{pmatrix} a_{11} & a_{12} & a_{13} \\ a_{21} & a_{22} & a_{23} \\ 0 & 0 & 1 \end{pmatrix} \begin{pmatrix} r \\ c \\ 1 \end{pmatrix} \tag{9-18}$$

式中，$\begin{pmatrix} a_{11} & a_{12} \\ a_{21} & a_{22} \end{pmatrix}$ 是线性部分，a_{13}和 a_{23}表示的是在横坐标和纵坐标两个方向上的平移。

2. 投影变换

投影变换是指物体与投影面上的像之间的变换，也就是说，投影前的面和投影后的面不是同一个面。如果物体是二维的，则我们能通过二维投影变换对此物体的三维变换进行模型化，具体由下式给出：

$$\begin{pmatrix} \tilde{r} \\ \tilde{c} \\ \tilde{w} \end{pmatrix} = \begin{pmatrix} a_{11} & a_{12} & a_{13} \\ a_{21} & a_{22} & a_{23} \\ a_{31} & a_{32} & a_{33} \end{pmatrix} \begin{pmatrix} r \\ c \\ w \end{pmatrix} \tag{9-19}$$

式（9-19）与仿射变换的区别在于，投影变换是用一个完整的 3 × 3 矩阵来描述的，并且将仿射变换里第三个坐标从 1 变为 w，因此仿射变换是特殊的投影变换。

3. 图像变换

在了解了如何用仿射变换和投影变换来实现坐标变换后，接下来考虑如何对图像进行变换。变换一幅图像的方法是在输出图像内遍历所有像素并计算其在输入图像中相应点的位置，然后再算出输入图像中该点的灰度值作为输出图像的灰度值。这是保证能够对输出图像中所有相关像素进行设定的最简单方法。为了从输出图像得到输入图像的坐标，需要对表示仿射变换或投影变换的矩阵求逆，然后使用逆矩阵进行仿射变换或投影变换求解。

由于从输出图像变换到输入图像时，不是所有像素都能变换回位于输入图像内的坐标上。我们通过为输出图像计算一个合适的 ROI 来解决这个问题。而且，在输入图像中的结果坐标通常不是整数坐标，因此，输出图像像素点的灰度值必须由输入图像像素点的灰度值进行插值得到。

有许多的插值方法，常用的一种是最近邻域插值法。假设输出图像的一个像素已经变换回输入图像中，并且位于输入图像中四个像素中心点之间，是一个非整数的位置。最近邻域插值法是先对变换后像素中心的非整数坐标进行取值处理，以找到与此坐标相邻的四个像素点的中心位置中最近的一个，然后将输入图像里的这个最近的像素灰度值视为输出图像内相应像素点的灰度值。最近邻域插值法的缺点是精度不高，落在整数坐标±0. 5 的矩形内的每个坐标都被赋值为同一个灰度值。

为了得到更好的插值结果，常常采用双线性插值法。双线性插值计算非整数坐标像素到四个相邻像素中心点的垂直方向和水平方向的距离，根据距离得到四个相邻像素点灰度值所占权重进行求和，如图 9-4 所示。
该结果为

$$\tilde{g} = b(ag_{11} + (1-a)g_{01}) + (1-b)(ag_{10} + (1-a)g_{00}) \tag{9-20}$$

[例 9-3] 图 9-5 显示了一幅 2×2 的图像以及各像素点的灰度值，以左下角的像素点为原点，逆时针旋转 30°，对旋转以后的图像分别采用最近邻域插值法和双线性插值法进行像素的灰度值估计。

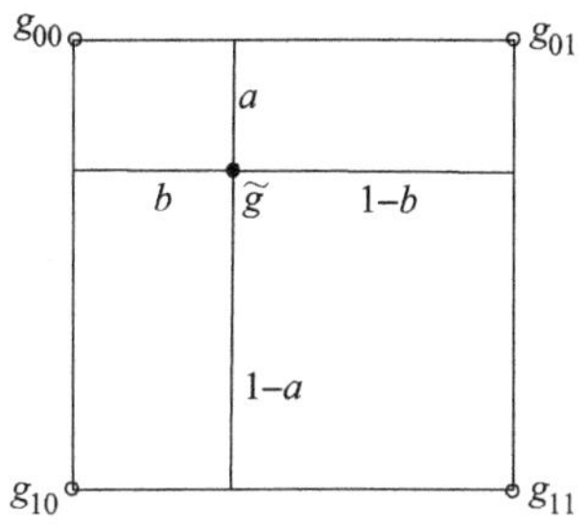

图 9-4 双线性插值

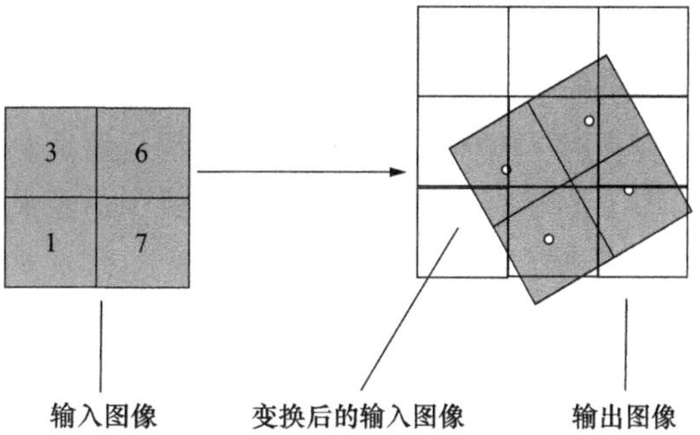

图 9-5 图像的旋转变换

解： 首先求出图像旋转以后的坐标范围。原图像 x 坐标范围为 [0, 1]，y 坐标范围为 [0, 1]，旋转变换公式为

$$\begin{cases} x' = 0.866x - 0.5y \\ y' = 0.5x + 0.866y \end{cases}$$

将原图像坐标代入上面的式子，得到旋转以后的图像 x 坐标范围为 [−1, 1]，y 坐标范围为 [0, 2]。因此，旋转以后的图像范围变大了。

其次，为了得到新图像中的像素的灰度值，需要将新图像对应的像素坐标在原图像中的坐标求出来，即

$$\begin{cases} x = 0.866x' + 0.5y' \\ y = -0.5x' + 0.866y' \end{cases}$$

以输出图像的像素点坐标（0，1）为例。将（0，1）代入上式，得到该点对应的输入图像的像素点坐标为（0.5，0.866）。

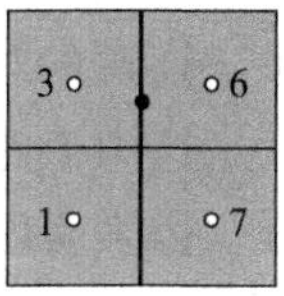

1）使用最近邻域插值法得到的输出图像坐标为（0，1）的像素点灰度值为 3 或者 6。

2）使用双线性插值法，则将输入图像中坐标为（0，0），（0，1），（1，0），（1，1）的像素点的灰度值代入式（9-20），则该点的灰度值为

$$3 \times 0.5 \times 0.866 + 6 \times 0.5 \times 0.866 + 1 \times 0.5 \times 0.134 + 7 \times 0.5 \times 0.134 = 4.8$$

近似为 5。

9.2.6 图像分割

1. 阈值分割

为了得到图像中的物体信息，必须将图像进行分割，即提取图像中与感兴趣物体相对应的那些区域。图像分割的输入是图像，输出是一个或多个区域。最简单的分割算法是阈值分割。阈值分割操作被定义为

$$S = \{(r,c) \in R \mid g_{\min} \leqslant f_{r,c} \leqslant g_{\max}\} \tag{9-21}$$

其中，R 是离散二维平面内的矩形图像。阈值分割将图像 R 内灰度值处于某一指定灰度值范围内全部点选到输出区域 S 中。只要被分割的物体和背景之间存在非常明显的灰度差时，都能使用阈值分割。固定阈值仅在物体的灰度值和背景的灰度值不变时达到比较好的效果。当照明产生变化时，物体和背景的灰度值就会发生变化。即使保持照明不变，相似物体也会有灰度值分布不固定的情况，采用固定阈值则不能很好地将物体和背景分开。因此，我们希望有一种能自动确定阈值的方法。

一般来说，可以基于图像的灰度直方图来实现。其中一种方法就是假设前景的灰度值和背景的灰度值都是正态分布，在直方图上拟合两个高斯密度，阈值就选定在两个高斯密度概率相等的灰度值处。还有一种动态阈值分割方法是，指定一个像素比其所处的背景亮多少或暗多少，而不是指定一个全局阈值。使用均值滤波器、高斯滤波器或中值滤波器进行平滑处理，就可以计算出以当前像素为中心的窗口内的平均值。将这个平均值作为对背景灰度的估计，将图像与其局部背景进行比较的操作称为动态阈值分割。用 $f_{r,c}$ 表示输入图像，用 $g_{r,c}$ 表示平滑后的图像，则对亮物体的动态阈值分割处理如下：

$$S = \{(r,c) \in R \mid f_{r,c} - g_{r,c} \geqslant T\} \tag{9-22}$$

而对暗物体的动态阈值分割处理

$$S = \{(r,c) \in R \mid f_{r,c} - g_{r,c} \leqslant T\} \tag{9-23}$$

其中，T 为设定的灰度值阈值。在动态阈值分割中，平滑滤波器的尺寸决定了能被分割出来的物体的尺寸。如果均值滤波器或高斯滤波器的尺寸越大，那么滤波后的结果越能更好地代表局部背景。

2. 连通区域提取

分割算法返回一个区域作为分割的结果，通常情况下，分割后得到的区域中所包含的多个物体在返回结果中应该是彼此独立的。但是，我们感兴趣的物体是由一些相互连通的像素集合而成的。所以，必须计算出分割后所得区域内包含的所有连通区域。

为了计算出连通区域，必须对两个像素连通的规则进行定义。在一个矩形像素网格上，对连通性有两种自然的定义。第一种定义是这两个像素有共同的边缘，即一个像素在另一个像素的上方、下方、左侧或右侧。由于每个像素有四个连通的像素，因此这种连通称为 4-连通或 4-邻域。第二种定义是第一种定义的扩展，将对角线上的相邻像素也包括进来，称为 8-连通或 8-邻域。虽然上面两个定义很容易理解，但当对前景和背景都使用同一个定义时，上面的定义就会产生问题。因此，对前景和背景应使用不同的连通性定义。

9.2.7 特征提取

尽管区域和轮廓包含我们感兴趣的图像部分，但它们只是对分割结果的原始描述。通

常，还需要进一步从分割结果中选出某些区域或轮廓，去除分割结果中不想要的部分。例如，在物体测量或者物体分类的应用中，需要从区域或轮廓中确定一个或多个特征量。特征量有多种不同类型，区域特征是能够从区域自身提取出来的特征，灰度值特征还需要区域内的灰度值。

最简单的区域特征是区域面积：

$$a = |R| = \sum_{(r,c)\in R} 1 \tag{9-24}$$

区域面积就是区域内的像素点的个数。事实上，可以通过求区域的矩来求区域的特征，当 $p\geqslant 0$，$q\geqslant 0$ 时，区域的（p，q）阶矩定义为

$$m_{p,q} = \sum_{(r,c)\in R} r^p c^q \tag{9-25}$$

其中，$m_{0,0}$就是区域的面积。还有一些特征是不随物体的尺寸变化而变化的，矩除以面积就得到了归一化的矩

$$n_{p,q} = \frac{1}{a}\sum_{(r,c)\in R} r^p c^q \tag{9-26}$$

从归一化的矩中得到最令人感兴趣的特征是区域的重心，即（$n_{1,0}$，$n_{0,1}$），能用来描述区域的位置。还有一些特征是不随图像中区域的位置变化而变化的，可以通过计算相对于区域重心的矩来实现。我们把下面的矩称为归一化的中心矩。

$$\mu_{p,q} = \frac{1}{a}\sum_{(r,c)\in R} (r - n_{1,0})^p (c - n_{0,1})^q \tag{9-27}$$

二阶中心矩（$p+q=2$）可以用来定义区域的方位和区域的范围。假设一个区域是椭圆的，通过获取区域的一阶矩得到区域的重心，即为椭圆的中心。其次，椭圆的长轴、短轴，以及相对于横轴的夹角可由二阶矩计算得到。

$$r_1 = \sqrt{2(\mu_{2,0} + \mu_{0,2} + \sqrt{(\mu_{2,0} - \mu_{0,2})^2 + 4\mu_{1,1}^2})} \tag{9-28}$$

$$r_2 = \sqrt{2(\mu_{2,0} + \mu_{0,2} - \sqrt{(\mu_{2,0} - \mu_{0,2})^2 + 4\mu_{1,1}^2})} \tag{9-29}$$

$$\theta = -\frac{1}{2}\arctan\frac{2\mu_{1,1}}{\mu_{0,2} - \mu_{2,0}} \tag{9-30}$$

通过椭圆的参数，能推导出另一个非常有用的特征：各向异性 r_1/r_2。此特征量在区域缩放时是保持恒定不变的，它可以描述一个区域的细长程度。椭圆的这些参数在确定区域的方位和尺寸时很有用。例如，θ 可以用来对经过旋转的文本进行校正。

除了基于矩的特征外，还存在许多其他有用的特征，这些特征都基于为区域找到一个外接几何基元。区域的最小平行轴外接矩形，可基于区域横纵坐标的最大值和最小值计算得到。基于矩形的参数，可计算出其他有用的特征量，如区域的宽度、高度和宽高比。还可以计算任意方位的最小外接矩形和最小外接圆，如图 9-6 所示。首先需计算区域的凸包。在一个特定区域里，一个点集的凸包就是包含了区域中所有点的最小凸集。如果点集中，任意两点连成的直线上的所有点都在此点集合中，那么这个点集就是凸集。一个区域的凸包通常很有用，基于此区域的凸包，能够定义另一个有用的特征：凸性。凸性被定义为某个区域的面积和该区域凸包的面积之比，可用来测量区域的紧凑程度。一个凸区域的凸性是 1。一个非凸区域的凸性介于 0 到 1 之间。

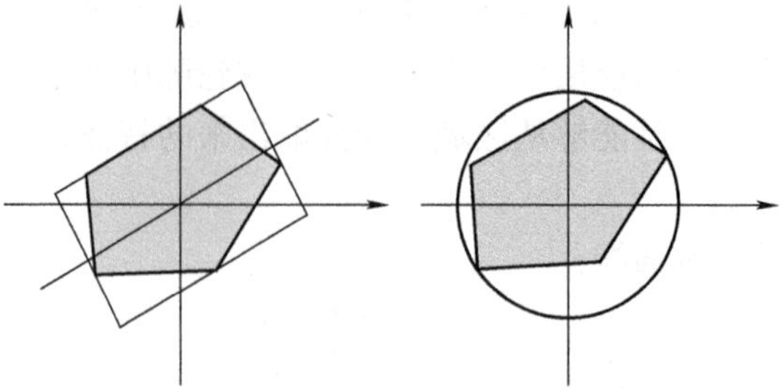

图 9-6 区域面积作为特征进行特征提取

9.2.8 形态学

我们已经知道了如何分割区域，但是分割结果中经常包含我们不想要的干扰，或者分割结果中感兴趣物体的形状已经被干扰了。因此，需要调整分割后区域的形状以获取我们想要的结果。这是数学形态学领域的课题，可以利用数学形态学的方法来处理这些区域，得到我们想要的形状。形态学的处理方法可以在区域和灰度值图像上被定义。

1. 区域形态学

所有的区域形态学处理能根据六个非常简单的操作来定义：并集、交集、差集、补集、平移和转置。先简单来看一下这些操作。

两个区域 R 和 S 的并集是所有位于这两个区域内的点的集合：

$$R \cup S = \{p \mid p \in R \vee p \in S\} \tag{9-31}$$

两个区域 R 和 S 的交集是同时位于区域 R 和 S 内的点的集合：

$$R \cap S = \{p \mid p \in R \wedge p \in S\} \tag{9-32}$$

交集和并集有同样的性质，那就是可交换性和可结合性。

两个区域 R 和 S 的差集是位于 R 且不位于 S 内的点的集合：

$$R \backslash S = \{p \mid p \in R \wedge p \notin S\} = R \cap \overline{S} \tag{9-33}$$

其中，$\overline{S}$ 表示区域 S 的补集。一个区域的补集是不位于区域 S 内的点的集合：

$$\overline{S} = \{p \mid p \notin S\} \tag{9-34}$$

除了集合操作外，两种基础的几何变换也用于形态学的处理中。将某个区域平移矢量 t 定义为

$$R_t = \{p \mid p - t \in R\} = \{q \mid q = p + t, p \in R\} \tag{9-35}$$

一个区域的转置定义为关于原点的一个镜像，即

$$\breve{R} = \{-p \mid p \in R\} \tag{9-36}$$

以上六种操作中，转置是唯一需要确定原点的操作，而其他操作都不依赖于坐标原点。

有了上面的基本知识，就可以开始学习形态学的处理方法了。这些处理需要涉及两个区域：一个是待处理的区域，用 R 表示；另一个区域通常称为结构元，用 S 表示，结构元一般是我们感兴趣的形状。

我们考虑的第一类形态学的操作是闵可夫斯基加法，定义为

$$R \oplus S = \{r + s \mid r \in R, s \in S\} = \{t \mid R \cap (\breve{S})_t \neq \varnothing\} \tag{9-37}$$

对第一个等式的解释为，取出第一个区域 R 中的每个点以及 S 中的每个点，然后计算这些点的矢量和，得到的点的集合即为闵可夫斯基加法的结果。第二个等式可以解释为，在平面内移动转置后的结构元，任何时刻当转置后的结构元平移到与区域存在至少一个公共点时，复制此平移后的参考点到输出中。

另外一个和闵可夫斯基加法十分相似的操作叫作膨胀，定义为

$$R \oplus \breve{S} = \{t \mid R \cap S_t \neq \emptyset\} \tag{9-38}$$

需要注意的是，只要结构元相对于原点是对称的，那么闵可夫斯基加法和膨胀的结果是相同的。在许多实际应用中，选择的结构元都是关于原点对称的，因此很多参考资料对闵可夫斯基加法和膨胀操作不加以区分。但实际上，两者从定义上还是有区别的。闵可夫斯基和膨胀将区域扩大，可以用来将区域中彼此分开的几个部分合并成一个整体。

形态学处理的第二类操作是闵可夫斯基减法，定义为

$$R \ominus S = \{r \mid \forall s \in S; r - s \in R\} = \{t \mid (\breve{S})_t \subseteq R\} \tag{9-39}$$

如果转置后的结构元被完全包含在区域 R 中，就将其参考点加入到输出结果中。与闵可夫斯基加法要求结构元必须与区域存在至少一个公共点，而闵可夫斯基减法要求结构元必须全部包含在区域内。

与闵可夫斯基加法和膨胀的关系类似的，也有与闵可夫斯基减法相对应的形态学操作，称为腐蚀，定义为

$$R \ominus \breve{S} = \{t \mid S_t \subseteq R\} \tag{9-40}$$

闵可夫斯基减法和腐蚀只有在结构元是基于原点对称时才会输出同样的结果。这两种形态学操作会将输入区域收缩，可以用来将彼此相连的物体分开。

腐蚀的另一个用途是模板匹配。

闵可夫斯基加法和减法与膨胀和腐蚀都有一个属性，在进行补集操作时，它们彼此之间是互为对偶的，因此有

$$R \oplus S = \overline{\overline{R} \ominus S}, R \ominus S = \overline{\overline{R} \oplus S} \tag{9-41}$$

现在再来看这几种基本操作的组合应用。第一种是开操作

$$R \circ S = (R \ominus \breve{S}) \oplus S \tag{9-42}$$

开操作先执行一个腐蚀操作，再用同一个结构元执行一个闵可夫斯基加法。与腐蚀操作类似，开操作可以用于模板匹配。与腐蚀操作相比，它返回输入区域中能被结构元覆盖的全部的点。因此，它保持了要搜索的物体的形状。开操作无须考虑参考点的位置，因此，开操作相对于结构元是平移不变的。

第二种是闭操作

$$R \cdot S = (R \oplus \breve{S}) \ominus S \tag{9-43}$$

先执行一个膨胀操作，再用同一个结构元执行一个闵可夫斯基减法。开操作与闭操作是对偶的，对前景的一个闭操作等价于对背景的一个开操作；反之亦然。因此有

$$R \cdot S = \overline{\overline{R} \circ S} \text{ 和 } R \circ S = \overline{\overline{R} \cdot S} \tag{9-44}$$

与开操作类似，闭操作相对于结构元也是平移不变的。闭操作可以用来合并彼此分开的

物体，当这些物体间的缝隙小于结构元，闭操作能用来填充孔洞及消除比结构元小的缺口。

［**例 9-4**］ 图 9-7 所示 A 为一幅图像，B 和 C 是结构体，对图像 A 进行形态学操作，求操作 $(A \ominus B) \oplus \breve{C}$ 的结果。

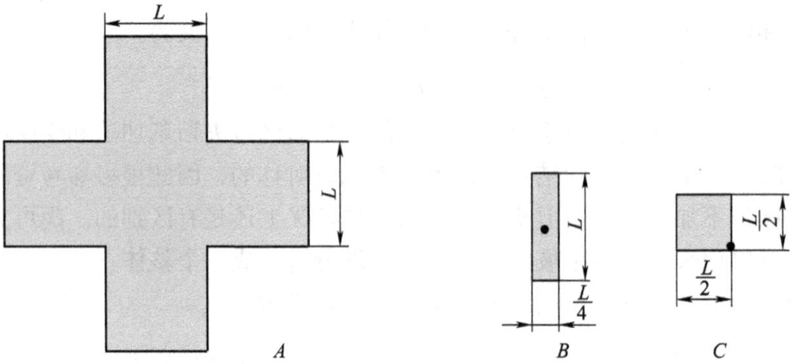

图 9-7　形态学操作示例

解： 第一步先求 $(A \ominus B)$，结果如图 9-8a 所示。

第二步求 $(A \ominus B) \oplus \breve{C}$，结果如图 9-8b 所示。

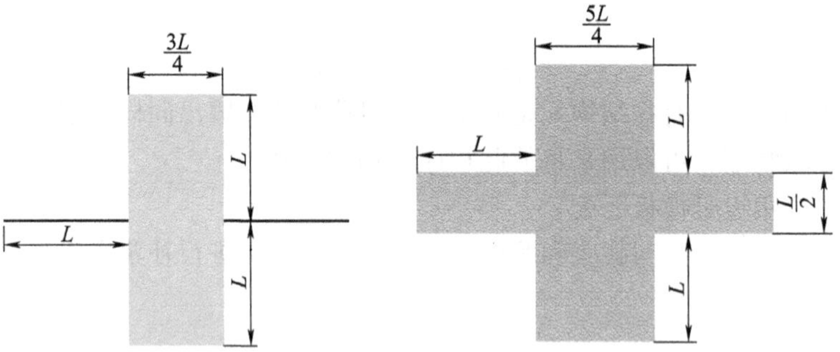

a) (A⊖B)形态学操作结果　　b) (A⊖B)⊕$\breve{C}$形态学操作结果

图 9-8　形态学操作结果

9.2.9　边缘提取

由于基于阈值的图像分割方法对光照变换十分敏感，需要找一个对于光照改变时仍然鲁棒的分割算法。鲁棒分割算法的目的是尽可能不受影响地准确找到物体的边界，对应于图像分割算法就是找到图像的边缘。

1. 边缘的定义

首先我们了解一下边缘到底是什么。边缘实际上也是图像中的一些区域，在这些区域中灰度值的变换非常明显。假设把图像看成一个一维函数 $f(x)$，当一阶导数与 0 的差距非常大即 $|f'(x)| \gg 0$ 时，灰度值就发生了显著的变化。但满足这个条件的点不是唯一的，为了获得一个唯一的边缘位置，必须加入额外的条件，即一阶导数的绝对值 $|f'(x)|$ 是局部最大的，从积分学的知识知道，$|f'(x)|$ 局部最大对应的点的二阶导数等于零即 $f''(x)=0$。因

此，在一维中，边缘定义为一阶导数绝对值最大的点，另一种等价定义为二阶导数过零的那些点。

在二维图像中，边缘是一条曲线，在边缘曲线的每个点上与曲线垂直的灰度值剖面都是一张一维边缘剖面。与边缘垂直的方向能通过图像的梯度矢量算出，图像的梯度矢量表明了图像函数的最快上升方向，它由图像的一阶偏导的矢量得到，即

$$\nabla f(r,c)=\left(\frac{\partial f(r,c)}{\partial r},\frac{\partial f(r,c)}{\partial c}\right)=(f_r,f_c) \tag{9-45}$$

梯度矢量的幅度相当于一维中一阶导数的绝对值 $|f'(x)|$，其表达式为

$$\|\nabla f(r,c)\|_2=\sqrt{f_r^2+f_c^2} \tag{9-46}$$

梯度矢量的方向为 $\phi=-\arctan(f_r/f_c)$。有了这些定义，二维图像中边缘可定义为图像中的若干点，这些点在梯度方向上的幅值局部最大。在一维中，一阶导数和二阶导数对边缘的定义是等效的。由于在二维中存在三种二阶偏导，所以二阶导数给出的结果与梯度矢量并不等效。在二维中，一个常用的算子是拉普拉斯算子，定义为

$$\Delta f(r,c)=\frac{\partial^2 f(r,c)}{\partial r^2}+\frac{\partial^2 f(r,c)}{\partial c^2}=f_{rr}+f_{cc} \tag{9-47}$$

$$\Delta f(r,\ c)=0$$

边缘能通过令拉普拉斯算子等于零计算得到。

在二维图像中，一阶算子和二阶算子返回的边缘位置是不一致的。

2. 一维边缘的提取

图像是离散的且包含噪声，如何从一维灰度值剖面中提取边缘呢？首先从离散一维灰度值剖面上连续灰度值之间的差来计算导数，离散一阶导数和二阶导数的计算公式为

$$f_i'=\frac{1}{2}(f_{i+1}-f_{i-1}) \tag{9-48}$$

$$f_i''=\frac{1}{2}(f_{i+1}-2f_i+f_{i-1}) \tag{9-49}$$

这两个等式可以看成两个线性滤波器，它们的卷积掩码如下：

$$\frac{1}{2}(1,\ 0,\ -1)\text{ 和 }\frac{1}{2}(1,\ -2,\ 1)$$

由于图像包含噪声，造成了一阶导数绝对值局部最大的位置很多，所以也相应地造成了二阶导数过零的次数非常多。通过对一阶导数绝对值进行阈值分割，即要得到更精确的边缘，需要对边缘进行噪声抑制。一种简单的方法就是，在得到灰度值剖面的那条直线的垂线方向上对多个灰度值进行均值滤波。我们也可以通过对剖面先进行平滑，再从这个平滑后的剖面上求一阶导数来提取边缘。由卷积的性质可以知道，对函数平滑以后再求导得到的结果和先对平滑滤波器求导再与函数卷积得到的结果是一样的。这样，就能将平滑滤波器的一阶导数看作一个边缘滤波器。

那么理想的边缘滤波器是什么呢？Canny 提出了理想边缘滤波器的三个标准：首先是边缘检测器产生的输出的信噪比要最大化；其次，边缘的定位精度要高；最后，要能避免多重响应或者说对虚假响应边缘要有最大抑制。Canny 指出最理想的边缘滤波器是高斯滤波器的一阶导数。因为，最理想的平滑滤波器是最理想的边缘滤波器的积分，而最理想的平滑滤波

器是高斯滤波器。把最理想的边缘滤波器称为 Canny 滤波器。

3. 二维边缘的提取

我们之前讨论过，对二维边缘存在着一阶导数和二阶导数两种定义，这两种定义得到的边缘并不一致。与在一维中的情况类似，对那些明显边缘的提取将需要在梯度量值的基础上进行一个阈值分割处理。首先，来看一下在二维图像中怎样利用有限差分计算偏导数。

$$f_{r;i,j} = \frac{1}{2}(f_{i+1,j} - f_{i-1,j}) \tag{9-50}$$

$$f_{c;i,j} = \frac{1}{2}(f_{i,j+1} - f_{i,j-1}) \tag{9-51}$$

但是，正如在一维边缘中一样，图像必须被平滑以获得更好的边缘提取结果。通常我们会使用如下的 3×3 的边缘滤波器

$$\begin{pmatrix} 1 & 0 & -1 \\ a & 0 & -a \\ 1 & 0 & -1 \end{pmatrix} \tag{9-52}$$

$$\begin{pmatrix} 1 & a & 1 \\ 0 & 0 & 0 \\ -1 & -a & -1 \end{pmatrix} \tag{9-53}$$

当 $a=1$ 时，得到的是 Prewitt 滤波器。当 $a=2$ 时，得到的是 Sobel 滤波器，此滤波器在垂直于求导数的方向上执行一个相当于高斯平滑的处理。在进一步求梯度矢量的量值（幅值）时，通常用 1-范式，或最大值范式，或 2-范式来求。然后对梯度矢量的量值进行阈值分割。由于阈值分割得到的边缘大于一个像素宽度，因此阈值分割后的边缘还要进行骨架化处理。

同样，在二维图像中最理想的边缘 Canny 滤波器也可由高斯滤波器的偏导数得到。因为高斯滤波器是可分的，所以其导数也是可分的，表示如下：

$$g_r = \sqrt{2\pi}\sigma g'_\sigma(r) g_\sigma(c) \tag{9-54}$$

$$g_c = \sqrt{2\pi}\sigma g_\sigma(r) g'_\sigma(c) \tag{9-55}$$

式中，σ 决定了平滑程度。对阈值分割后的边缘进行骨架化，有时不能给出预期的结果。为了获得正确的边缘位置，理想的边缘滤波器往往先采用非最大抑制的方法处理边缘。沿梯度矢量的方向，找到最邻近的两个像素进行梯度量值的比较，如果是极大值则保留，如果不是则抑制。然而，对角方向的边缘经常仍然是两个像素宽度，因此，非最大抑制的输出仍需要被骨架化处理。简单的阈值分割在很多情况下会造成边缘断开，或者虚假边缘，Canny 滤波器提出了一种双阈值的边缘检测和边缘连接方法。顾名思义，使用两个阈值——高阈值和低阈值。边缘幅值比高阈值大的作为边缘点，进行保留。边缘幅值比低阈值小的点去除。介于两个阈值之间的点，只有在这些点能按某一路径与保留的边缘点相连时，它们才作为边缘点被接受。也就是说，在保留高阈值的情况下，尽可能地延长边缘。

最后是图像的二阶算子——拉普拉斯算子，以及拉普拉斯算子过零来确定边缘的方法。由拉普拉斯算子过零求得的边缘比用梯度量值求得的边缘更弯曲些，这是因为拉普拉斯算子得到的边缘一定要经过真实边缘上所有角点。另外，拉普拉斯算子求得的边缘一定会恰好通过真实边缘上的顶点这一特性可以被用在一些应用中。例如，在测量螺纹的深度时，拉普拉斯算子比梯度量值更合适。

9.3 3D视觉技术

9.3.1 摄像机模型和参数

3D视觉的主要任务包括3D位姿识别和3D检测，它们包括不同的方法，具有不同的特征，但无论是哪种3D视觉任务，进行摄像机标定是必不可少的环节。由于每个镜头的畸变程度各不相同，通过摄像机标定就可以校正这种镜头的畸变。另外在摄像机标定后，可以得到在世界坐标系中目标物体的实际大小和位姿。为了标定摄像机，先建立一个模型，该模型由摄像机、镜头和图像采集卡组成，可以将视觉坐标系中三维空间点投影到二维图像中。以面阵摄像机模型为例，图9-9显示了一个针孔摄像机模型的透视投影关系。世界坐标系中点^{w}p通过镜头投影中心投射到成像平面上的点p。如果镜头没有畸变，点p应该在^{w}p与投影中心连线的延长线上。镜头的畸变将造成点p的位置发生偏移。成像平面位于投影中心后端，与投影中心的距离为主距，用f表示。

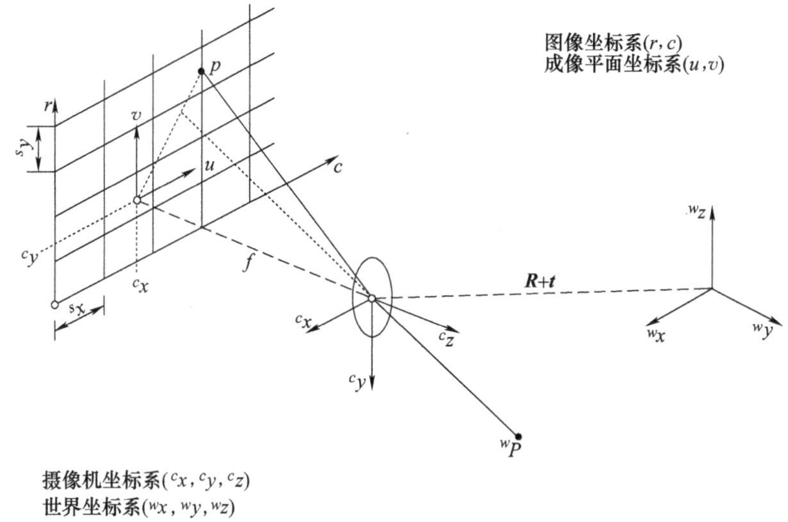

图9-9 针孔摄像机的摄像机模型

为了将世界坐标系中的一点^{w}p投影到成像平面上，首先需要将它转换到摄像机坐标系中。摄像机坐标系的x轴和y轴分别平行于图像的c轴和r轴，z轴垂直于成像平面。设世界坐标系中的坐标为$^{w}\boldsymbol{p}=(^{w}x, ^{w}y, ^{w}z)^{\mathrm{T}}$，在摄像机坐标系中的坐标为$^{c}\boldsymbol{p}=(^{c}x, ^{c}y, ^{c}z)^{\mathrm{T}}$，它们之间的坐标转换关系为

$$^{c}\boldsymbol{p}=\boldsymbol{R}\,^{w}\boldsymbol{p}+\boldsymbol{t} \tag{9-56}$$

式中，$\boldsymbol{t}=(t_x,\ t_y,\ t_z)^{\mathrm{T}}$是一个平移矢量；$\boldsymbol{R}=\boldsymbol{R}(\alpha,\ \beta,\ \gamma)$是一个旋转矩阵，由三个旋转角度决定，分别是绕摄像机坐标系z轴旋转角度γ，绕y轴旋转角度β，绕x轴旋转角度α：

$$\boldsymbol{R}=\begin{pmatrix}1 & 0 & 0\\ 0 & \cos\alpha & -\sin\alpha\\ 0 & \sin\alpha & \cos\alpha\end{pmatrix}\begin{pmatrix}\cos\beta & 0 & \sin\beta\\ 0 & 1 & 0\\ -\sin\beta & 0 & \cos\beta\end{pmatrix}\begin{pmatrix}\cos\gamma & -\sin\gamma & 0\\ \sin\gamma & \cos\gamma & 0\\ 0 & 0 & 1\end{pmatrix} \tag{9-57}$$

这里的6个参数（α，β，γ，t_x，t_y，t_z）被称为摄像机的外参或摄像机的位姿，因为它们决定了摄像机坐标系与世界坐标系之间的相对位置关系。

接着，将空间中的点在摄像机坐标系中的坐标转换到成像平面坐标系中。对于针孔模型的摄像机，这个变换相当于透视投影，可表示为

$$\begin{pmatrix} u \\ v \end{pmatrix} = \frac{f}{^c z}\begin{pmatrix} ^c x \\ ^c y \end{pmatrix} \tag{9-58}$$

在投影到成像平面后，镜头的畸变导致成像平面的坐标 $(u, v)^{\mathrm{T}}$ 不在点 ^wP 与投影中心的连线上。对于大多数镜头而言，畸变导致的实际平面坐标可以用下面的径向畸变近似代替：

$$\begin{pmatrix} \tilde{u} \\ \tilde{v} \end{pmatrix} = \frac{2}{1 + \sqrt{1 - 4\kappa(u^2 + v^2)}}\begin{pmatrix} u \\ v \end{pmatrix} \tag{9-59}$$

式中，参数 κ 表示畸变程度，如果 κ 是负数，畸变为桶形畸变；如果 κ 是正数，则为枕形畸变。

最后，将点从成像平面坐标系转换到图像坐标系中

$$\begin{pmatrix} r \\ c \end{pmatrix} = \begin{pmatrix} \dfrac{\tilde{v}}{s_y} + c_y \\ \\ \dfrac{\tilde{u}}{s_x} + c_x \end{pmatrix} \tag{9-60}$$

式中，s_x 和 s_y 是比例缩放因子，点 $(c_x, c_y)^{\mathrm{T}}$ 是图像的主点。对针孔摄像机而言，主点是投影中心在成像平面上的垂直投影，主点与投影中心的连线与成像平面垂直，同时这个点也是径向畸变的中心。

针孔摄像机模型的6个参数（f，κ，s_x，s_y，c_x，c_y）称为摄像机的内参。

9.3.2 摄像机标定

摄像机的标定过程就是确定摄像机外参和内参的过程。为了进行摄像机标定，必须已知世界坐标系中足够多三维空间点的坐标，并找到这些空间点在图像中的投影点的二维坐标，建立对应关系。使用标定板可以同时满足这两个要求。标定板是事先精确测量过的已知尺寸的具有多个按规定尺寸和形式排列的标志点或网格的平面。例如，一个矩形的标定板有 $m \times n$ 个圆形的标志点，在这些标志点外面有一个黑色矩形边框，可以使标定对象的中心部分很容易被提取出来。在矩形边界框的一个角落放置一个小的方向标记，可以使摄像机标定算法计算得到标定板的唯一方向。在标定对象表面上使用圆形标志，主要因为可以非常精确地提取出圆形标志点的中心坐标。所有圆形标志点按矩形阵列排列，可以使摄像机标定算法在图像中提取与这些标志点对应的像素点坐标时更加简便。

由于标定板上的黑色矩形边界框将标定板的内部区域与背景分离开，可以利用标定板的这个特点在图像中提取标定板位置。首先，在图像中通过阈值分割找到标定板的内部区域。然后，利用边缘提取方法得到各个标志点的边缘。将所有提取出的边缘拟合为椭圆。基于提取出椭圆的最小外接四边形，可以非常容易确定标志点与它们在图像中投影之间的对应关系。

在确定了对应关系后，就可以进行摄像机标定了。将标定标记在世界坐标系中坐标表示为 M_i，将标定标记中心点投影到图像中的坐标表示为 m_i，最后将摄像机参数表示为矢量 $\boldsymbol{c}$，

它包含了摄像机的内参和外参。通过使提取出的标定标记中心点坐标 m_i 与通过投影关系计算得到的坐标 π（M_i，$\boldsymbol{c}$）之间的距离最小化来确定摄像机参数，即

$$\operatorname{argmin}\sum_{i=1}^{mn} \| M_i - \pi(M_i, c) \|^2 \tag{9-61}$$

式中，mn 是标志点的个数。对距离最小化的求解是一个非常复杂的非线性最优化问题。这些参数有一个初始值，摄像机内参的初始值可以从镜头和传感器的说明手册中得到。

为了解决简并性问题，摄像机必须使用多幅图像进行标定，在这些图像中标定板的位置要不同。对针孔摄像机而言，标定对象不能在所有拍摄的标定图像中均相互平行。为了使求得的摄像机参数更加准确，所有图像中标定板的位置最好能覆盖图像的四个角，因为角落处的镜头畸变是最大的，这样就可以得到更准确的径向畸变系数。

9.3.3 双目立体视觉

标定的目的是帮助我们从图像像素坐标得到物体在三维空间的实际坐标进行后续的测量和定位。标定后的单目摄像机通常是不能得到三维空间中物体的实际坐标的，这是因为一个摄像机光心与图像在成像平面上的对应点可以定义一条光线，这一条光线不能唯一确定三维空间中的一点。如果有两个摄像机，那么两条光线在三维空间中的交点就是图像中相应点的三维位置，这也是三角测量的概念。双目立体视觉进行任意物体的三维重构，必须包括两个或多个摄像机，从不同的角度拍摄同一个目标物，通过两幅或多幅图像进行立体匹配的方法获得像素点所对应的目标物的深度信息。

从计算的角度来看，一个双目立体视觉系统必须解决两个问题。第一，匹配问题，也就是一个摄像机拍摄的场景图像中任意一点在另一个摄像机拍摄画面中对应的点是哪一个。第二，三维重构问题。人之所以能感知三维世界，究其原因是因为大脑能给出成像点在双眼视网膜上的位置差异，也就是视差。所有像素点的视差形成了视差图，如果已知立体系统的几何结构，则可以将视差图还原为3D场景图。

假设两个摄像机都已经经过标定，也就是说两个摄像机的内参，以及两个摄像机之间的相对位姿关系都已知。立体视觉系统的标定过程与单目摄像机系统的标定过程类似，在这里不再赘述。

图9-10显示了双目立体视觉系统的几何结构。O_1 和 O_2 为两个摄像机的投影中心，C_1 和 C_2 分别是两个成像平面的主点，投影中心到主点的距离是摄像机的主距。世界坐标系中任意一点 ${}^wP$ 在两个成像平面的投影分别为 P_1 和 P_2。假设镜头没有畸变，则点 ${}^wP$、O_1、O_2、P_1 和 P_2 在同一平面。为了重构三维空间中的点 ${}^wP$，必须在两幅图像中找到对应点的投影点 P_1 和 P_2。假设已知点 P_1、O_1 和 O_2，

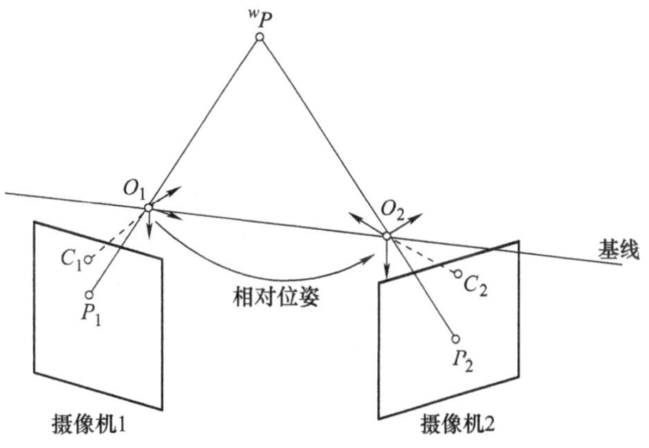

图9-10　双目立体视觉系统几何结构

我们将 P_1、O_1 和 O_2 定义的平面称为外极平面。由于 O_2 在外极平面上，因此外极平面在第二幅图像上的投影为一条直线，我们称这条直线为外极线。由于 ^wP 在 P_1 和 O_1 定义的直线上，^wP 在第二幅图像上的投影，P_2 也位于这条外极线上。通常来说，三维空间中不同的 ^wP 对应不同的外极线，但一幅图像中所有外极线都相交于一点，我们称这个交点为外极点，它是另一个摄像机的投影中心在当前图像中的投影。由于所有外极平面都包含投影中心 O_1 和 O_2，所有外极点都位于 O_1 和 O_2 定义的直线上，我们称这条直线为基线。

一般来说，为第一幅图像中所有点实时寻找对应的外极线，是非常耗时的。通常，需要将立体几何结果图转换成标准的外极几何结构来简化外极线的求取，这个过程也称为几何校正。在标准外极几何结构中，保持两个投影中心固定不变，旋转两个摄像机的坐标系，使得它们的成像平面与基线平行，水平对齐并且垂直对齐。忽略镜头的畸变，两个摄像机的主距相等，两幅图像上的主点行坐标相等，列坐标轴与基线平行。两个主点与各自投影中心的连线与基线垂直，两个主点的连线与基线平行。在这种几何结构中，一个点的外极线就是与该点行坐标相同的直线，而且所有的外极线都是水平对齐并且垂直对齐的。此时，在一幅图像中寻找对应点的过程就从二维的变成一维的，大大简化了匹配过程。而视差的计算就是点和外极线上对应点列坐标的差值。

图 9-11 中，假设已经找到点 P 在左右两幅图像中的投影点 P_l 和 P_r，已知两个投影中心的距离 t，令 x_l 和 x_r 为 P_l 和 P_r 的列坐标，f 为主距，z 为点 P 到基线的距离。根据相似三角形关系，有

$$\frac{t + x_l - x_r}{z - f} = \frac{t}{z} \tag{9-62}$$

求解得到

$$z = f\frac{t}{d} \tag{9-63}$$

式中，$d = x_r - x_l$，就是点 P 在两个图像中的投影点的视差，并且深度与视差成反比关系。

双目立体视觉技术的优点是，它的场景照明不需要特殊结构的主动照明，而是仅仅依赖普通的场景照明；缺点是对于缺乏纹理特征的像素点，在不同图像中进行对应点的匹配比较困难。

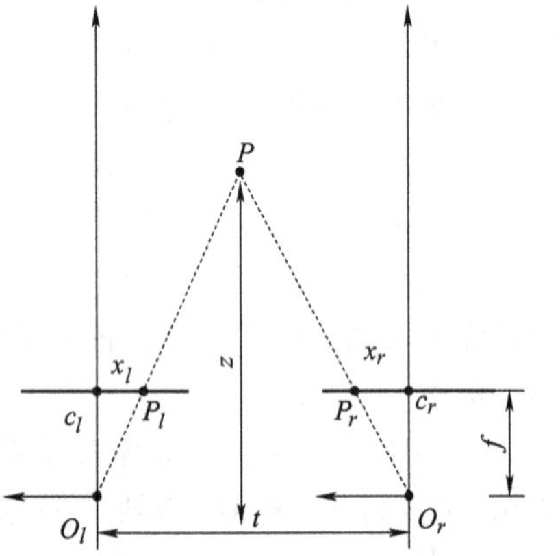

图 9-11　重构空间点深度

9.3.4　光片技术

光片技术（Sheet-of-light）需要的硬件包括摄像机、激光投影仪，这种技术的基本思想是投射薄的发光直线，一般是激光产生的直线投射在需要重建的物体表面上，然后将投影线的成像拍摄下来，激光线的投影组成了一个光平面称为光片。如图 9-12 所示，摄像机的光轴和光平面形成一个角度，称为三角测量角度。该激光线和摄像机视图之间的交叉点取决于物体的高度。因此，如果激光线投射到的物体上，物体的高度不同，投射线的成像则不是直线，而是代表了被测对象的轮廓。使用此轮廓，可以获得激光投射线上的物体的高度差。为了重建物体的整个表面，需要得到更多的高度轮廓，为此，物体必须相对于摄像机和激光投影仪组成的测量系统做移动。物体通常放置在一个能够线性移动的定位系统上，由定位系统来控制物体的位移。如果是标定过的系统，则测量将

返回测量点的三维世界坐标值的差异，从而构建出物体的三维模型。

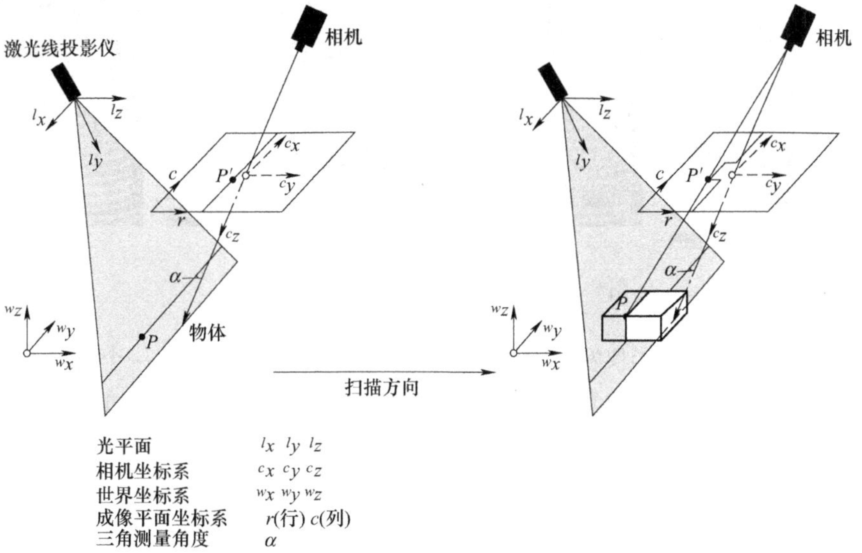

图 9-12　光片测距示意图

采用光片技术的 3D 相机通常有两种，一种有内置激光器，即摄像机和激光器集成在一个单元中，另一种相机配备的激光器单独安装。如果摄像机和激光器集成在一个单元中，则测量设置仅限于固定的三角测量角度，并且需要以确定的方式安装。SICK 的 Ruler 摄像机是一款有内置激光器的 3D 摄像机，在进行安装时，Ruler 摄像机的安装应确保激光投射方向垂直于线性定位系统。对于这种内置激光器的摄像机，摄像机和光平面相对于世界坐标系的方向已经标定好了。如果是摄像机和激光器分开安装的，测量装置是任意配置的，则需要进行摄像机和光平面的标定。如果使用 SICK 的 Ranger 摄像机，则需要利用 SICK 提供的软件和单独购买标定物体来标定整个测量系统。

9.3.5　结构光技术

与光片技术类似，结构光（Structured-light）技术也是一种主动立体视觉技术，不同的是它通过投影仪将多个已知结构的光平面顺序投射到目标表面上，形成特征点，并由摄像机从另一位置拍摄投影图像。物体的几何形状会导致投影变形，通过分析失真的投影图像，利用三角测量原理可求得特征点与摄像机主点之间的距离，即特征点的深度信息。在标定出投影仪与摄像机在世界坐标系中的位置参数后，就可以得到特征点在世界坐标系中的三维坐标。由摄像机拍摄的图像中的每个像素点需要被映射到对应的 3D 世界坐标系中，可以通过确定像素点属于哪个光平面或条纹来解决，然后通过三角测量的方法找到像素点对应的目标物体表面点的 3D 坐标。

根据投影仪投射的光的结构不同，可以简单地将结构光分为点结构光、线结构光和面结构光。简单的线结构光，如水平线和垂直线；简单的面结构光，如棋盘图案等。复杂的结构光还包含光学图案编码。图 9-13 给出了 4 种不同的面结构光编码方式，从左到右分别是时分编码、颜色编码、变宽编码和无编码条纹。

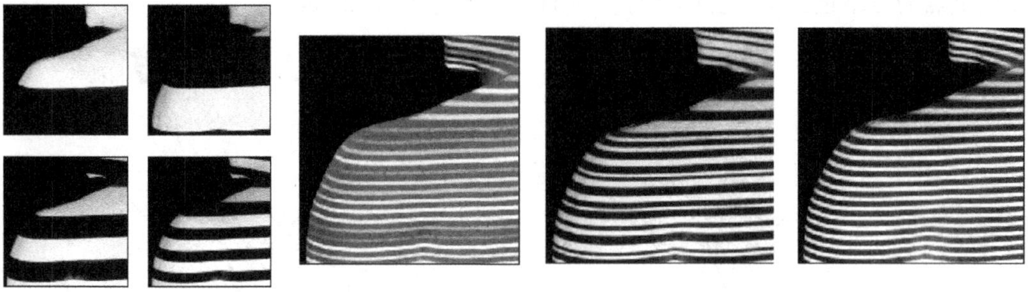

图 9-13　四种不同的面结构光编码方式

在点结构光方法中，投影仪发出的光束投射到被测物体表面上产生一个光点，光点的部分反射光通过摄像机镜头成像在位置敏感器件（PSD）或 CCD 的像面上。如果被测物体沿着激光束方向发生位移，则 PSD 或 CCD 像面上的像点位置也会随之移动。根据像点的移动距离和经过标定后的激光器与 PSD 器件或 CCD 器件之间的相互方向、位置参数，即可求出被测物体面的移动距离。该方法从光源制作到图像算法都比较简单，点光源是最常见的光源，但由于每幅图像只能得到一个点，因此测量效率低，不适合大规模快速测量。如果要得到被测物体的整体三维数据，需要配备复杂的三维扫描装置，才能从多个角度对物体进行测量。

线结构光方法也是基于三角测量原理，但是采用线光源代替点光源，可以减少对被测物体表面的扫描时间。该方法只有一条光线，不存在匹配问题，图像处理算法比较简单，一次能够获取一条光线上所有点的三维信息。与点结构光方法相比，测量信息量大大增加，而实现的复杂性并没有增加。

面结构光方法将编码结构光投射到被测物体表面上，无须连续扫描就能完成对整个物体表面的测量。根据标定出的摄像机和激光投射器的内部几何参数以及外部方向、位置参数和结构光编码方式，利用三角测量原理即可测量出被测物体表面各点的三维坐标。该方法测量速度快、效率高，但存在成像光条和实际光条的匹配问题，即难以确定实际光条和成像光条的对应关系，特别是遇到遮挡时，某个实际光条可能没有成像，此时会引起匹配错误。同时光源的价格高，图像处理算法非常复杂。

2010 年，微软与 PrimeSense 合作发布了基于结构光的测距摄像机 Kinect，如图 9-14 所示，可提供 VGA 分辨率为 30Hz 的深度图像。它由近红外激光投影仪和两个摄像机组成，即单色 CMOS 相机和 RGB 彩色相机。近红外投影仪和近红外摄像机之间的基线是 7.5cm。近红外投影仪使用已知的固定点图案来照亮场景。Kinect 使用三角测量技术计算相机拍摄的投影图案与存储在本机上的输入图案对应点之间的视差来获得深度信息。

图 9-14　结构光测距摄像机 Kinect

9.3.6　焦距深度技术

焦距深度（Depth from focus）是一种能够从多个图像重建 3D 表面信息的方法。它使用一个远心镜头在相机和物体之间的不同焦距处拍摄来获得高度轮廓。根据拍摄距离和焦距深度，图像中的点或多或少能清晰显示，但是只有处于准确物距上的物体点能准确聚焦。拍摄具有各种物距的图像，每个物体点可以在至少一个图像中清晰显示。这种图像序列称为“焦点堆叠”，通过确定物体点在哪个图像中聚焦，从而得到物体点到摄像机的距离。使用具有10倍放大率的显微光学器件进行拍摄，可达到5μm的精度，如图9-15所示。用这种方法只需要一个摄像头，然而焦距深度需要具有远心镜头或显微镜镜头的相机来实现平行投影。因此，焦距深度测量方法只适合于小物件，例如半导体工业中的球栅阵列或焊膏检测，还有对可转位刀片的检查。

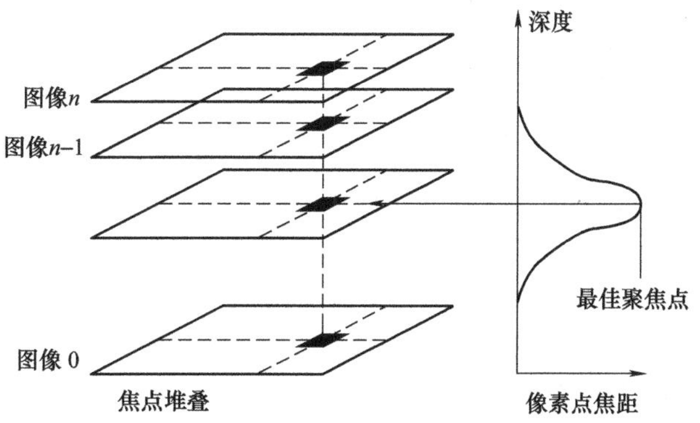

图9-15　焦距深度测距示意图

9.3.7　飞行时间技术

飞行时间（Time of Flight，ToF）基于测量照明单元发出的光传播到物体并返回传感器阵列所需要的时间来进行测距。

从广义上讲，有两种基于飞行时间的测距相机。一种是脉冲光传感器，直接测量光脉冲的往返时间。光脉冲的宽度是几个纳秒，脉冲照度能量远高于背景环境的照度能量，因此这种相机在户外不利条件下也可以使用，并且可以进行远程测距，范围可以从几米到几千米。光脉冲探测器是基于单光子的雪崩二极管，具有较高分辨率的捕获单个光子的能力。另一种是连续波调制传感器，它通过测量发射的连续波正弦光波和每个光探测器接收的反向散射信号之间的相位差来测距。在已知调制频率的情况下，相位差可以用来计算距离。连续波调制传感器通常应用在室内，仅限于短距离的测距，测距范围从几厘米到几米。

Kinect的第二代相机是采用连续波调制测距的ToF相机。它使用近红外强度调制的周期性光信号来主动照亮场景，假设光源和传感器处在同一位置上，由于相机和物体之间存在一定距离，那么光信号从光源到返回传感器，必定会产生时间差，而这个光信号的时间差可以看作周期信号中的相位差。每个传感器像素点探测到的相位差，可以很容易转换为相机和物体之间的距离。

PMD公司的CamCube是基于飞行时间的测距摄像机（见图9-16）。它使用专用的图像传感器捕捉三维空间的整个场景，而不需要移动部件。具有快速门控增强CCD相机的飞行时间激光雷达可实现亚毫米深度的分辨率。利用这项技术，短的激光脉冲照亮场景，并且增强的CCD相机仅在几百皮秒的时间内打开高速快门。距离或深度信息是根据激光脉冲和快门开口之间的延迟增加而收集的二维图像序列计算的。

图9-16　飞行时间测距摄像机CamCube

9.4 机器人视觉实例

3D 视觉的典型应用领域是机器人视觉，机器人能够根据相机提供的信息来执行相关处理。因为机器人手臂通过机械眼睛来引导，这种系统也称为“眼手系统”。为了使用摄像机提取的图像信息，必须将图像的像素坐标转换到机器人坐标系。因此，在标定的时候，除了标定摄像机以外，还必须标定眼手系统，即确定摄像机和机器人坐标之间的转换关系。通常，机器视觉的结果，比如工件在图像中的位置，将被转换到机器人坐标，从而产生正确的机器人指令进行抓取。

关节机器人和直角坐标机器人的眼手标定很类似。双目摄像机在眼手标定的时候，只需要标定机器人和其中一个摄像机的位姿关系，两个摄像机的位姿关系可以通过双目立体视觉标定来确定。因此，我们以关节机器人和单目摄像机为例来说明眼手标定的过程。实际应用中有两种安装摄像机的方案，一种是安装在机器人的工具端，随着机器人移动到不同的位置进行拍摄；另一种是安装在机器人外部的固定位置上，不随机器人移动。在机器人眼手标定的同时，摄像机内部参数也能被标定。

与摄像机标定类似，眼手标定也是需要使用多幅标定板图像进行标定，不同之处是，标定板不是手动移动，而是由机器人夹持在固定摄像机前移动拍摄，或者保持标定板位置不变，摄像机随机器人移动到固定的标定板上方不同角度拍摄。机器人工具端在拍摄标定板时的每个位姿都必须精准得到。这个过程导致了一系列的坐标变换，其中两个坐标变换是已知的：机器人工具端在基坐标系中的位姿，标定板在摄像机坐标系中的坐标。眼手标定需要估计的是其他两个姿势，即机器人和摄像机之间的关系，以及机器人和标定板之间的关系。对应两种摄像机安装方案，我们有如下两个坐标变换关系链。

1）移动摄像机安装方案中，

$$^{base}H_{cal} = {}^{base}H_{tool} \cdot {}^{tool}H_{cam} \cdot {}^{cam}H_{cal} \tag{9-64}$$

式中，$^{cam}H_{cal}$ 为标定板相对于摄像机坐标系的位姿；$^{base}H_{tool}$ 为基坐标和工具端的位姿关系，这两个位姿关系已知。需要标定的是摄像机相对于机器人工具端的位姿 $^{tool}H_{cam}$。将机器人移动到不同位置，由于 $^{base}H_{cal}$ 都是不变的，可以方便地得到 $^{tool}H_{cam}$。

2）固定摄像机安装方案中，

$$^{tool}H_{cal} = {}^{tool}H_{base} \cdot {}^{base}H_{cam} \cdot {}^{cam}H_{cal} \tag{9-65}$$

式中，需要标定的是摄像机相对于机器人基坐标的位姿 $^{base}H_{cam}$。将机器人移动到不同位置，由于 $^{tool}H_{cal}$ 都是不变的，可以方便地得到 $^{base}H_{cam}$。

眼手标定的结果将机器视觉结果从摄像机坐标转换到机器人基坐标，也就是从 $^{cam}H_{obj}$ 转换到 $^{base}H_{obj}$，从而产生相应的机器人指令执行后续动作。两种摄像机的安装方案中，利用眼手标定结果的坐标转换过程分别如下。

1）移动摄像机安装方案中，

$$^{base}H_{obj} = {}^{base}H_{tool} \cdot {}^{tool}H_{cam} \cdot {}^{cam}H_{obj} \tag{9-66}$$

2）固定摄像机安装方案中，

$$^{base}H_{obj} = {}^{base}H_{cam} \cdot {}^{cam}H_{obj} \tag{9-67}$$

抓取一个物体对应一个非常简单的等式，也就是将机器人夹具移动到目标所在的位置，这个过程称为3D对齐。如果眼手标定使用的工具坐标系不在工具中心点，而在夹具上，那么坐标转换还应包含工具和夹具坐标系之间的转换。这个转换关系不能通过眼手标定来获得，只能依靠测量或夹具的CAD模型或技术图纸得到。

已知机器人工具端和夹具之间的坐标转换关系，则需要将目标抓取点从夹具坐标转换到机器人的工具端坐标：

$$^{base}H_{tool} = {}^{base}H_{obj} \cdot ({}^{tool}H_{gripper})^{-1} \tag{9-68}$$

下面介绍视觉引导的机器人定位抓取物体的实例，该实例运用Halcon编程，给出了部分Halcon算子进行视觉处理，可应用于码垛、分拣和装配等工业领域。通常，生产线上应用的搬运工业机器人大多是通过示教再现或预编程来实现机器人的操作。在这种情况下，物体的初始位姿和终止位姿都是严格限定的，机器人只是完成点到点的动作，对外部参数变换的物体操作则无能为力。这样一来，生产线的柔性较差，无法满足柔性生产系统对物料输送和搬运的要求。为了保证机器人顺利高效完成工作任务和减少生产准备时间，引入机器人视觉技术来实现对工作目标物体的识别和定位就显得很有必要。

9.4.1 软硬件平台

视觉引导的机器人定位抓取系统，如图9-17所示，硬件平台包括计算机1、工业机器人3、视觉传感器4、机械夹爪2、交换机5、待抓取工件6、作业平台7。工控机上安装了视觉处理软件，能够驱动视觉传感器拍摄图片，进行图像处理，以及将图像处理结果转化为位置信息，计算机进一步将位置信息转换为工件坐标，对工件坐标、摄像机坐标系、机器人坐标系进行转换，规划运动轨迹，控制机器人关节的运转，完成抓取动作。视觉引导的机器人定位抓取，不受工件形状和所在位置的影响，操作灵活，反应迅速，可以替代人力的重复劳动，

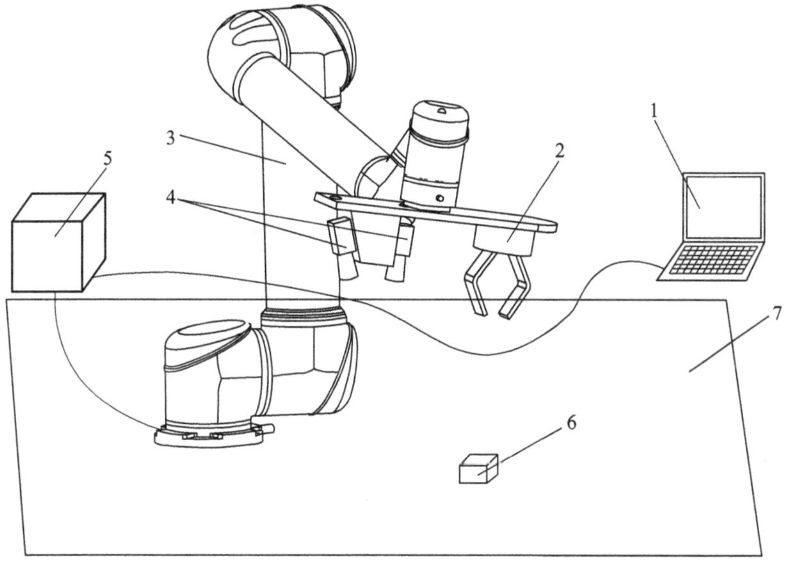

图9-17　视觉引导的机器人抓取系统

提高生产效率。

在实例中，硬件平台包括：一台协作型机器人，有效载荷 5kg，延伸半径范围 850mm，自带的安全机制能确保人机协同工作时的人身安全；摄像机两台，分辨率为 2500×200，帧速率为 30 帧/s，像素位深为 10 比特；抓取应用配备了一只电动夹爪，最大间隙 97mm。

9.4.2 系统配置

机器人运动参数配置，包括速度、加速度、时间、交融半径等。设置机器人主轴加速度为 3.19 rad/s^2，主轴速度为 24.96 rad/s，时间为 1s，交融半径为 150mm。当赋值为 70 时，机器人移动模式为 movej；当赋值为 80 时，机器人移动模式为 movep；当赋值为 90 时，UR 机器人移动模式为 movel。

配置工控机与机器人的通信功能，创建一个配置文件，包含机器人 IP 及端口号、工控机 IP、相机参数、标定板描述文件、相机 IP、抓手工具 IP、工件参数，并为所设相应变量赋值。这个文件将在计算机服务程序中被调用。

9.4.3 眼手标定

对摄像机进行标定获取摄像机的内部参数和外部参数，除此以外，还需要对摄像机与机器人末端执行机构相互联系的系统，即眼手系统，进行眼手标定，以获得摄像机坐标系和机器人执行机构坐标系的相对位姿关系。眼手系统通常与摄像机标定一起进行，不需要单独标定摄像机。下面以固定摄像机安装方案为例。

1. 标定板制作

在标定之前制作标定板，调用算子 gen_ caltab 生成图 9-18 所示的标定板图形，用户再自行打印。

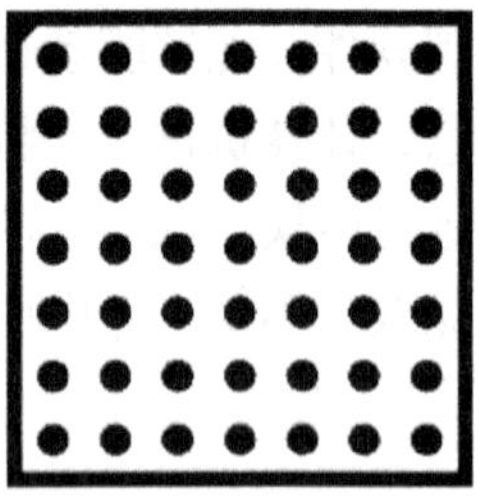

图 9-18 标定板

```
gen_caltab (7, 7, 0.0125, 0.5, 'caltab_30mm.descr', 'caltab.ps')
```

2. 标定流程

1）设置相机内参初始值 [Focus, K1, K2, K3, P1, P2, Sx, Sy, Cx, Cy, Image_ Width, Image_ Height]，这些值在标定过程中将会进行校准。

```
Start Cam Par := [0.016,0,0.0000074,0.0000074,326,247,652,494]
set_calib_data_cam_param (CalibDataID, 0, 'area_scan_division', Start Cam Par)
```

2）创建眼手标定数据模型并初始化模型。

```
CaltabName := 'caltab_30mm.descr'
create_calib_data ('calibration_object', 1, 1, CalibDataID)
set_calib_data_cam_param (CalibDataID, 0, 'area_scan_division', StartCamPar)
set_calib_data_calib_object (CalibDataID, 0, CaltabName)
set_calib_data (CalibDataID, 'model', 'general', 'optimization_method', 'nonlinear')
```

3）加载所有标定图像，寻找标定板区域，确定圆心，将结果加载到组元中。

相机拍摄不同位姿下图片 8~15 张，拍摄图片时标定板尽量覆盖整个视场（标定板要根据工作距离、视场大小定制)；拍摄图片上的圆直径不得小于10个像素。Halcon的标定板有方向，应用边缘检测标定平面区域，在边缘图像中搜索封闭轮廓，闭合轮廓的数量必须与校准板描述文件中所述的校准标记数量相对应，轮廓必须为椭圆形。标定摄像机计算标定数据中指定的校准数据模型的内部和外部摄像机参数。

```
for I := 0 to NumImages - 1 by 1
  read_image (Image, ImageNameStart + I$'02d')
  find_calib_object (Image, CalibDataID, 0, 0, I, [], [])
  get_calib_data_observ_contours (Caltab, CalibDataID, 'caltab', 0, 0, I)
  get_calib_data_observ_points (CalibDataID, 0, 0, I, RCoord, CCoord, Index, CalObjInCamPose)
  read_pose (DataNameStart + 'robot_pose_' + I$'02d' + '.dat', ToolInBasePose)
  set_calib_data (CalibDataID, 'tool', I, 'tool_in_base_pose', ToolInBasePose)
endfor
```

4）眼手标定。此时我们可以得到摄像机的内部参数、外部参数、摄像机和机器人之间的相对位姿 ${}^{cam}H_{base}$，以及标定板在机器人工具端坐标系中的位姿 ${}^{tool}H_{cal}$。标定完成之后，摄像机的位姿就必须保持不变了，否则需要重新标定。

```
calibrate_hand_eye (CalibDataID, Errors)
get_calib_data (CalibDataID, 'camera', 0, 'params', CamParam)
get_calib_data (CalibDataID, 'camera', 0, 'base_in_cam_pose', BaseInCamPose)
get_calib_data (CalibDataID, 'calib_obj', 0, 'obj_in_tool_pose', ObjInToolPose)
```

9.4.4 工件的二维图像处理

二维图像处理的目的是找到工件的抓取点。将工件从背景中分离出来，调用算子gen_contour_region_xld产生区域轮廓，segment_contours_xld将轮廓分割成线段，fit_line_contour_xld找到每条线段的起点和终点坐标。找到工件的平行边，将平行边的中点作为工件的抓取点，如图9-19所示。

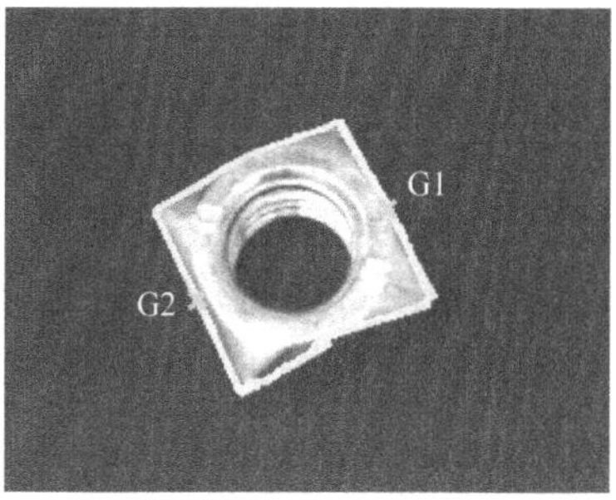

图9-19　二维图像处理得到的工件抓取点

```
threshold (Image,BrightRegion, 60, 255)
connection (BrightRegion, BrightRegions)
select_shape (BrightRegions, Nut, 'area', 'and', 500, 99999)
fill_up (Nut, NutFilled)
gen_contour_region_xld (NutFilled, NutContours, 'border')
segment_contours_xld (NutContours, LineSegments, 'lines', 5, 4, 2)
fit_line_contour_xld (LineSegments, 'tukey', -1, 0, 5, 2, RowBegin, ColBegin, RowEnd, ColEnd, Nr, Nc,
Dist)
```

9.4.5 参考系坐标转换

得到抓取点在二维图像上的坐标以后，需要将它转换到机器人基坐标系当中。抓取点坐标实际是夹爪坐标，因此还需要将抓取点坐标等价变换为机器人工具端坐标系并发送给机器人。用户自定义参考平面 PoseRef，假设该平面就是工作平面，并且以机器人为参考坐标系。算子 image_ points_ to_ world_ plane 将抓取点的图像坐标转换到工作平面坐标。算子pose_ compose 将两个不同坐标系的位姿结合，得到新参考坐标系下的位姿。算子 pose_ invert 将两个坐标系进行参考系互换。

```
pose_compose (BaseInCam,PoseRef,RefPInCam)
image_points_to_world_plane (CamParam, RefPInCam, CornersRow, CornersCol, 'm', CornersX_ref, CornersY_ref)
pose_compose (RefPInCam, [CornersX_ref, CornersY_ref, 0, 0, 0, 0], GripperInCamPose)
pose_invert (BaseInCamPose, CamInBasePose)
pose_compose (CamInBasePose, GripperInCamPose, GripperInBasePose)
pose_invert (GripperInToolPose, ToolInGripper)
pose_compose (GripperInBasePose, ToolInGripper, ToolInBasePose)
```

机器人作为服务器，计算机作为客户机，通过 TCP Socket 进行通信。机器人系统设置完成之后，打开 Socket，运行机器人监听程序，等待计算机的连接请求。连接成功以后，机器人端继续监听，等待计算机传送的脚本指令。经过图像处理和坐标转换之后，计算机将工具端坐标 ToolInBasePose 通过脚本指令发送给机器人。接到指令后，机器人工具端移动到目标位置将工件夹取，放置到设定好的位置上，再返回初始位置，就完成了一个工作流程。

习　题

1. 分别使用一个 31×31 的均值滤波器和高斯滤波器进行平滑处理，比较它们的结果。哪种滤波器会产生振铃效果？

2. 分别使用高斯-拉普拉斯（LoG）算子和 Canny 算子进行边缘检测，比较它们的结果。

3. 测量图 9-20 中工件的钻孔直径。（提示：用到的图像处理算法包括阈值分割、连通区域提取、特征提取、形态学处理、边缘提取和轮廓拟合等）

4. 视觉引导的关节机器人抓取图 9-21 所示的工件，编写程序确定工件上的抓取点，并显示在屏幕上。

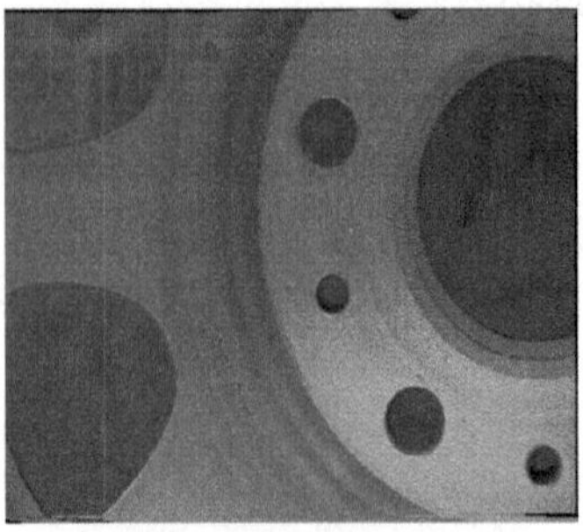

图 9-20　带钻孔的工件

图 9-21　工件

5. 视觉系统标定和测量。

（1）固定摄像机在测量平面上方，制作标定板，标定摄像机的内参和外参；

（2）在测量平面上放置厚度较薄的长方形物体，如直尺，利用标定的摄像机内参和外参测量物体的尺寸（或直尺刻度之间的距离），并与实际值进行比较。（提示：可利用 Halcon 算子 gen_ measure_ rectangle2，measure_ pairs，image_ points_ to_ world_ plane，distance_ pp）

参 考 文 献

[1] 朱世强，王宣银．机器人技术及其应用［M］．杭州：浙江大学出版社，2001.

[2] 方建军，何广平．智能机器人［M］．北京：化学工业出版社，2004.

[3] SPONG M W，HUTCHINSON S，VIDYASAGAR M. 机器人建模和控制［M］．贾振中，译．北京：机械工业出版社，2016.

[4] KOREN Y，TZAFESTAS P V. Robotics for Engineers［M］. New York：McGraw-Hill Book Company，1985.

[5] RICHARD P P. Robot Manipulators ：Mathematics，Programming and Control［M］. Cambridge：The MIT Press，1981.

[6] SHAHINPOOR M. A Robot Engineering Textbook［M］. New York：Harper & Row，1987.

[7] HARUHIKO A，SLOTINE J J E. Robot Analysis and Control［M］. New York：John Wiley and Sons，1986.

[8] SCIAVICCO L，SICILIANC B. Modelling and Control of Robot Manipulators［J］. Measurement Science and Technology，2000，11（12）：18-28.

[9] NISE N S . Control Systems Engineering［M］. New York：Wiley eastern limited，1982.

[10] KATSUSGITO O. System Dynamics［M］. 4th ed. Prentice Hall，2004.

[11] CRAIG J J. Introduction to Robotics：Mechanics and Control［M］3rd ed. Upper Saddle River. Prentice Hall，2005.

[12] 王磊，罗庆生，韩宝玲．履带式机器人控制系统设计［J］．科学技术与工程，2013（36）：10947-10952.

[13] DORF R C ，NOF S Y . International Encyclopedia of Robotics：Applications and Automation：Volume 3［M］. Hoboken：Wiley，2008.

[14] 沈阳．PLC 在工业机器人中的应用研究［J］．工业控制计算机，2010（9）：95-96.

[15] 牟海荣．工业机器人运动控制分析与研究［J］．电子技术与软件工程，2018，145（23）：130-132.

[16] CRAIG J J. 机器人学导论［M］．负超，王伟，译．北京：机械工业出版社，2018.

[17] 王新星．工业机器人智能运动控制方法的分析与研究［J］．今日科苑，2015（12）：76-76.

[18] 范印越．机器人技术［M］．北京：电子工业出版社，1988.

[19] 康洪．PUMA-560 型机器人传动系统分析［J］．机器人，1987，1（5）：49-55.

[20] 孙杏初，钱锡康．PUMA-262 型机器人结构与传动分析［J］．机器人，1990，12（5）：51-56.

[21] 熊有伦，刘恩沧，朱启逑．专用机器人关节位置姿态的综合和误差分析［J］．华中理工大学学报，1988，16（2）：1-8.

[22] 熊有伦，丁汉．机器人动力学性能指标及其优化［J］．机械工程学报，1989，25（2）：9-15.

[23] 何旭初．广义逆矩阵的基本理论和计算方法［M］．上海：上海科学技术出版社，1985.

[24] 熊有伦．机器人学［M］．北京：机械工业出版社，1993.

[25] 周远清．智能机器人系统［M］．北京：清华大学出版社，1989.

[26] 杜广龙，张平．机器人运动学在线标定技术［M］．广州：华南理工大学出版社，2016.

[27] 张伯鹏，张昆，徐家球．机器人工程［M］．北京：清华大学出版社，1984.

[28] 熊有伦，李文龙，陈文斌，等．机器人学建模、控制与视觉［M］．武汉：华中科技大学出版社，2018.

[29] 肖南峰，等．工业机器人［M］．北京：机械工业出版社，2016.

[30] 张伯鹏，张昆，徐家球．机器人工程：下册［M］．北京：清华大学出版社，1984.

[31] 陈立周．机械优化设计［M］．上海：上海科学技术出版社，1981.
[32] 李团结．机器人技术［M］．北京：电子工业出版社，2009.
[33] 孙树栋．工业机器人技术基础［M］．西安：西北工业大学出版社，2006.
[34] 王志斌，薛姣益．基于PLC的KTV自助机器人控制系统的研究［J］．机械制造与自动化，2014（6）：172-174.
[35] 阎磊，马旭东．工业机器人交流伺服驱动系统设计［J］．工业控制计算机，2015（4）：150-152.
[36] S CARSTEN，U MARKUS，W CHRISTIAN. 机器视觉算法与应用［M］．杨少荣，吴迪靖，段德山，译．北京：清华大学出版社，2008.
[37] Halcon Solution Guide Ⅲ-C，3D Vision［EB/OL］．http：//download. mvtec. com/halcon-12. 0-solution-guide-iii-c-3d-vision. pdf，2015.